《云南文库》编委会

主任委员：李纪恒　张田欣　高　峰
副主任委员：钱恒义　尹　欣　陈秋生　张瑞才
委　　　员：（按姓氏笔画排序）
　　　　　　王展飞　任　佳　汤汉清　何耀华　张　勇
　　　　　　张昌山　杨　毅　范建华　贺圣达

《云南文库·当代云南社会科学百人百部优秀学术著作丛书》编委会

主任委员：张田欣　王义明　高　峰
副主任委员：尹　欣　刘德强　张瑞才　张红苹　张云松　范建华

委　　　员：（按姓氏笔画排序）
王文光　王清华　叶　文　刘大伟　江　克　任　佳　西　捷　汪　戎
李　兵　李　炎　李昆声　李生森　杨先明　杨福泉　杨安兴　陈一之
陈云东　陈　路　陈　平　何　明　何晓晖　张桥贵　吴卫民　吴宝璋
和少英　周　平　周永坤　和丽峰　金丽霞　武建国　欧黎明　郑晓云
郑　海　胡海彦　段万春　段炳昌　郝朴宁　施惟达　柴　伟　崔运武
董云川　韩跃红　蒋亚兵　雷翁团　靳昆萍　戴世平

主　　　编：范建华
副　主　编：江　克　蒋亚兵

当代云南社会科学百人百部优秀学术著作丛书

中国古建筑游览与审美

窦志萍/编著

云南人民出版社
云南大学出版社

作者小传

窦志萍教授，硕士研究生导师，1966年出生于春城昆明。1982年考入华东师范大学地理学系地理学专业学习，1986年进入昆明学院旅游学院工作。现任昆明学院旅游学院院长、旅游研究所所长、《旅游研究》杂志主编，云南省"高原湖泊（滇池）生态文化研究基地"首席专家召集人，瑞士苏黎世国际酒店管理学院高级访问学者。

二十余年始终致力于旅游学科的教学与科研工作，在旅游地理学、旅游规划学、旅游策划与项目管理、旅游文化与产业开发、旅游目的地建设与管理、乡村旅游、服务学及旅游教学等方面有深厚的理论功底及研究经验。近年来主持参与各级各类科研课题二十余项、编制各级旅游规划二十余项；出版专著五部，主持编撰书籍及教材二十五部（包括国家"十一五"规划教材、省级精品教材等），在各级刊物上公开发表论文三十余篇，科研成果多次获得省市和部级奖励。近年来还承担了包括国家级精品课程、精品专业在内的国家级、省级教学质量工程十余项。由于在教学科研方面成绩突出，2008年被评为云南省高等学校学科带头人、骨干教师；2009年获"云南省有突出贡献优秀专业技术人才"奖及"云南省高等学校教学名师"称号；2010年云南省高等学校"窦志萍名师工作室"正式挂牌，同年被省政府授予"云南省旅游产业发展先进个人"称号。

图书在版编目（CIP）数据

中国古建筑游览与审美 / 窦志萍编著. — 昆明：云南人民出版社, 2012.7
（当代云南社会科学百人百部优秀学术著作丛书）
ISBN 978-7-222-09669-1

Ⅰ. ①中… Ⅱ. ①窦… Ⅲ. ①古建筑–建筑艺术–研究–中国 Ⅳ. ①TU-092.2

中国版本图书馆CIP数据核字（2012）第151518号

责任编辑： 杨　惠
美术编辑： 王睿韬　刘　雨
责任印制： 施立青

书　名	**中国古建筑游览与审美**
作　者	窦志萍　编著
出　版	云南人民出版社 云南大学出版社
发　行	云南人民出版社 云南大学出版社
社　址	昆明市环城西路 609 号（650034） 昆明市翠湖北路 2 号云南大学英华园内（650091）
电　话	0871-4113185 0871-5031071　5033244
网　址	www.ynpph.com.cn　http//www.ynup.com
E-mail	rmszbs@public.km.yn.cn　market@ynup.com
开　本	787mm×1092mm　1/16
印　张	21.875
字　数	300 千
版　次	2012 年 7 月第 1 版第 1 次印刷
印　刷	昆明卓林包装印刷有限公司
书　号	ISBN 978-7-222-09669-1
定　价	60.00 元

《云南文库》编辑说明

《云南文库》是云南省哲学社会科学"十二五"规划的重大项目。编辑出版《云南文库》是落实云南省委、省政府建设民族文化强省的重要举措，是繁荣发展云南哲学社会科学的重要途径，是树立云南文化形象、提升云南文化软实力的基础性工程。

中国学术文化的发展不仅有共性，还有很强的地域性。一国有一国之学术，一方有一方之学术。学术研究是社会发展的动力，是社会智慧的结晶，是文化建设的重要构成部分。云南虽地处边疆，仍不乏丰厚的学术研究传统。尤其明清以来，云南与中原的文化交流日臻密切，省外名宿大儒进入云南的代不乏人，而云南的文人学士也多有游宦中原者。在中原文化的熏陶下，云南的文化学术遂结出累累硕果，文化名人辈出，如杨慎、李贽、李元阳、师范、王崧、方玉润、许印芳等，其总体集中性的代表成果是《滇系》和《云南备征志》。至清末，云南学子开始走出国门到海外留学，成为云南与世界沟通的桥梁，也成为改造社会和推进云南文化学术发展的中坚。但由于交通不便，信息闭塞，云南的学术成果并未为内地所认知。更有甚者，清乾隆年间，四库全书馆在全国征集历代遗书，云南巡抚李右江得到云南先贤的著述，但害怕其中有什么不恰当的内容，竟私藏起来不上报，使得《四库全书》仅从它处收录了3种云南人著述，成为云南文化史上的一大缺憾。辛亥革命后，云南学人痛感地方文化学术之不彰，在地方政府的支持下，赵藩、陈荣昌、袁嘉谷、由云龙、周钟岳、李根源、方树梅、秦光玉等一批当时最负盛名的云南学者倾力收集整理云南文献，于1914年至1923年编成刻印《云南丛书》初编，共152种1064卷，及不分卷者47册；1923年至1940年编成刻印《云南丛书》二编，共69种133卷。另编定31种待刻，后由于抗日战争爆发，整个《云南丛书》的编辑刻印工作中止。历时26年编刻的《云南丛书》把保存下来的历代云南重要地方文献网罗殆尽，是云南有史以来地方文化的一次最系统的总结，对云南的文化建设发挥了不可估量的作用。

学术创新的根基是学术积淀和传承。从编辑刻印《云南丛书》之时算起至今，其间经历了抗日战争、新民主主义革命、社会主义革命和建设、改革开放的新的历史时期。在这近一百年的历史中，云南的学者为抗击日本侵略者和新中国的解放事业，为社会主义新文化的建设贡献了自己的聪明才智，也为云南地方经济、社会、文化的发展创造了一大批研究成果，并形成了自己的风格和特色。今天，文化建设又站在一个新的历史起点上。整理和出版云南学术史和文化史上的优秀成果，是继承优秀的地方历史文化遗产，建设有中国特色的社会主义新文化和民族文化强省的基础性工作。只有站在前人的肩上，我们才看得更远，走得更实。这也是我们编辑出版《云南文库》的初衷。

比之编刻《云南丛书》的时代，云南的经济政治社会文化已经发生了翻天覆地的变化，云南不再是一个封闭落后的边疆省份，而是成为了我国面向南亚、东南亚开放的桥头堡，其战略地位日益突出。云南的文化创造力也大大发展了，学者力量的壮大、学术成果的丰富早已不可同日而语。今天的《云南文库》不可能像当年《云南丛书》一样收录所有的文献资料，只可能是好中选优、优中选精，尽可能地把最能体现云南学术文化水平和云南学术特色的成果收录进来，以达到整理、总结、展示、交流和传承文化，弘扬学术，促进今日云南文化学术的建设与繁荣之目的。功在当代，利在千秋。

《云南文库》分为三个系列。

一是《云南文库·学术大家文丛》，收录云南学术大家的作品。

二是《云南文库·学术名家文丛》，收录中华人民共和国建立以前出生的云南学术名家的作品。

三是《云南文库·当代云南社会科学百人百部优秀学术著作丛书》，收录中华人民共和国建立以后出生的一代学者的优秀作品。

我们将使《云南文库》成为一个开放的体系，随着云南民族文化强省建设的推进而不断丰富它的内涵，不断发挥其在社会主义精神文明建设和云南文化建设中的积极作用。

《云南文库》编辑委员会
2011年6月

前 言

　　建筑是立体艺术，是凝固的音乐，是有形的诗画。古建筑作为中国文化的载体，在中国文化的发展进程中发挥着重要的作用。在中国，无论你走到哪里都能看到各种各样的传统建筑。

　　人类建筑的发展，见证了人类社会经济文化的发展，折射出特殊地理环境下人与自然相辅相承的关系。不同国家和地区有着不同的建筑形式，同时各地建筑又向人们展示着个性化的地域文化。人们要了解一个国家、地区，或一个民族的文化，最直观的感受要素之一就是传统建筑。多姿多彩的中国传统古建筑以其独有的魅力，向世人展示着博大精深的华夏文明，成为当今旅游活动中吸引游人的重要旅游资源。不同的建筑有不同的文化特质和承载能力，不同的建筑又有不同的美学特征和审美途径，不同的中国传统建筑有不同的审美途径和游览方法。

　　过去人们研究中国古建筑和民居，主要是从建筑学的角度来进行。而随旅游活动的普及人们也更多的意识到了古建筑在旅游活动中的地位和作用。特别是当人们徜徉在中国古老的宫殿、优雅的园林、神秘的寺院和风情各异的特色小镇时，面对满目的建筑，人们到底应该如何去赏析，以达到通过旅游活动增长见识、了解文化的目的。还有面对可作为旅游资源开发的建筑，应该如何利用，在景观配置，游路的设计方面如何选择，如何摆正旅游、建筑和文化的关系，这是在旅游建设中常遇到的问题。

　　本书把建筑、地理、旅游、文化、民俗和审美等多学科内容相融合，从多学科综合的角度研究古建筑与旅游。目的主要有：从旅游的角度探讨对中国古建筑资源的开发利用；为游客选择旅游目的地、制定自己的游览计划及赏析中国古建筑提供最有效的帮助。

本书是作者多年野外工作调查、研究和教学的结晶。全书分共八章，内容涉及三大部分：中国古建筑旅游、审美概述；中国古建筑基础知识（包括古建筑发展沿革、古建筑门类与装饰艺术、古建筑的结构及个体形象等）；中国古建筑游览（包括了古建筑选址分析、不同类别古建筑的游览要素及游览方法等）。

本书在撰写和出版过程中得到了学校多方的支持和资助，撰写过程中参考了大量前辈专家们的研究成果，在此表示衷心的感谢。由于本书的涉及内容和范围较广，有不足之处还请多包涵指正。

窦志萍
2006 年 10 月于昆明

目录

绪 论 ·· 1
  一、旅游活动与古建筑旅游资源 ······································ 1
  二、中国古建筑的旅游价值 ·· 2
  三、中国古建筑旅游功能 ··· 4

第一章 中国古建筑——游览与审美概述 ······················· 6
第一节 中国古建筑与旅游行为 ··· 6
  一、游览审美活动分析 ··· 6
  二、中国古建筑的旅游吸引力分析 ································· 7
第二节 中国古建筑的特点 ·· 9
  一、影响建筑特点形成的因素分析 ································· 9
  二、中国古建筑的主要特征 ·· 11
第三节 中国古建筑审美 ·· 14
  一、建筑美的构成 ·· 14
  二、中国古建筑的美学品格 ·· 16
  三、古建筑游览与审美体验 ·· 18
  四、中国古建筑游览与审美环节 ··································· 21

第二章 中国古建筑发展历史沿革 ………………………………… 23

第一节 中国传统建筑的历史分期与时代精神 ……………………… 23

一、雏型期（原始社会时期）…………………………………… 23

二、成型期（夏、商、西周至春秋时期）……………………… 24

三、发育并走向成熟期（战国、秦汉时期）…………………… 24

四、融合期（魏、晋、南北朝时期）…………………………… 24

五、繁荣期（隋唐时期）………………………………………… 25

六、渐变期（五代、宋，辽，金，元时期）…………………… 25

七、集成期（明清时期）………………………………………… 25

第二节 原始社会时期的建筑 ………………………………………… 26

一、概述 …………………………………………………………… 26

二、建筑类型 ……………………………………………………… 27

第三节 夏、商、周、春秋战国时期的建筑 ………………………… 28

一、概述 …………………………………………………………… 28

二、各朝代的建筑特征 …………………………………………… 29

三、建筑遗存：古墓 ……………………………………………… 32

四、建筑特征总结 ………………………………………………… 33

第四节 秦、汉、魏、晋、南北朝时期的建筑 ……………………… 33

一、概述 …………………………………………………………… 33

二、各朝代建筑发展沿革及特征 ………………………………… 34

第五节 隋、唐时期的建筑 …………………………………………… 38

一、概述 …………………………………………………………… 38

二、各朝代建筑特征 ……………………………………………… 39

三、隋唐时期的典型建筑实物游览审美提示 …………………… 42

四、唐代建筑的视觉辨别特征 …………………………………… 44

第六节 五代、宋、元时期的建筑 …… 44
一、概述 …… 44
二、各朝代建筑特区特征 …… 45
三、五代、宋、元时期古建筑游览审美提示 …… 51
四、建筑时代的判断途径 …… 51

第七节 明、清时期的建筑 …… 52
一、概述 …… 52
二、各朝代建筑特征 …… 53
三、明清建筑游览与审美 …… 57

第三章 中国古代建筑环境的选择 …… 60

第一节 中国古建筑选址及建筑环境观发展的历史沿革 …… 60
一、中国古代建筑的环境选择与"风水"观念 …… 60
二、中国古代建筑选址的发展沿革 …… 63
三、中国古代建筑选址的发展流派 …… 66
四、中国古建筑选址活动中的规划师——"风水先生" …… 67

第二节 中国古代建筑环境选择 …… 68
一、中国古代建筑环境选择的主要原则 …… 68
二、中国古建筑赏析与传统选址程序 …… 70
三、中国古建筑选址时的主要技术和方法 …… 73
四、古人建筑选址考虑的主要因素分析 …… 73
五、中国古建筑朝向的确定 …… 78

第三节 村落、宅居、寺观、城市的选址 …… 78
一、中国古代村落、宅居、寺观、城市选址的理想环境 …… 78
二、理想环境与景观构成 …… 79
三、村落选址 …… 81

四、宅居选址 …………………………………………… 82

　　五、寺观选址 …………………………………………… 82

　　六、城市选址 …………………………………………… 83

第四节　建筑环境的改造与建筑小品鉴赏 ………………… 84

　　一、常见的人工改造和补救办法简介 ………………… 84

　　二、古建筑中常见的环境建筑小品和建筑饰物 ……… 86

第四章　单体古建筑游览与审美 ……………………… 88

第一节　单体古建筑的结构特点概述 ……………………… 88

第二节　美丽的大屋顶 ……………………………………… 92

　　一、大屋顶样式的特征 ………………………………… 93

　　二、大屋顶的成因分析 ………………………………… 96

　　三、中国大屋顶发展的文脉轨迹 ……………………… 97

　　四、大屋顶的形制 ……………………………………… 99

　　五、屋顶的审美意念 …………………………………… 103

　　六、屋顶上的瓦 ………………………………………… 105

　　七、屋脊、山花 ………………………………………… 108

第三节　台基与栏杆的观赏 ………………………………… 110

　　一、台基的功能 ………………………………………… 110

　　二、台基发展沿革及特征 ……………………………… 112

　　三、台基形态与构成机制 ……………………………… 112

　　四、台基上的栏杆与望柱 ……………………………… 114

第四节　建筑的主体——屋身 ……………………………… 116

　　一、立柱 ………………………………………………… 116

　　二、斗栱 ………………………………………………… 120

　　三、雀替 ………………………………………………… 124

四、门 …………………………………………………… 124

　　五、窗 …………………………………………………… 130

　　六、铺地 ………………………………………………… 134

　　七、墙 …………………………………………………… 136

第五章　中国古建筑基本门类、装饰与建筑小品 …………… 144

第一节　中国古建筑基本门类 …………………………… 144

　　一、城市——古城 ……………………………………… 144

　　二、宫殿 ………………………………………………… 148

　　三、坛庙 ………………………………………………… 151

　　四、陵寝 ………………………………………………… 156

　　五、其他旅游中常见古建筑门类 ……………………… 163

第二节　中国古建筑装饰 ………………………………… 170

　　一、建筑装饰的源起与特点 …………………………… 170

　　二、古建筑装饰的表现手法 …………………………… 171

　　三、形象的程式化 ……………………………………… 179

　　四、典型建筑装饰实用与装饰的关系 ………………… 180

　　五、中国古代建筑装饰鲜明地体现出中国建筑的美学特征 … 191

　　六、中国古建筑装饰材料 ……………………………… 192

　　七、中国古建筑中典型的装饰 ………………………… 193

第三节　中国古建筑中的建筑小品 ……………………… 199

　　一、建筑小品概述 ……………………………………… 199

　　二、在古建筑审美游览中常见的建筑小品 …………… 199

第六章　中国古代传统宗教建筑的审美与游览 ……………… 203

第一节　宗教建筑特征与审美游览 ……………………… 203

一、宗教建筑的特征 …………………………………… 203

　　二、传统宗教建筑的游览与审美 ……………………… 206

第二节　佛教建筑 …………………………………………… 207

　　一、石窟 ………………………………………………… 218

　　二、佛塔与塔寺 ………………………………………… 210

　　三、佛寺 ………………………………………………… 217

　　四、经幢 ………………………………………………… 226

　　五、佛教建筑中的佛教雕塑和绘画艺术 ……………… 226

　　六、耐人寻味的佛教匾额、楹联 ……………………… 234

　　七、佛教的书法、服饰、法器、道具和收藏文物 …… 235

第三节　道教宫观建筑 ……………………………………… 237

　　一、道教宫观概述 ……………………………………… 237

　　二、道教宫观的形成、类型及分布 …………………… 238

　　三、道教宫观的游览与审美 …………………………… 240

第七章　古镇村落及民居的游览与审美 …………………… 246

第一节　古镇村落游览与审美 ……………………………… 246

　　一、古镇村落的起源 …………………………………… 246

　　二、发展沿革 …………………………………………… 247

　　三、古镇村落的文化属性及类型 ……………………… 247

　　四、中国古镇村落的特点 ……………………………… 250

　　五、古镇村落的建筑组成 ……………………………… 251

　　六、古镇村落的游览审美途径 ………………………… 254

　　七、古镇村落的游览审美程序 ………………………… 257

第二节　中国传统民居审美与游览 ………………………… 260

　　一、中国民居概述 ……………………………………… 260

二、传统民居形式美的特征 ………………………………………… 262
　三、中国传统民居的文化意蕴 ……………………………………… 267
　四、中国古代建筑艺术的地方风格 ………………………………… 270
　五、中国传统民居的基本类型及特征 ……………………………… 271
　六、中国民居鉴赏 …………………………………………………… 279

第八章　中国古典园林游览与审美 …………………………………… 286
第一节　中国古典园林概述 ……………………………………… 286
　一、中国古典园林发展的历史沿革 ………………………………… 286
　二、中国古典园林分类 ……………………………………………… 289
　三、中国古典园林的特点 …………………………………………… 290
　四、中国古典园林审美的主要对象 ………………………………… 295
　五、造景方法赏析 …………………………………………………… 301
　六、构景手段与章法审美 …………………………………………… 305
　七、中国古典园林的西传 …………………………………………… 306
第二节　中国古典园林审美游览 ………………………………… 307
　一、中国古典园林审美 ……………………………………………… 307
　二、中国古典园林游览和审美的途径与方法 ……………………… 309
　三、游览审美程序 …………………………………………………… 317
　四、游览审美的延伸——世界造园艺术的三大体系 ……………… 323

主要参考资料 …………………………………………………………… 327

绪　论

一、旅游活动与古建筑旅游资源

（一）旅游活动

旅游是在一定的社会经济条件下所产生的社会经济现象。旅游的发展需要三个最基本的要素，即旅游主体——游客、旅游的客体——旅游资源、旅游的媒介——旅游业。而旅游活动就其本质来讲，是一种综合性的审美活动，是一项动态的欣赏美、创造美的活动。人们在通过审美活动可获得身心的愉悦，体验到别样的环境与文化。因此旅游的审美对象要满足游客爱美、求美的需求，通过游客游览、观赏和体验，能起到净化情感、陶冶情操、增长知识的作用。而这里所说的审美对象指的就是旅游资源。

（二）旅游资源

"资源"的概念原先指存在于自然界的潜在物质财富。随着社会开发观念的发展进步，"资源"概念逐步演变，一般意义上是指存在于自然或社会环境中，经过一定的组织开发和经营管理，能发挥社会效益或经济效益的客观事物和现象。"资源"的概念本身即蕴涵着"有用"之意，旅游资源的"有用"具体体现为：对旅游发展有用，即能吸引游客；对旅游开发有用，能服务于社会生活的重要方面。旅游资源是旅游发展的基础，是导致游客产生旅游动机、最终实现地理位移的吸引对象。从游览的角度看，所谓旅游资源是指对游客具有吸引力的自然存在和历史文化遗产及依附于自然景观和文化遗产上的文化内涵及文化现象等，同时包括直接用于旅游目的的人工创造物。

（三）中国古建筑旅游资源

中国古建筑在旅游资源中占有重要的地位和作用，可以说几乎所有的文化遗产都与古建筑有直接的关系，基本就是由不同类型的古建筑组成的。文化内涵附载丰富的自然景观资源也离不开古建筑，而所谓的直接用于旅游目的的人工创造物，基本也是指的建筑物。因此可以说古建筑是旅游资源的主要组成部分，旅游活动离不开古建筑。中国古建筑无论是从数量上讲，还是从成就方面，或是其所反映和承载的文化意蕴而言，对不同类型的游客都有较强的吸引力，能满足人们游览观光、娱乐休闲、文化体验的旅游需要。

中国古建筑类型丰富多彩，可作为旅游资源利用，提供游览审美的古建筑遍及全国，古建筑类型之丰富不胜枚举。从目前旅游开发的现状分析主要类型有：

1. 宫殿与庙坛建筑

如北京故宫、天、地等坛、各地的文庙、宗祠等；

2. 陵墓建筑

如秦始皇陵、汉、唐帝王陵墓、明十三陵、清陵等；

3. 村落古镇

如安徽的西递、红村，浙江的乌镇、江苏的同里等；

4. 传统民居

如北京的四合院、西北的窑洞、云南的"一颗印"等；

5. 宗教建筑

如遍布全国的佛、道寺观等；

6. 特色典型的工程建筑

如桥梁、水利工程等；

7. 古典园林

如以北京为代表的皇家园林，以苏杭为代表的江南园林等。

二、中国古建筑的旅游价值

（一）重要游览审美目标

中国是世界文明古国之一。中国古建筑是中华民族灿烂文化的重要组成部分，是中国文化的有形载体，是中国古代各个时代、各族人民创造的文明程度的光辉标志，其发展不仅非常充分、十分的成熟，而且数量繁多，种类齐全，琳琅满目。古代中国建筑和古代埃及、古代西亚、古代印度、古代爱

琴海及古代美洲建筑,并列为世界古老建筑六大组成。建筑的物质和精神的双重功能,使建筑活动成为艺术活动的一种形式。

在中国大地上,无论是走进古老的宫殿,还是漫步在悠闲的园林;无论是登临名山,还是徜徉在宁静的小镇;无论是在繁华的都市,还是在边疆村寨……只要有人的地方就有建筑,人们无论走到哪里都能见到中国古建筑的身影。在中国旅游离不开古建筑。人们要了解中国历史与文化就可以从中国古建筑的游览和审美开始。

(二) 美学、艺术观赏价值

建筑是一种综合艺术,它融绘画、雕塑、音乐、诗歌、工艺美术、材料质地、工程技术为一体,在有限的空间里创造出绚丽多彩的艺术造型。这一切为游客提供了直观的审美客体,满足游客最基本的旅游审美需求。由于建筑是一种特殊的艺术,它是"无言的诗、立体的画、凝固的音乐"。建筑借土木砖瓦等材料为语言,塑造美的形象,表达出一种诗情,具有诗歌般的畅情达意之美;建筑既有绘画所具有的造型传神之美,又能突破绘画的二度空间,立体地表现人的审美意识;赏析建筑,特别是中国古建筑,你会发现其空间的节奏感,建筑构件与建筑的单元是美妙的音符,建筑的群体组合是它的调式,空间的分割是它的音阶,奇妙的装饰是它的装饰音……游览中国古建筑就像聆听一曲曲美妙的音乐。

(三) 文化价值

建筑,特别是中国古建筑(包括各地的特色民居)是一种文化,它能反映不同地域各民族的文化特质。各地的地方建筑特色,是当地文脉与地脉长期交融而形成的。中国各地的特色古建筑,其千姿百态的造型、精巧优美的装饰、独具匠心的环境设计等,能以其特有的"语言"形式,向游人述说着各地区、不同民族的思想观念、宗教情感、社会伦理和审美情趣。因此,可以这样说,建筑是人类文明的积淀,也是人类文明的载体。

(四) 历史价值

中国古建筑是一部活的历史,人们通过对中国古建筑的审美体验,能从中"读"出各个历史时期的社会经济、政治结构和文化形态等要素。游人在游览过程中,从古建筑饱经风霜的建筑构件和建筑材料上,可以感受到岁月的流逝与人世间的兴衰历程。

三、中国古建筑旅游功能

(一) 旅游吸引功能

中国古建筑以其深厚的底蕴,吸引着游人对宇宙、历史及人生的种种感悟,而这一切,正是当今游客外出旅游的主要目的之一。目前中国先后被批准列入《世界遗产名录》的世界遗产已达33处,有26处为文化或文化与自然遗产,其中不乏典型的中国古建筑或中国民居。比如故宫、颐和园、天坛、承德避暑山庄、明清皇家陵寝、泰山、曲阜三孔、武当山古建筑群、布达拉宫、苏州古典园林、平遥古城、丽江古城、皖南古村落、澳门历史城区等都是以古建筑而取胜的。在旅游者选择旅游目的地时,典型且特色鲜明的中国古建筑的景区(点)往往成为游客的首选。在旅游资源吸引力的比较研究中,古建筑所得系数高于其他类别的景观资源。

(二) 表意功能

雨果说"人类没有任何一种重要的思想不被建筑艺术写在石头上。"姑且不论这句话的准确程度,有一点是毋庸置疑的,即建筑具有表意功能。众所周知:每一种艺术形式都通过特有的物质媒介来创造艺术形象,而建筑艺术则通过建筑形态表达含义。

建筑作为人类物质生产的一个重要方面,为人类提供进行各种活动的空间场所。人类按自己的目的建造房屋,使之符合自己的物质和情感需要,建筑成了人类对象化的具证,创造过程成为表现过程。另一方面,人具有社会实践性,人类实践的社会性构成了实践成果的交流作用。综合以上两个方面,作为实践成果的建筑物就具有了表达含义的作用和功能。

(三) 实用和适用功能

建筑的基础功能就是实用。建筑的实用功能不是抽象笼统的,而是具体的,具有共性又有个性的。民居住宅适宜居住、衙署兼具办公和居住、酒楼适宜用餐、商店适宜购物、寺院适宜供奉神灵和从事宗教活动……

(四) 文化承载与传播功能

中国古建筑是中国文化的有型载体。中国古建筑的文化意蕴丰富而深邃,

是中国古代建筑技术与传统艺术的完美结合。古建筑通过不同的建筑布局、构件、各种装饰手段、小品的配置等方法和手段的运用，或明显、或含蓄地体现着博大精深中国文化。通过对不同时期古建筑的观赏与审美体验，人们可以从中了解和熟识中国特色文化。从古建筑中可以"看到"特定时期人们生产、生活的场景，可以解读到"建筑师"和建筑主人的品位、地位和知识素养等信息。

（五）教育功能

由于中国古建筑所具有的特殊的文化承载功能，加之其固有的实用功能，很多古建筑历史久远，在诸多的建筑里或建筑分布区域内发生过很多很多的"故事"。中国古建筑就像一个引人入胜的课堂，在特定的建筑景区内，通过游览和观赏古建筑，可以较为直观地、客观地、科学地让游人了解一些历史事件和历史故事，进行人文科学和自然科学的普及教育。

第一章 中国古建筑——游览与审美概述

古建筑是一个民族所创造的物质文化中重要组成部分,它综合地反映了某个特定历史时期这个民族在科学技术和文化艺术上所达到的水平。中国建筑艺术是世界建筑史上延续时间最长、分布地域最广、有着特殊风格和建构体系的造型艺术。古建筑在中国旅游资源中有着不可替代的地位和作用,是各级、各类景区(点)的重要组成要素和游客游览审美的主要对象。旅游者参与旅游活动,其主要动机就是观景审美和体验异质文化,中国古建筑正能满足游客的这一最基本要求。在中国旅游,或多或少都要涉及到对各类建筑的观景审美。

第一节 中国古建筑与旅游行为

一、游览审美活动分析

中国古建筑作为一种具有较强吸引力的旅游资源,或可称为旅游吸引物,它的吸引对象是游客。从旅游的角度分析,古建筑是促发游客产生旅游动机的主要因子之一,要能真正发挥中国古建筑的旅游效益,需要对游客的行为进行相应的分析。

(一)游客的出游动机与类型

在旅游活动的实践研究中,我们清楚地发现,旅游是由"远离"而不是由"走向"某一事物所驱动的,而且旅游动机和行为有明显的自我导向性。通过与旅游者的直接接触,特别是对海外游客的调查,我们把游客的旅游动机总结归纳为:恢复和再生、补偿和社会融入、逃避和交流、自由和自我决定、自我实现、快乐以及开阔眼界。归纳起来就是:旅游活动主要是为了精神上的满足,丰富自己的精神生活;人们的审美需求是促使人们去从事游览审美活动的内驱力。

根据游客的消费基础和需求层次,我们把游客分为了四个层面的四种类型:即第一层面——纯观光型游客,第二层面——追求理想经历的游客,第三层面——开阔眼界的游客、第四层面——完全沉浸的游客。不同层面上的游客对旅游对象的选择是有差异的,在参观游览中国古建筑时,他们所要探求的内涵也不尽相同。

(二) 旅游活动与古建筑

旅游行为主要表现为:吃、住、行、游、购、娱六大要素。六大要素中"游"是核心和目的。旅游者根据自己的旅游动机选择旅游的目的地及旅游项目,随之产生不同距离的位移,伴随着位移就有了其他要素的产生,而导致旅游者产生旅游动机的重要因素之一就是"异域"风光和"异质"文化。作为旅游者直观审美的异质文化的承载实体主要以建筑及附属设施来体现,同时各地的传统建筑,或直观或含蓄地反映着当地的自然风貌,因此,中国古建筑作为一种重要的旅游资源为游客所向往,对旅游者有较大的吸引力。

二、中国古建筑的旅游吸引力分析

古建筑在旅游活动中占有重要的地位。自1961年国务院审定第一批全国重点文物保护单位以来,全国先后颁布的各级历史文物保护单位达2万多处,其中全国重点文物保护单位2356项(截止2006年7月),包括古遗址、古墓葬、古建筑、石窟寺及石刻、近现代重要史迹和代表性建筑等共六大类,从类型上看几乎都与古建筑有关。中国历史上曾有道教宫观约1万处、佛教寺院5万处,现存各类古塔3000多座,石窟100多所。仅安徽歙县就有明代民舍102处、祠堂27处、石坊41座。至于散布在全国各地、各个景区的古建筑单体建筑,如楼、台、亭、阁,更是不胜枚举。

(一) 中国古建筑基本类别概述

中国古建筑种类。中国古建筑种类齐全自成体系,以大类而分有宫殿建筑、宗教建筑、坛庙建筑、陵墓建筑、住宅建筑、会馆建筑、书院建筑、桥梁建筑、水利建筑、城市与城防建筑、园林建筑等;而以单体建筑样式而言,更是琳琅满目，如宫、阙、殿、寝、楼、阁、亭、台、府、弟、邸、庄、斋、厅、堂、室、寺、塔、庵、龛、庙、祠、观、藏、苑、囿、坞、舫、城、廊、雉、堞、陵、墓、丘、林，样式之多，举世无双，不仅如此，每一种建筑根据功能的不同还可以细分。

(二) 中国古建筑的主要吸引力要素

1. 中国古建筑名称诠释

"建筑，是以居住为基本目的，以技术为基本要素同时兼具艺术因子的一种特殊的文化"。建筑，在英语中原意为"巨大的工艺"，历来古典美学家总是把建筑、绘画与雕塑称为三大造型艺术或三大空间艺术，其中建筑尤受推崇。中国古汉语中建筑等同于"营造"、"营建"或"兴建"，包括规划、设计和施工的全过程。"建筑"一词只是今人的叫法，古代是没有的，罗哲文先生指出中国"建筑"一词是由日语转译而来。

在现代建筑技术传入中国前所建造的建筑统称中国古建筑。中国古建筑是技术与艺术的综合，具有特殊的游览价值、审美价值的特征形式和艺术风格。

自先秦至19世纪中叶中国建筑基本上是一个封闭的独立的体系，2000多年间风格变化不大，通称为中国古代建筑艺术。19世纪中叶以后，随着社会性质的改变，外国建筑，特别是西方建筑技术的大量输入，中国建筑与世界建筑有了较多的接触和交流，建筑风格发生了急剧变化，通称为中国近现代建筑艺术。

中国古代建筑艺术在封建社会中发展成熟，它以汉族木结构建筑为主体，也包括各少数民族的优秀建筑，是世界上延续历史最长、分布地域最广、风格非常鲜明的一个独特的艺术体系。中国古代建筑对于日本、朝鲜和越南的古代建筑有直接影响，17世纪以后，也对欧洲产生过影响。

3. 中国古建筑的吸引力要素组合

中国古建筑是一个完整的建筑体系，从旅游审美的角度分析，中国古建筑的旅游吸引要素可分为表象吸引要素和深层吸引要素两个大的部分。

(1) 表象旅游吸引力要素。从审美感官的角度分析，中国古建筑的审美首先表现在对游览者感官的吸引，即对视觉、听觉、嗅觉和触觉的吸引。从

吸引要素上分析主要包括了各类建筑单体的分布格局、建筑形制、体量、构件、色彩、典型装饰物、小品的构成等。

(2) 深层吸引要素。中国古建筑体系的形成与区域自然、文化环境及相关人文要素有着密不可分的关联性。每一个建筑从选址、布局、群体组合、单体的构成到具体构件，无一不承载着特殊地域和特殊历史阶段的特色文化，区域的人文精神多在古建筑中得到体现。因此，当人们选择古建筑作为自己游览目的地和审美对象时，不仅希望得到感官的享受，还希望得到精神上的享受。根据中国古建筑所承载的文化赋存与中国建筑文化的多样性，中国古建筑的深层吸引要素主要是各类文化与精神的内容：历史文化要素、中国特色堪舆理论及表现、中国人的风水观、区域特色文化、民族文化及民族精神、儒释道等宗教思想、中国传统趋吉、祈吉与辟邪思想及表现、中国传统文学与戏曲艺术等。

第二节　中国古建筑的特点

一、影响建筑特点形成的因素分析

在建筑产生之初，建筑并不存在着意创意的形式，也无派别之分，其形制主要受制于自然物理条件。古代原始建筑，如埃及、巴比伦和中国等文明古国建筑派系的形成，都是在各自的环境中产生的。建筑的发展经历了萌芽（胚胎）期，继而初具规模、发展壮大，成熟后转而增加繁缛。不同建筑体系的形成及建筑特点，特别是其视觉外观形成的主要受制因素包括：

(一) 建筑产生地的自然条件

1. 自然地理位置，包括纬度位置，海陆位置等

由于纬度的差异，导致区域日照时间和太阳高度角产生差异，必然导致建筑物的朝向、层高、色彩等的不同；海陆位置的差异，带来降水的不同，使得建筑物的基础和屋顶形制出现差异。

2. 相关自然地理要素，包括地质、地貌、水文、气象、气候、植被等

由于自然地理要素组合的差异，导致地球表面地理环境千差万别。在不

同的地理环境条件下，与建筑相关的供给物产——建筑材料有明显差别，不同地方采用的建筑材料的差异，导致了建筑方式和建筑结构的不同。

(二) 建筑产生地的人文、经济条件

1. 地域风俗习惯

一方水土养育一方人，由于地理环境等因素的不同，使得生活在不同地区的人有了不同的居住形式与习俗。例如热带地方的人住进了杆栏式建筑，而黄土高原的人们则住在窑洞中，草原上的人们住在帐篷里……

2. 历史发展进程和居民的意识

人们的思维方式和思想观念的不同，直接表现在建筑的样式、布局和构件上。中国几千年的封建统治和长期的儒家礼教的影响，使得中国古建筑等级分明，布局以向心式为主。

3. 政治经济的趋向

政治制度与经济实力的影响主要表现在对中国古建筑的建筑规模、体量、用料等方面。

4. 不同时代的文化、艺术

在不同地区、不同时代，文化与艺术的特点或者说潮流是不尽相同的，这一点在中国古建筑中主要表现在建筑的细微部件、色彩和各类装饰上。"中国建筑之个性乃即我民族之性格，即我艺术及思想特殊之一部，非但在其结构本身材质方法而已"。这也正是中国古建筑对旅游者来说充满无穷魅力的原因。

5. 时代技术水平

技术是在不断进步的，处在一个不断发展完善的过程中。随着建筑技术、技巧和相关发明的涌现，古建筑的材料、体量、规模、形态、工程、艺术等要素随之演变。中国古建筑的特点也在建筑技术发展进程中，不断丰富、深化、标准化。

历史遗存下来的中国古建筑，可以映照出民族文化之兴衰潮汐。人们通过对古建筑的鉴赏，可以通过其表象进一步发掘其内涵，见证民族的物质精神。"古建筑活动与民族文化之动向实相牵连，互为因果"。

二、中国古建筑的主要特征

中国古建筑具有自己独立的建筑结构体系，其发展历史之久远、散布地区之广阔，在世界上首屈一指。中国古建筑数千年来"几乎无渗杂之象"，建筑特征鲜明，并随文化的传播而对周边国家的建筑产生了深远的影响。从游览和审美的角度，我们把古建筑的主要特点归纳如下：

（一）材料——中国古建筑以木材、砖瓦为主要建筑材料

中国古建筑始终保持以木材、砖瓦为主要建筑材料。建筑物一般因其材料而产生其结构法，又因结构而产生其形式上的特征。世界上其它派系的建筑物，多采用石料以代替其原始的木结构，仅在石材上以木材雕塑作为装饰，其主要营造方法是依石料垒砌之法，从而产生其形制。中国古建筑则始终保持木材为主要建筑材料，在结构方面做到了"尽木材应用之能事"，使得中国古建筑产生了最高的艺术风格。

从原始社会到明清时期的五千余年间，尽管经过不断的改进，中国古建筑在建筑结构、建筑类型等方面有了不少的发展与进步，但是在用料方面却一直保持用木材并辅以砖瓦的用料传统。

（二）结构——以木构架结构为主要的结构方式

1. 木构架结构

此结构方式由立柱、横梁、顺檩等主要构件建造而成，各个构件之间的结点以榫卯相吻合，构成富有弹性的框架。木构架结构的优点主要表现在：第一，承重与围护结构分工明确，屋顶重量由木构架来承担，外墙起遮挡阳光、隔热防寒的作用，内墙起分割室内空间的作用，由于墙壁不承重，这种结构赋予建筑物以极大的灵活性；第二，有利于防震、抗震，木构架结构很类似今天的框架结构，由于木材具有的特性，而构架的结构所用斗栱和榫卯又都有若干伸缩余地，因此在一定限度内可减少由地震对这种构架所产生的危害。"墙倒屋不塌"形象地表达了这种结构的特点。

2. 木构架的基本类型——木构架主要有抬梁、穿斗、井干和干栏式四种不同的结构方式，其中抬梁式使用较广

3. 构造技术与艺术形象统一——体现结构美

中国古代建筑的木结构体系适应性很强。这个体系以四柱二梁二枋构成一个称为间的基本框架，间可以左右相连，也可以前后相接，又可以上下相叠，还可以错落组合，或加以变通而成八角、六角、圆形、扇形或其他形状。屋顶构架可以不改变构架体系而将屋面做出曲线，并在屋角做出翘角飞檐，还可以做出重檐、勾连、穿插、披搭等式样。单体建筑的艺术造型，主要依靠"间"的灵活搭配和式样众多的曲线屋顶表现出来。木结构的构件便于雕刻彩绘，以增强建筑的艺术表现力。

4. 规格化与多样化统一——中国古代建筑单体似乎稍欠变化，但群体组合却又变化多端

中国建筑以木结构为主，为便于构件的制作、安装和估工算料，必然走向构件规格化，也促使设计模数化。

建筑的规格化，促使建筑风格趋于统一，也保证了各座建筑可以达到一定的艺术水平。作为一种空间艺术，这是进步的成熟现象。

规格化表现为相对同一，早在春秋时的《考工记》中，就有了规格化、模数化的萌芽，至唐代已经比较成熟，到宋代的《营造法式》，清代的《工部工程做法则例》使中国古建筑更趋规格化。

（三）布局——整齐而又灵活，以院为单元，多重层进，中轴对称、平面展开

1. 单体形象融于群体序列

中国古代建筑的艺术效果主要依靠群体序列来取得。单体建筑的式样并不多，但通过不同的空间序列转换，各个单体建筑才显示了自身在整体中的独立性格。中国古建筑往往不是以独立的个体而存在，更多的是多位院落式组合。

2. 以院为单元

中国古建筑的平面布局具有一种简明的组织规律，就是以"间"为单位构成单座建筑，再以单座建筑组成庭院，进而以庭院为单元，组成各种形式的组群。就单体建筑而言，以长方形平面最为普遍。此外，还有圆形、正方形、十字形等几何形状平面。

3. 中轴对称、平面展开

就整体而言，重要建筑大都采用均衡对称的方式，以庭院为单元，沿着纵轴线与横轴线进行设计。通常情况大型、重要、等级高的建筑布置在中轴线主要位置上，次要建筑布置在两侧，借助于建筑群体的有机组合和烘托，使主体建筑显得格外宏伟壮丽。民居及风景园林则采用了"因天时，就地利"的灵活布局方式。

（四）表征——重视表现建筑的性格和象征涵义

中国古代建筑艺术的政治伦理内容，要求它表现出鲜明的性格和特定的象征涵义，为此而使用的手法很多。例如，利用环境渲染出不同情调和气氛，使人从中获得多种审美感受；规定不同的建筑等级；尽量利用许多具象的附属艺术，如匾联、碑刻的文字来揭示、说明建筑的性格和内容；重要的建筑，如宫殿、坛庙、寺观等，还有特定的象征主题。

（五）造型——优美的艺术形象

建筑艺术是造型艺术之一。建筑艺术即通过建筑的实体与空间（包括周围的自然环境）的统一组织和处理，使建筑物既具功能性又达到人们审美要求的一种综合性艺术。中国古建筑的艺术处理尤以屋顶造型最为突出。

（六）装饰——丰富多彩

中国古建筑的装饰在整个建筑物上都有体现，具体包括彩绘和雕饰。彩绘具有装饰、标志、保护、象征等多方面的作用。

内部的装饰、陈设和外部空间的点缀，建筑物内部常用雕梁画栋、图案花纹、牌匾楹联及壁画来装饰，以增加华丽富贵的气氛。古建筑内部陈列名人字画、文物、工艺美术品是中国古建筑内部装饰的一大特点，体现了中国民族文化的特征及中华民族的审美习惯。

外部空间，常以假山叠石加以点缀，设香炉、屏风、华表，有时还要建照壁、石狮等。红、黄、绿是我国古建筑的主色调。

雕饰是中国古建筑艺术的重要组成部分，包括墙壁上的砖雕、台基石栏杆上的石雕、金银铜铁等建筑饰物。雕饰的题材内容十分丰富，有动植物花纹、人物形象、戏剧场面及历史传说故事等。

（七）重视环境整体经营——中国古代建筑特别注意跟周围自然环境的协调

建筑本身就是一个供人们居住、工作、娱乐、社交等活动的环境，因此不仅内部各组成部分要考虑配合与协调，而且要特别注意与周围大自然环境的协调。中国古代的设计师们在进行设计时都十分注意周围的环境，对周围的山川形势、地理特点、气候条件、林木植被等，都要认真调查研究，务使建筑布局、形式、色调等与周围的环境相适应，从而构成为一个大的环境空间。

（八）诗情画意的自然式园林

中国园林是中国古代建筑艺术的一项突出成就，也是世界各系园林中的重要典型。中国园林以自然为蓝本，摄取了自然美的精华，又注入了富有文化素养的人的审美情趣，采取建筑空间构图的手法，使自然美典型化，变成园林美。

第三节　中国古建筑审美

一、建筑美的构成

建筑能成为艺术，是因为它通过特定的建筑艺术语言，诸如空间组合、体量、比例、质感、色调、韵律以及某些象征手法，构成一个丰富复杂似乐曲般的视觉形体构架，展示一种空间性和表现性相统一的造型美，形成蕴含特定意境的艺术形象，诱发观赏者的情感共鸣。因此在旅游过程中对古建筑的审美是游客的主要活动之一。建筑的美主要体现在由形体—色彩—质感所组成的可视三维空间形象中。

（一）空间形象

建筑是一个在三个向度（前后、左右、上下）展开的立体空间。建筑的实用功能的实现，建筑视觉美感效应的取得，都依赖于这个三维向度的空间容量和体量。

1. 空间——建筑的主角

建筑的空间形象重在表现，而并不在模拟。中国古建筑精当地运用空间组合、质地和色彩调补等手法，给人以韵律感和节奏感。"节奏和韵律是构

成一座建筑物的艺术形象的重要因素"。中国古建筑形象是社会人生的空间展开形式,人类社会的群体性在建筑美的构成中得到一定的体现,即注意单体建筑物与周边环境的协调统一的关系。

2. 体量——视觉的主题

在一个特定的景区中,建筑的体量一般比较大,具有强烈的视觉冲击力,不以人的意志为转移地映入眼帘,悦心悦意,诱发美感,因此成为人文景观的主体。建筑形象是社会人生的空间展开形式,艺术化的建筑物讲究彼此的协调照应,更注意与自然背景融为一体。

(二) 色彩与质感

建筑视觉形象美的构成,离不开物质材料的运用。材料的色彩、质地是建筑艺术的两个重要要素。

1. 色彩

色彩是最为大众化的美感形式。建筑造型由于运用了不同的材料,进行不同的装饰,会呈现出不同的色彩。

2. 质感

本真的建筑材料所具有的质地感,也是美感的重要来源。根据建筑物的美学品格定位,选择合适的材料以凸显特定的质地美,是建筑艺术能否获得完美效果的重要环节。

(三) 装饰与陈设

中国古建筑中的装饰与陈设是建筑整体中的一个重要组成部分,也是古建审美的重要内容和主要对象之一,是人们进行细部品味的重要环节。

中国古建筑中的各种装饰往往具有一定的实用功能,同时又暗含有一定的人文意境,使人不仅得到感官的审美愉悦,还能让观赏者得到精神的享受,获取美感知识。古建筑非常注重"雕梁画栋"。古建筑雕刻的范围包括建筑物的各个部位,如屋顶、墙面、柱子、台基等等。雕饰的题材也非常丰富,有各式各样的动物花卉、人物故事、山水名胜、历史故事等。雕刻技术也非常娴熟,除宋代《营造法式》中所总结的素平、减地平钑、剔地起突、压地隐起等方式之外,还有线刻、透雕等,根据不同题材和装饰的需要而使用。

建筑的主要功能是实用,即居住,因此在古建筑中必然存在大量的陈设,

而陈设的内容及形式与建筑的形制、地位、作用、居住对象等有密切的关系。

二、中国古建筑的美学品格

（一）"中和"之美

中国传统的"中庸"哲学提倡"中和"。《论语》曰："礼之用，和为贵，先王之道斯为美。"这里所谓的"和"，指个体与群体的和谐以及个体与个体的和睦。"中"指适合、适度，它是实现"和"的前提条件。在这种观念的影响下，中国传统的审美心理始终以"中和"为核心，通过和谐的群体组合，适度的形体结构，相宜的装饰设计，舒缓的空间节奏，协调的环境处理来展示"中和"之美。

1. 中国古建筑的布局以烘托群体的气势与和谐为主题。

在中国的古建筑群体中，几乎看不到孤傲突立的单体建筑，人们通常见到的是一个个融入群体的建筑符号，它们的风格完全服从于群体气势的需要，较少个性张扬，以群体的对称、协调、错落有序来相互辉映，形成整体的和谐之美。

2. 中国传统建筑在形体结构上亦以适中的尺度为美，所谓尺度的适中，主要指能够与人的生理与心理需求协调。

由于儒家提倡"和为贵"，以及对现实世界的关注和投入，人们审美心理倾向于人性的尺度，追求平和、温馨、舒缓，故中国传统建筑的尺度皆以"适可而止"为准。房屋形体与空间安排既不过高，亦不过分开阔；虽高大雄伟，但并非横空出世、高不可攀；既细致精巧但并非繁琐杂乱。正如墨子所言："高足以辟润湿，边足以围风寒，上足以待雪霜雨露。官墙之高，足以别男女之礼，谨此则止。"建筑的尺度以能满足人们的生产、生活要求为准，适可而止，不夸张，不浮华，使人倍感舒适和亲切。

3. 在装饰设计方面，中国传统建筑亦表现为淡妆浓抹，美在相宜。

江南民居的白墙灰瓦，契合了江南水乡地区的自然地理环境和当地居民追求质朴、淡雅、清丽的审美情结。因为江南地区丰富的自然植被已构成五彩缤纷的世界，加之气候湿热，故用白、灰、黑等冷色调令人在纷乱、燥热中趋于平静。北方地区气候寒冷干燥，自然植被稀少，自然色彩单调、灰暗。

故建筑物常用红、黄暖色调,甚至采用红绿、红黄等色彩对比,改变环境色调的单一,给人以温暖、热情、亢奋的感觉。

4. 中国传统建筑的"中和"之美还表现为建筑的序列节奏。

舒缓、深沉、流畅,很少大起大落、亢奋、紧张。空间序列节奏层层铺开,意蕴悠长、婉转曲折、意犹未尽。

(二)含蓄之美

中国儒家文化的人生哲学,道家的处世哲学,反映在审美意识中,都表现为追求内在精神的含蓄之美。中国传统建筑空间组合的内向性与朦胧性,就是这些含蓄之美的体现。

中国传统建筑的空间布局是以内向空间的组合为特征的。无论是民居还是殿宇、陵墓、寺院、园林,多数都以院落布局为主。那些院中之院、园中之园、城中之城,都是由层层向内收缩的空间组合而成,呈现出明显的"内敛"性。同时,中国传统建筑对内部空间亦采取一种较为封闭的态度,往往通过墙将内部空间围合起来,形成与外界的区别,甚至在庭院的入口处还要以照壁隔住视线,以免一览无余。在装饰处理中,中国传统建筑亦将重点放在院内,藏而不露,避免过分张扬、显露。

中国传统建筑的空间展开亦以曲折、含蓄、朦胧为美。府宅大院通过层层门、廊、墙、栏、径,宛转曲折,形成重重院落,深不可测。园林建筑更是纡余委曲,半隐半露,若有若无。那些绿荫丛中的房舍,那些弯弯曲曲的走廊,那些虚虚实实的幽径,那些高高低低的粉墙,使人似见而不能穷其貌,似闻而不能见其面,犹如置身于梦幻之中,恍恍惚惚,影影绰绰,产生一种新奇与追寻的冲动。"山重水复疑无路,柳暗花明又一村",含蓄朦胧的空间序列,使人趣味无穷。

(三)意境之美

中国传统的美学思想则强调"形神兼备"、"气韵生动",以"意境"作为艺术作品追求的目标。中国古建筑的艺术构思,尤其注重将建筑的客观功能与人的审美心理相融合,借助建筑的形式畅神达意,抒发情怀,突出表现为以建筑为题材的象征和比兴。中国传统建筑最常用的象征手法为:数的象征、色彩的象征与物品的象征。

1. 数字

数字在中国人的审美意识中是极富感情色彩的，人们习惯于用数字表达吉祥、尊重、圆满、完善等意思。根据阴阳学说，奇数为阳，故1、3、5、7、9及其倍数常常被用来表达圆满、重视、重要等意思。如岁寒三友，三皇五帝，三思而行，三顾茅庐，五彩缤纷，七巧板等。尤其是9，在《易经》中被列为首卦，象征尊贵、崇高、吉祥等，故传统建筑中常用9和9的倍数。

2. 色彩

中国传统建筑也常用色彩象征人的观念和情绪。色彩显示了建筑的等级、主人的地位。同时还有大量的象征意义，和趋吉避邪的愿望。

3. 屋顶与装饰

在中国传统建筑中亦常在屋顶、屋脊等处饰以各种传说中的神兽，象征吉祥如意，镇凶避邪。有时亦在建筑物周围饰以各式陈设，烘托气氛。

（四）借建筑物移情立意，抒发情怀亦是中国传统建筑的重要审美特征

当人们站在故宫建筑群面前时，无不被其宏伟壮观的气势、精巧华丽的装饰所震慑，使审美对象与审美主体一样融入茫茫的历史沧海，深沉而庄严。中国传统园林建筑的设计追求诗情画意、情景交融。古代文人墨客，借建筑思古之幽情，发胸中之意，留下了无数脍炙人口的名篇佳作，典型的如《岳阳楼记》、《滕王阁序》等。中国传统建筑还常常通过在建筑物上题楹联来引发人们的联想，深化意境。

（五）名称

建筑物的命名也是拓展和深入意境的重要手法。故宫前朝三大殿分别以太和、中和、保和为名，喻意大清的江山社稷永和、安宁。承德外八庙以普宁寺、普乐寺、安远庙等命名，喻意清政府对各少数民族政权施仁义安远之策，希望普天安宁同乐的愿望。园林中的"鱼乐园"、"知鱼亭"取《庄子》中"知鱼乐"的故事，寄托着文人士大夫向往回归自然、逍遥超脱的理想。

三、古建筑游览与审美体验

旅游活动，从本质上说，就是一种审美活动，离开审美就谈不上旅游。旅游审美活动的内容是异常丰富多样的，可以说无所不包。旅游者的审美体

验，一方面受制于客观的审美属性与主观的理解差异，另一方面受制于审美主体的审美个性、敏感性以及历史文化、心理结构等多种因素。

中国旅游审美文化的构成要素一般包括作为旅游审美对象的古典造型艺术（如绘画、书法和雕塑）、传统建筑艺术（如宫殿建筑、宗教建筑、园林、公共建筑和民居等）、传统表演艺术（如京剧、地方剧和传统歌舞等）、旅游工艺品和饮食文化、民俗风情、节日庆典等。在具体的旅游活动中，作为主要游览地和文化承载主体的古建筑具有不可替代的作用。

（一）中国古建筑的审美特征美

中国古典建筑景观是旅游活动中重要的审美对象，其中凝聚着我国古代劳动人民的智慧和创造能力。中国建筑体的艺术处理具有辉煌的成就。传统建筑中的各种屋顶造型、飞檐翼角、斗拱彩画、朱柱金顶、内外装修门及园林景物等，充分体现出中国建筑艺术的纯熟和感染力。

我国古建筑的审美特征，集中表现在独特的民族结构形式，完整、统一、和谐的园林式组群布局。正是这些形式美与内在美的因素引起了旅游者的极大兴趣，成为游览、观赏的重要对象。同时，从这些造型优美的古建筑中，可以看到我国劳动人民极高的智慧、创造才能及高超的艺术水平。

（二）审美内容

1. 宏观内容

（1）地理环境。建筑离不开自然条件，即地理环境。这里所说的地理环境应该包括了自然地理环境，同时也包括人文地理环境。

（2）建筑环境——建筑选址。中国古建筑在营造前有一套相对完整的选址程序，不同功能的建筑物，在总体建筑群中都有其特定的位置。我们的祖先在长期的实践中总结了一套堪舆理论并在实际建设中运用。

（3）总体布局。中国古建筑布局方法一般都采用均衡对称方式，即沿着纵轴线与横轴线布局。特别是宫室、庙堂等大多皆以纵轴线为主，横轴线为辅。这种布局形式，既庄严雄伟，又灵活多样。园林建筑和一些民居房屋建筑总体布局多无明显的轴线，布局比较自由，有的按照山川形势、地理环境、气候风向、风俗习惯等因地制宜进行布置。这种"因天材，就地利"的布局原则，同几千年来一直以整齐对称布局著称的中国古建筑布局原则同时

发展着。

(4) 建筑类别。中国古建筑有不同的门类，由于功能的差异，建筑的类别也就有了差异。

2. 具体对象

(1) 建筑体系。我国地域辽阔，由于地理环境的差异，在长期适应环境的过程中，在不同的地区形成了不同的建筑体系类别。

(2) 单体建筑及具体的构造。单体建筑及其构造是古建筑游览审美的主题和重点。在游览中，人们具体关注的是一座座具体的建筑物——单体建筑。在赏析过程中，具体的细节对审美主体有较大的吸引力。

(3) 建筑装饰。中国古建筑的艺术处理，经历代劳动人民长期努力和经验的积累，创造了丰富多彩、精美绝伦的艺术形象。在大木构造中，借助于木构架的组合与各种构件的形状及材料质感，进行巧妙的艺术加工，使功能、结构和艺术达到协调统一的效果。

(4) 建筑小品。小品在中国古建筑中较为常见，它不仅具有装饰功能，还具有特殊的意义，而且造型独特，具有较强的观赏价值。

(5) 附设内容。建筑物由于具体功能的差异，其附设内容也不相同。而各类附设物往往起到强化建筑功能，同时也有其实用和装饰的双重功能。但由于文化的差异，功能的体现又存在地域差异和文化内涵的不同。

3. 文化意蕴

古建筑被人们誉为"物化的史书"。中国古建筑体现了中国古代各族人民艰苦而漫长的历史跋涉，它是伟大的中华民族政治、经济、科技与艺术所曾经达到过的辉煌象征，是凝固的文化，是历史的见证，有着丰富、深邃的文化意蕴。中国古建筑的文化意蕴是中国传统文化的体现，是受儒家、道家、佛学、阴阳五行、风水、吉祥等诸说综合影响的反映。各类文化与古建筑紧密结合，形成了具有中国特色的建筑文化。在古建筑中所蕴涵的文化具有综合性、多样性、地域性以及变异性等特点。而文化意蕴正是人们参观游览中国传统建筑最终追求和探求的目标。

四、中国古建筑游览与审美环节

从古建筑美的依存要素和美学品格方面分析，在游览中国古建筑的过程中，要真正领略中国古建筑的神韵，赏析中国古建筑的外在与内在美，可从以下环节来实现：

（一）古建筑的营建历史分析

古建筑，特别是一些典型的、具有代表性的、具有较高观赏价值的古建筑，首先要了解该建筑的历史背景。由于历史条件的差异，不同历史时期政治、经济、文化和工艺技术发展水平的差异，建筑本身也就会凸显出不同的特点。

（二）对建筑实体功能分析

1. 实用功能

建筑的使用功能是由人类的生存需要决定的，迄今为止人们仍然将住房看作是生活中必不可少的重要部分。任何一个古建筑，无论其装饰如何华丽、复杂，其最基本的功能仍为实用，应把建筑体的实用功能分析透彻。

2. 其他功能

古建筑类别较多，除最基本的居住功能外，有些特殊建筑还有其特殊的功能。由于具体功能的差异，在建筑物的选址、建造体量、布局以及色彩运用等方面也就产生了差异。

（三）建筑外观的视觉美感分析

任何建筑都是一个实体，有其存在的空间和体量，表现在建筑物的大小、结构、色彩及装饰等方面，这些都是游览与审美主体可以通过视觉直接观赏到的。

（四）寓意及象征美的诠释

中国古建筑的寓意和象征美，仅靠游览与审美主体的视觉是不可能完全体味的。对此，就需要借助相关旅游资料或通过相关的介绍来实现。

（五）遵循一定的游览程序

在古建筑游览与审美可以遵循一定的程序模式，即建筑选址→群体建筑→单体建筑（包括式样及体现的艺术特征）→从规格看等级→体现生境、画境和意境的个性体现及各部件、装饰的象征意义。具体程序如下：

1. 了解古建筑历史沿革和古建筑的特点。
2. 认识建筑环境。
3. 熟悉古建筑布局及建筑组合，选择游览路线和审美方式。
4. 具体游览审美对象：建筑群体与组合、单体建筑、建筑装饰、古建筑中色彩的运用、等级观念、匾联品析、字画赏析、介绍家具及陈设、物象及含义等，同时注重文化的体验。我国古建筑有几千年源远流长的历史，我国古代劳动人民创造了辉煌的成就，形成了独具特色的体系和风格，有高度的工程技术水平和优美的艺术形式。中国古建筑是我国的一份宝贵的科学、文化遗产。

第二章 中国古建筑发展历史沿革

游览中国古建筑，对古建筑全方位审美，要从了解中国古建筑的历史开始。

中国古建筑自其起源至今，在其漫长的发展沿革中，成就卓越并形成了独特的风格，在世界建筑史上占有重要地位。中国传统古建筑的发展进程是延续的、持续的，从未间断过。但由于数千年朝代的更迭，文化活动潮起潮落，不同朝代经济及建筑技术的差异，使得中国古建筑出现特色鲜明的时代特征。

第一节 中国传统建筑的历史分期与时代精神

建筑是人类文化中不可缺少的灿烂音符，是一个民族的光辉侧影，一种独具品格神韵的时空存在。在中国，古人称建筑为"宇宙"，从中国建筑文化的角度分析，"宇"、"宙"两字是富有文化哲学和美学内涵的汉字，两者共同揭示出了中国古代宇宙观的形成与建筑文化观念的亲缘关系，或者说，中国原初的宇宙观，是从建筑实践活动与建筑物的造型中衍生、升华而成的，这其实是中华古代建筑文化的时空意识。《易·系辞》曰："上古穴居而野处，后世圣人易之以宫室，上栋下宇，以蔽风雨"，当然这仅为后世人的推测而已。

古老的中国建筑体系经历了原始社会、奴隶社会和封建社会三个历史阶段，七个时期。中国封建社会是形成中国古建筑体系的主要阶段。由于各个历史时期不同的经济、政治、文化背景，使得发展中的传统建筑印上了深深的时代精神烙印，呈现出明显的时代风貌。

一、雏形期（原始社会时期）

这段时间内，实物资料都极为缺乏。大量文献资料和考古资料分析调查

证明，仰韶文化时期，我国的先民们已走出天然洞穴，或是在地面掘土为穴，作为居室；或是筑木为巢，作为居室，从而宣告了我国最早的建筑类型居室的出现。陕西西安半坡文化遗址、河南庙底沟文化遗址和浙江河姆渡文化遗址中的房屋建筑，分别代表我国北方与南方地区不同的早期居室类型。

二、成型期（夏、商、西周至春秋时期）

大约从公元前21世纪开始，我国历史上出现了最早的奴隶制国家——夏。此后历经的1600多年的漫长岁月中，我们的祖先创造了灿烂的青铜文明。随着国家和王权的出现，供帝王、贵族生活和游乐的宫殿、苑囿、宗庙等建筑皆应运而生，其结构以木质框架为主，并且初步形成了以轴线对称的庭院式布局。

三、发育并走向成熟期（战国、秦汉时期）

这是中国古建筑发育并走向成熟的时期，建筑事业极为活跃，史籍中关于建筑的记载颇为丰富，通过对这一时期的墓葬挖掘，建筑的结构形状等有遗物可考其大略。

四、融合期（魏、晋、南北朝时期）

此期间是我国历史上的民族大融合时期，也是汉民族文化摄取外来文化的时期。佛教的传入，为挣扎在苦海中的人们带来了希望，从皇帝到百姓，纷纷皈依佛门，热衷于凿佛窟、建佛寺，使得佛教建筑成为当时社会最受重视的建筑，出现了许多巨大的寺、塔、石窟和精美的雕塑与壁画。佛教的盛行，成为建筑活动的主要动力之一，在建筑上出现了生动的雕刻，各种饰纹、花草、鸟兽、人物等有新的创新，与汉代风格出现了较大的差异，遗存至今的有石窟、佛塔和陵墓等。

此间，由于玄学的兴起，士大夫追求归隐山林、怡情自然，纷纷模仿自然山水修造园林，从而导致了文人园林与寺院园林的兴起和发展。这一时期的城市布局也有所变化，宫城面积缩小，开始出现"市"和整齐划一的里坊建筑。

五、繁荣期（隋唐时期）

隋唐时期是我国封建社会史上经济最发达、国力最强盛、文化最繁荣的时期。此时的建筑亦在继承前代传统的基础上消化外来文化的影响，推陈出新。国家的繁荣昌盛，使得这一时期的建筑风格雍容大度，简洁雄浑，处处洋溢着天朝大国的自信与辉煌。

隋唐时期，木构架技术已相当成熟，斗栱雄大，出檐深远，梁柱雄浑粗壮。一些重要建筑以叠瓦屋脊与鸱吻装饰，台基中也出现了石制望柱与螭首。唐代建筑风格以倔强粗壮而取胜，其手法又以柔和精美见长，诚蔚为大观。

六、渐变期（五代、宋、辽、金、元时期）

五代赵宋之后，中国的建筑艺术开始趋向华丽细致，到了宋代中期以后更趋向纤靡文弱之势。宋、辽、金、元时期是汉民族政权与少数民族政权对峙共存的时期，民族文化在相互磨合中相融，使得这一时期的建筑风格异彩纷呈。从总的发展趋势看，这一时期的宫殿建筑规模减弱，但由于商品经济的发展，城市商业建筑增多，打破了隋唐的"坊市"局限，开始出现临街的店铺。受社会风气的影响，建筑风格已渐离唐代的宏伟刚健而趋向于柔媚华丽，出现了各种复杂形式的殿阁楼台。在建筑结构方面，斗栱的承重作用减弱，斗栱与柱高之比也越来越小。楼阁采用上下两层直接相通，不再作暗层。单体建筑的造型也有变化，开间面阔从中央向两面逐渐减少，门窗的棂条组合也灵活多样，室内顶棚亦用平棋与藻井装饰。随着专制主义中央集权制的巩固和发展，宋代建筑在用材、装饰、彩绘、结构等方面也逐步趋于定型，《营造法式》的问世，既是对前代建筑经验的总结，同时也规范了中国传统建筑的基本模式。

七、集成期（明清时期）

明清时期是我国专制主义中央集权空前强化的时期，宫殿建筑和皇家园林皆集传统建筑技术之大成，以规模浩大、壮丽豪华而闻名于世。由于制砖业的发展，使得砖瓦广泛运用于不同类型的建筑。这一时期的官式建筑也完

全程式化、定型化、装饰繁琐，整体结构规矩谨严。但由于南方商品经济的发展，商业性建筑增多，在建筑布局方面也比北方自由灵活，并且出现了许多富商大贾的私人园林。清代在承袭明代建筑传统的基础上，更加强调建筑的规范性，清工部《工程做法则例》的颁布，对建筑的材料、面阔、进深、柱高、屋顶式样等作出了严格规范。同时，各民族的建筑风格亦相互影响，出现了一些融合满、汉、藏、蒙风格的建筑群。如承德避暑山庄、布达拉宫、塔尔寺、雍和宫等。在明清之交，中原建筑中出现了西藏样式。清代中后期，随着传教士的传教活动，中国建筑中出现了西洋样式。到了清代末年，由于与西方接触日趋频繁，中国的建筑标准也产生了变化，西洋建筑开始渗入都市，中国建筑格局陷入了不知所从的混乱状态。在以后的建筑中，特别是在城市中，古老的建筑样式日渐减弱了。

第二节　原始社会时期的建筑

一、概　述

《易·系辞》曰："上古穴居而野处"。古老的中国建筑体系大约发端于距今8000年前的新石器时期。原始社会的先民们均栖身于大自然赐予的天然洞穴。我国境内已知的最早人类"住所"是北京猿人居住的岩洞。

仰韶、龙山、河姆渡等文化创造的木骨泥墙、木结构榫卯、地面式建筑、干栏式建筑等建筑技术和样式，为一个伟大的建筑体系播下了种子。

表 2-1　　　　　原始社会时期建筑发展时段与特色分区

时间	约170万年前～公元前8000年	公元前8000年～前6000年	约公元前6000年～前2100年		
			约公元前6000年	约公元前5000年	约公元前2500年
居住形式及建筑特色	人类居住于天然洞穴	人类住地穴建筑或巢居	半穴居建筑出现	地面建筑、干阑式建筑，榫卯出现	夯筑技术出现

以上表格根据汝信主编《全彩中国建筑艺术史》，宁夏人民出版社，2002，P2 内容改编。

二、建筑类型

原始社会的建筑如今已不可能见到。经过考古发掘，人们基本可以确认，人工建筑物出现于新石器时期。河南新郑县裴李岗文化（公元前5600年~前4900年）和河北武安县磁山文化（公元前5400年~前5100年）的半地穴建筑，是我国迄今为止发现的年代最久的新石器时期建筑遗址。由于中国地域辽阔，各地气候、地理、材料等条件的不同，营造方式也多种多样。中国的建筑技术和建筑艺术在新石器时期的发展有两条主线：

（一）黄河流域的仰韶、大汶口、龙山的建筑，主要是按地穴—半地穴—地面建筑的线索演变的

黄河流域有广阔而丰厚的黄土层，土质均匀，含有石灰质，有壁立不易倒塌的特点，便于挖作洞穴，因此在原始社会晚期，穴居成为这一区域氏族部落广泛采用的一种居住方式。随着原始人营建经验的不断积累和技术提高。穴居从竖穴逐步发展到半穴居，最后又被地面建筑所代替。

1. 穴居

黄河中上游地区原始先民的地穴建筑，分为横穴和竖穴两大类。横穴是指在黄土断崖面上开凿的洞穴；竖穴是指从地面往下挖成洞穴。横穴后来发展成为窑洞，竖穴的居住面在发展过程中不断上移，后成为半地穴和地面建筑。竖穴建筑入口部都覆盖以树木枝叶编成的顶盖，这种顶盖可以看成是后来建筑屋顶的萌芽。

2. 半穴居

其居住形式位于地面下50~80厘米，地面和居住面之间由斜坡道连接。斜坡道多由人字形屋顶覆盖。居住面周围的壁面，以"木骨泥墙"的方式构成向内倾斜的壁体。面内以木柱构成支架，支撑着壁体的木骨泥墙和屋顶。屋顶则与墙体相交结，形态类似后来的歇山顶。靠近入口处或建筑中心为火塘。火塘除用于点火、取暖、烤食物外，还有原始宗教的含义。

3. 地面建筑

居住面稍高于室外平地的建筑。分为单室和多室两种类型。地面建筑广泛存在于仰韶文化、龙山文化的众多遗址中。

地面建筑的出现，标志着中国古建筑已脱离了原始穴居、半穴居阶段。特别是多室的出现，进一步标志着中国古建筑开始以室内空间的细分来适应社会关系的种种变化。

这时期的建筑有一种典型的建筑技术——木骨泥墙。这是一种在原始社会时期黄河流域的一种建筑方法：即用细木柱编织或绑扎成木骨架，再在骨架内外敷上草泥土，并用火烤墙体表面，使之成为坚固、美观的墙体。典型遗存为：西安半坡遗址，仰韶村落遗址、龙山文化的住房遗址等。

（二）长江流域的河姆渡、良渚等文化的建筑，主要是按照巢居—干栏式建筑的线索逐步完善的

1. 巢居

根据学者的研究发现并证明，干栏式建筑是由古老的"巢居"发展来的。巢居是一种古老而原始的居住方式。以树干为桩，以树枝为梁，再以树条绳索绑扎出楼板和屋顶骨架，敷以茅草形成。此种建筑方式多见于长江流域以南地区，这些地区由于气候湿热、森林植被资源丰富，生活在这里的居民为了防潮和避开野兽虫蛇的侵扰，最先采用了巢居的形式。

2. 干栏式建筑

此建筑形式是由巢居发展而来。在建筑方式上通常采用木柱将建筑的居住面颏空，形成脱离地面的平台，再在平台上建筑墙身。典型建筑的遗存为河姆渡遗址，该遗址位于浙江余姚，距今大约7000~5300年在遗址中发现了大量木作工具、建筑木构件和干栏式建筑、立柱式的地面建筑遗址。

第三节 夏、商、周、春秋战国时期的建筑

一、概　述

公元前21世纪时夏朝的建立标志着我国奴隶社会的开始。从夏朝起经商朝，西周达到奴隶社会的鼎盛时期，春秋时开始向封建社会过渡。

公元前2070年左右，夏王朝开始修筑城市和宫殿，其"廊院式"建筑空间模式开启了中国建筑体系院落式空间布局的先河。殷商王朝建立后，经济

文化得到了进一步的发展，在建筑方面也进一步融合了中国南北方的建筑技术和艺术。公元前1046年至公元前771年，西周统治者制定了较为成熟的建筑登记制度，使中国古建筑的布局更趋严谨，建筑类型更加丰富，呈现了建筑多样性的特点。至春秋战国，由于政治经济及文化方面的发展与影响，各国诸侯纷纷打破周代礼制的羁绊，在"高台榭、美宫室"思想的影响下，各诸侯国都开始建筑自己庞大的都城和精美的宫室。可惜的是，这些雄伟的都城和美妙宫殿都未能保存到今天。

表2-2　　　　　　夏、商、周、春秋战国时期建筑发展与特色

时代及建筑分期	夏（约公元前2070年~前1600年）		商（约公元前1600年~前1046年）	西周（公元前1046年~前771年）	春秋战国（公元前770年~前221年）	
	约公元前2070年	约公元前1700年	前1300年~前1046年	前1046年	约前770年	约公元前700年
古建筑特色及标志	出现城市	出现廊院建筑	殷墟遗址	出现布局完整的四合院建筑及瓦、斗栱的雏形	高台建筑发展	出现系统的城市规划思想

二、各朝代的建筑特征

(一) 夏（公元前21世纪~前16世纪）

由居住在黄河中下游的"夏"部落所建立的夏王朝，是我国历史上第一个奴隶制国家。夏王朝在建筑活动中大量使用奴隶，兴建了带有宫殿性质的大型木结构建筑。我国古代文献记载了夏朝的史实，但考古学上对夏文化尚在探索之中。夏王朝的统治中心地区是在嵩山附近的豫西一带。

考古发现，夏代的宫殿在建筑布局上初步形成了将建在夯筑台上的殿堂用廊院围绕起来的"廊院格局"。这种布局不仅可以加强宫殿的防卫，还可以通过廊和宫殿建筑体量的大小对比、建筑实体和院落空间的虚实对应，营造出宫殿所需要的庄严、雄伟的空间氛围。以后的宫殿建筑大多承袭了这种格局，由此形成了中国建筑体系的一大特点。

(二) 商（公元前 16 世纪～前 11 世纪）

公元前 16 世纪建立的商朝是我国奴隶社会的大发展时期，商朝的统治以河南中部黄河两岸为中心，东至大海，西至陕西，南抵安徽、湖北，北达河北、山西、辽宁。商朝，我国开始了有文字记载的历史，已经发现的记载当时史实的商朝甲骨文已有十余万片。大量的商朝青铜礼器、生活用具、兵器和生产工具（包括斧、刀、锯、凿、钻、铲等），反映了青铜工艺已达到相当纯熟的程度，手工业专业化分工已很明显。手工业的发展，生产工具的进步以及大量奴隶劳动的集中，使这一时期建筑技术水平有了明显的提高。

商代宫殿建筑在夏代建筑技术的基础上有所发展，文献有"殷人重屋"的记载。所谓"重屋"，据研究分析应为两段直坡屋顶上下相叠构成的重檐屋顶。商代宫殿建筑建在低矮的夯土台上，东西宽，南北窄，平面呈长方形，主檐柱外又分别立有擎檐柱，墙身为木骨泥墙，并列分有多个房间。商代的宫殿建筑在类型上和室内空间划分上较之夏复杂，有大室、小室、东室、南室、祠室、皿室等划分。以没有夯实的素土为台阶，屋顶为四坡顶上盖茅草，外观古拙简洁，即所谓的"茅茨土阶，四阿重屋"。此时期典型的遗存为：

1. 商代初期古城遗址——河南偃师西南的二里头遗址。传说中的夏代的建筑遗址尚在探索中。已发现的此期最早建筑是位于河南偃师西南的二里头遗址。

2. 商代中期的城址——郑州商城和湖北武汉附近黄陂县盘龙城。

3. 商朝后期古城遗址——商代后期迁都于殷（在今河南安阳西北二公里小屯村）。它不仅是商王国的政治、军事、文化中心，也是当时的经济中心，遗址范围约 24 平方公里。

(三) 西周（公元前 11 世纪～前 771 年）

周灭商，以周公营洛邑为代表，建造了一系列奴隶主实行政治、军事统治的城市。西周时期的建筑已形成完整、复杂的院落组合，空间布局的成熟度不亚于明清时期北京的四合院。

由于西周建立了较为完整的宗法制度，根据宗法分封制度，奴隶主内部规定了严格的等级。在城市建设上，只有天子与诸侯才可造城，规模按等级来定：诸侯的城大的不超过王都的三分之一，中等的不超过五分之一，小的

不超过九分之一。城墙高度、道路宽度以及各种重要建筑物都必须按等级制造,否则就是"僭越"。

西周建筑的夯土台更加高大,木构柱网更加规整,室内的前面、地面采用了细腻光洁的涂料,建筑技术和材料趋向细腻。西周的宫殿建筑已形成布局严整、分区明确的院落。其"三朝五门"制成为以后历代宫殿的布局原则。西周有代表性建筑遗址有:陕西岐山凤雏村的早周遗址、湖北蕲春的干栏式木架建筑。

瓦的发明是西周在建筑上的突出成就,从而使西周建筑脱离了"茅茨土阶"的简陋状态而进入了比较高级的阶段。制瓦技术是从陶器发展而来的,在凤雏西周早期的遗址中,发现的瓦还比较少,可能只用于屋脊和屋檐。到西周中晚期扶风召陈遗址时,瓦的数量就比较多了,有的屋顶已全部铺瓦。瓦的质量有所提高,并且出现了半瓦当。从铜器"令毁"上,还可以看到柱头坐斗的形象,说明西周木架技术已有较大的进步。

(四) 春秋战国时期

春秋战国时期,各诸侯国的势力日益膨胀,各国纷纷僭越周礼,打破等级的束缚,在各自诸侯国内纷纷建高台,并在高台上兴建大量壮观华丽的宫室,即所谓的"高台榭、美宫室",使高台建筑成为当时宫殿建筑的主要特征。这样,使得周王室赖以生存的礼制日益崩溃,也使当时的城市建筑得以迅猛发展。

春秋战国时期的高台建筑可以分为两类:一是将建筑建在夯土台的顶上;一是围绕夯土台建造多层建筑。而诸侯建造高台宫室的主要目的不外乎出于以下目的:第一,使宫殿显得高大雄伟,表现统治者的权威;第二,加强安全防卫;三是以夯土台作为整个建筑结构的核心,以建造多层建筑,这种做法可以弥补当时木结构技术的不足,取得更大的建筑空间。

1. 春秋时期

春秋时期由于铁器和耕牛的使用,社会生产力水平有很大提高。随着农业的进步和封建生产关系的发生成长,手工业和商业也相应发展。相传著名木匠公输般(鲁班),就是在春秋时期手工业不断发展的形势下涌现的技术高超的匠师。

春秋时期建筑上的重要发展是瓦的普遍使用和作为诸侯宫室用的高台建筑（或称台榭）的出现。随着诸侯日益追求宫室华丽，建筑装饰与色彩也更为发展，如《论语》描述的"山节藻棁"（斗上画山，梁上短柱画藻文），《左传》记载鲁庄公丹楹（柱）刻桷（方椽），便是例证。此时期的主要遗存有山西侯马晋故都、河南洛阳东周故城、陕西凤翔秦雍城、江陵楚郢都等。

2. 战国时期

战国时期社会生产力的进一步提高和生产关系的变革，促进了封建经济的发展。战国时手工业、商业发展，城市繁荣，规模日益扩大，出现了一个城市建设的高潮，如齐国的临淄、赵国的邯郸、楚国的鄢郢、魏国的大梁，都是工商业大城市，又是当时诸侯统治据点。据记载，当时临淄居民达到七万户，街道上车轴相击，人肩相摩，热闹非凡（《史记·苏秦传》）。

战国时期都城一般都有大小二城，大城又称郭，是居民区，其内为封闭的闾里和集中的市；小城是官城，建有大量的台榭。此时屋面已大量使用青瓦覆盖，晚期开始出现陶制的栏杆和排水管等。

夏、商、西周、春秋战国的建筑随着时间的推移，至今地面建筑实物已基本不复存在，游人无法通过直观的视觉感受去领略此期的建筑风貌和特色，而只能通过考察考古发掘地来探究其建筑的特色。

三、建筑遗存：古墓

尽管地面建筑几乎消失殆尽，但夏、商、西周、春秋战国却为我们留下了相对丰富的地下建筑——古墓。

春秋战国时期，夯土高台的发展影响到了陵墓的形制。陵墓开始立碑、起封土，追求高大明显，并在墓地上起数层高的夯土台，台上建享堂。传说孔子不忍其先人的墓地无法识别，遂起封土以进行识别，后人于是效仿之。在我国中原大地上，大量保存有此期的古墓葬，通过墓葬的发掘，为研究古建筑提供了详实的物质基础，建成博物馆后可接待游人参观游览。典型的为妇好墓，位于河南安阳的妇好墓是目前发现的保存最完整的商代王室墓。墓中出土了近2000件精美的随葬品，包括青铜器、玉器、石器、骨器、宝石制品、象牙器、陶器等等，宛如一座商代艺术和历史的博物馆。

四、建筑特征总结

(一) 建筑技术有了巨大的发展

战国时期,在农业、手工业进步的同时,建筑技术也有了巨大发展,特别是铁工具——斧、锯、锥、凿等的应用,促使木架建筑施工质量和结构技术大为提高。

(二) 材料的发展——瓦和砖的使用

筒瓦和板瓦在宫殿建筑上广泛使用,并有在瓦上涂朱色且开始在瓦头上饰以纹饰图案。装修用的砖也出现了,尤其突出的是在地下所筑墓室中,用长约1米,宽约三四十厘米的大块空心砖作墓壁与墓底,可见当时制砖技术已达到相当高的水平。

(三) 出现了园囿

在春秋战国时期盛行游猎之风,在此期间,出现了一定数量和规模的园囿。其中最常见的园囿建筑是台。台多为方形,材料用夯垒而成,其上建有亭榭之类的建筑物,可登临远眺。

第四节 秦、汉、魏、晋、南北朝时期的建筑

一、概 述

秦汉魏晋南北朝时期,皇权至上和宗教思想推动了中国建筑的发展和演变。中国古建筑艺术与技术的发展,在秦汉魏晋南北朝时期出现了第一个高峰。

秦汉两代由于经济发展已奠定了一定的基础,加之政治需要及帝王的好大喜功,使两朝的宫殿建筑出现追求穷奢极欲的享乐及壮丽庄严、逼人气势的特征,建筑上体现了皇权的至高无上。秦二世曾言"凡所为贵有天下者,得肆意极欲",并说"作宫室"就是要"以章得意"。西汉初期,萧何主持修建未央宫时,也是以"非壮丽无以重威"为主导思想。

同时,天人感应、五行风水的理论和神仙思想也开始对秦汉建筑产生深

刻影响，反映在建筑的方方面面。例如秦代曾以宫殿布局模拟天上的星宿；汉武帝为求神仙，建造了 50 多米高的井干楼、神明台等建筑物；在皇家园林中挖池堆岛以象征仙山。

魏晋时期玄学得以发展，为日后文人追求出世无为的园林意境奠定了基础。到了南北朝时期，由于帝王开始信奉佛教，佛教文化及艺术与中国传统文化相交融，宗教建筑出现并广泛播布，产生了许多新的建筑形式，例如佛塔、石窟、寺院等。

秦汉魏晋南北朝时期，统治者建立了完整的祭祀天、地、山川和祖先的完整礼仪制度，并修建了与之相配套的建筑。此后各代的祭祀礼仪的具体内容和形式虽然有所不同，但强调祭祀天、地、祖先的基本思想却贯穿始终，其建筑也成为正统国家的象征。

表 2-3　　　　秦、汉、魏、晋、南北朝建筑发展与典型建筑形制

时代与时间	秦（前221年~前207年）		汉（公元前206年~公元220年）			
	前246年~前210年	前214年~前207年	前200年	前200年~公元24年	公元前104年	公元213年
代表性建筑事件	筑秦始皇陵	秦筑万里长城	筑未央宫	筑长安城	筑建章宫	筑邺城
时代与时间	魏晋南北朝（公元前220年~公元589年）					
	公元386年~494年	公元460年~524年	公元495年~577年	公元523年	公元535年~550年	
代表性建筑事件	筑洛阳城	筑云冈石窟	筑龙门石窟	筑嵩岳寺塔	筑天龙山石窟	

二、各朝代建筑发展沿革及特征

（一）秦（前221年~前207年）

秦是中国历史上第一个统一的中央集权的封建帝国。始皇帝好大喜功，在建筑上也同样体现出这一特点。秦始皇每灭掉一个国家，就在咸阳仿造被其所灭国家的宫殿，集中全国人力物与技术成就，在咸阳修筑都城、宫殿、

陵墓，历史上著名的阿房宫、骊山陵至今遗址犹存。秦代的主要建筑遗存有：故都咸阳、被誉为"世界第八大奇迹"的秦始皇陵与秦兵马俑、秦长城。长城起源于战国时诸侯间相互攻战自卫，地处北方的秦、燕、赵，为了防御匈奴，在北部修筑长城。秦统一全国后，西起临洮，东至辽宁遂城，扩建原有长城，联成3000余公里的防御线。长城"起临洮（今甘肃岷县），至辽东，延袤万余里"，是古代世界上最伟大的工程之一。以后，历经汉、北魏、北齐、隋、金等各朝修建。现在所留砖筑长城系明代遗物。秦时所筑长城至今犹存一部分遗址。

3. 道路与沟渠——驰道、沟渠（包括都江堰、灵渠等）。

（二）汉（前206年~公元220年）

两汉时期可谓中国传统古建筑发展的青年时期，建筑事业极为活跃，史籍中关于建筑的记载颇丰。在建筑技术方面，建筑组合和结构处理上日臻完善，并直接影响了中国两千年来民族建筑的发展。整个汉代处于封建社会上升时期，社会生产力的发展促使建筑产生显著进步，形成我国古代建筑史上又一个繁荣时期。它的突出表现：

1. 木架建筑渐趋成熟

如今汉代的木架建筑虽无遗物，但根据当时的画像砖、画像石、明器陶屋等间接资料来看，后世常见的叠梁式和穿斗式两种主要木结构已经形成。

2. 出现多层建筑

在甘肃武威和江苏句容出土的东汉陶屋上，则可看到高达五层的建筑形象，至于三、四层楼的陶屋明器，则在各地汉墓中有更多的发现，可以证明，在汉代多层木架建筑已较普遍，木架建筑的结构和施工技术有了巨大进步。

3. 斗栱的普遍使用

作为中国古代木架建筑显著特点之一的斗栱，在汉代已经普遍使用，在东汉的画像砖、明器和石阙上，都可以看到种种斗栱的形象。但当时的斗栱形式很不统一，其结构作用较为明显——即为了保护土墙、木构架和房屋的基础，而用向外挑出的斗栱承托屋檐，使屋檐伸出到足够的宽度。

4. 屋顶式样出现不同变化

随着木结构技术的进步，作为中国古代建筑特色之一的屋顶，形式也多样起来，从汉代明器、画像砖等资料可知当时以悬山顶和庑殿顶为最普遍，攒尖、歇山等也已应用。

5. 在制砖技术和拱券结构方面有了巨大进步

战国时创造的大块空心砖，大量出现在河南一带的西汉墓中。西汉时还创造了楔形和有榫的砖。陕西兴平曾发现这种砖砌的下水道。在洛阳等地还发现用条砖与楔形砖砌拱作墓室，有时也采用企口砖以加强拱的整体性。当时的筒拱顶有纵联砌法与并列砌法两种。到了东汉，纵联棋成为主流，并已出现了在长方形和方形墓室上砌筑的砖穹窿顶。穹窿顶的矢高比较大，壳壁陡立，四角起棱，向上收结成栱顶状。采用这种陡立的方式，可能是为了便于作无支模施工，同时可使墓室比较高敞。

6. 砖石建筑有了长足的发展

石建筑的发展是和金属工具的进步分不开的。随着金属工具的进步与发展，砖石在西汉建筑的运用中有了长足的进步。两汉——尤其是东汉石建筑得到了突飞猛进的发展，在石墓的建筑方面表现尤为明显。

7. 雕饰艺术的广泛运用

在很多的汉代建筑遗址及出土文物上，都有建筑雕饰的存在。汉代雕饰可以分成三大类：雕刻、绘画及镶嵌。雕饰题材可分为人物、动物、植物、文字、几何纹、云气等。

8. 规模宏大的都城

西汉时都城长安建造了大规模的宫殿、坛庙、陵墓，苑囿。当时长安城的面积约为公元四世纪罗马城的二倍半。汉代历史上较为著名的宫殿有：长乐宫、未央宫、建章宫、明光宫等。

9. 皇家园林有所创新

汉代沿袭了秦的上林苑，汉武帝时上林苑规模达到了空前的水平，占地延绵达数百里。其间设计了数十座离宫，供皇帝行猎、赏景、优游时休憩，并在上林苑还挖池筑岛，创造人工景观。

10. 恢复上古的明堂制度，建立庙堂

汉武帝恢复了上古的明堂制度，将明堂作为"以祖先配祀天地"的圣殿。

按《考工记》"左祖右社"的规定，祭祀祖先的太庙一般位于宫门前东侧，和祭社的太庙社坛东西对峙。但在各种祭祀建筑中，明堂形制的疑问最大。"明堂"又称"世室"、"重屋"，为古代天子居住、布政教、沟通天地祖先的场所，其功用相当于后代宫殿和坛庙的总和。在远古及秦汉时期，明堂平面呈"亚"字形，九室。正中一室名为太室，象征天上的紫薇宫星，即帝王之星。四周之室则分别代表春、夏、秋、冬、五行等，以比拟天人合一，达到神化帝王的目的。祭祀"天"、"地"自汉代起，以后各代或分祭、或合祭，如西汉分祭天地，东汉、晋则合祭。祭天用圜丘，即在国都南郊选择高亢之地设圆形的坛；祭祀地，用方丘，即在国都北郊选择低凹低洼的地势设方形的坛。圜丘和方丘的层数和尺寸各代有不同的定制。汉代还开始祭祀五岳、四海等自然神。为祭祀的需要，开始修筑大量的庙堂。

11. 在西汉帝、王级别墓室建筑中大量采用"黄肠题凑"的墓室建筑

（三）三国、魏、晋、南北朝（公元220年~589年）

在这三百多年间，社会生产的发展比较缓慢，在建筑上也不及两汉期间有那么多生动的创造和革新，可以说主要是继承和运用汉代的成就。佛教建筑空前发展，高层佛塔出现。随着佛教的传入，带来了印度、中亚一带的雕刻、绘画艺术，这不仅使我国的石窟、佛像、壁画等有了巨大发展，而且也影响到建筑艺术，使汉代比较质朴的建筑风格，变得更为成熟、圆淳。此阶段建筑发展的特征主要表现在：

1. 佛教建筑，即佛寺、佛塔和石窟成为这一时期最突出的类型

佛教在西汉哀帝元寿元年（公元前2年）传入中国，经魏、晋到南北朝，统治阶级出于自身统治的需要，大力推崇佛教。由于佛教的迅速传播，魏晋南北朝成为塔、寺庙和石窟发展的黄金时期。

2. 自然山水式园林有了较大发展

魏晋南北朝时期自然山水园林有了较大的发展。一方面由于贵族豪门追求奢华生活，以园林作为游宴享乐之所，另一方面，士大夫玄谈玩世，以寄情山水为高雅，尤其两晋以后，佛教盛行，在超世思想的影响下，山水风景园更为兴盛。南北朝时，除帝王苑囿外，建康与洛阳都有不少官僚贵族的私园，摹仿自然山水风景使之再现于有限空间内的造园手法已经普遍采用。

3. 建筑物的内部有所增高

北方十六国时期，西北少数民族大量移入中原地区，带来了不同的生活习惯，在原来汉族席地而坐使用低矮家具的传统中，又增加了垂足而坐的高坐具——方凳、圆凳、椅子等，在壁画、雕刻中可以看到这些家具的形象。这一新因素虽然还未达到取而代之的程度，但为宋以后废弃席座创造了前提。由于家具加高了，建筑物的内部也必然随之增高，这在以后唐代佛寺和宋代佛寺的对比中也可以得到证明。

4. 石刻技术进一步提高

在石刻方面，南京郊区一批南朝陵墓中的石辟邪、墓表等表示出技术水平比汉代有了进一步提高。石辟邪简洁有力，概括力强，墓表比例精当，造型凝练优美，细部处理贴切。这和石窟中的雕刻艺术以及河北定兴北齐石柱，同是南北朝时期的艺术珍品。

5. 墓葬的简单化

三国时期，常年战乱使人们产生了薄葬思想。这种思想一直延续到南北朝，并对墓葬制度本身产生了很大影响。

6. 城市规划风格基本定型

魏晋在建筑领域的另一重大贡献，是造就了里坊街道规划严整、分区明确的城市。中国城市规划的风格手法此时期基本定型。

此时期典型建筑保留实有：陵墓及地面石刻：秦始皇陵及兵马俑、汉代诸陵等；石窟：云冈石窟、龙门石窟、天龙山石窟、响堂山石窟等；塔：嵩岳寺塔（河南登封县嵩山南麓）、神通寺塔（俗称"四门塔"，山东济南）、佛光寺塔（山西五台山佛光寺大殿旁）；石柱：义慈惠石柱（河北定兴县石柱村）。

第五节 隋、唐时期的建筑

一、概 述

隋、唐是中国历史上最为辉煌的时代，也是我国古代建筑的成熟时期。无论在城市建设、木架建筑、砖石建筑、建筑装饰，设计和施工技术方面都有巨大发展。中国传统建筑的技术与艺术在这三百多年间达到了一个伟大的巅峰。从建筑技术和建筑艺术看，隋唐时期是中国古建筑体系的成熟时期。

表 2-4　　　　　　　　　隋唐建筑时期发展与建筑活动

朝代	隋代 (公元 518~618 年)			唐代 (公元 618~907 年)					
时间	公元582年	公元595年	公元605年	公元634年	公元663年	公元684年	公元701年	公元8世纪中叶	公元782年	公元857年
建筑事件	建大兴城	建赵州桥	建洛阳城	建大明宫	建含元殿	建唐乾陵	建西安慈恩寺大雁塔	建嵩山法王寺	建五台山南禅寺大殿	建佛光寺大殿

二、各朝代建筑特征

（一）隋代建筑

隋朝统一中国，结束了长期战乱和分裂的局面，为封建社会经济、文化的进一步发展创造了条件。

1. 大量的建筑实践活动推动了建筑技术的发展

隋炀帝即位便大兴土木，这一举动固然是劳民伤财的不义之举，但在另一方面，大量建筑实践也推动了建筑技术和艺术的发展，隋代建筑因此取得了突出成就。

从建筑技术上看，木构件的标准化程度极高，建筑规模空前。在建筑设计上，隋代已采用图纸与模型相结合的办法，并作模型送朝廷审议。

2. 追求雄伟壮丽的建筑风格，建造了规划严谨的都城——大兴城

隋代建筑追求雄伟壮丽的风格，首都大兴城规划严谨，分区合理，其规模在一千余年间始终为世界城市之最。大兴城是隋文帝时所建，洛阳城是隋炀帝时所建，这两座城都被唐朝所继承，进一步充实发展而成为东西二京，也是我国古代宏伟、严整的方格网道路系统城市规划的范例。

3. 水利和桥梁工程建筑成就卓越

隋代石桥梁技术所取得的成就最为突出，其代表作"赵州桥"是现存世界上最早的敞肩石拱桥，隋代还开凿连通了大运河。

(二) 唐代建筑

唐代不仅给中华民族留下了许多伟大的诗篇，还留下了诸多壮丽秀美的建筑。唐人豪迈的品格、超凡的才华既凝固在诗歌中，也刻画在建筑上。唐初，太宗李世民主张养民，崇尚简朴，兴建宫室的数量和规模都很有限。经过贞观之治，唐代到开元、天宝年间达到了极盛时期，其建筑形成了一种独具特色的"盛唐风格"，建筑艺术达到了巅峰。安史之乱以后，唐王朝逐步走向没落，中晚唐建筑也因之少了盛唐建筑的雄浑之气，多了些柔美装饰之风。随着高足家具的普及，晚唐的建筑比例也因之产生了变化。归纳唐代建筑发展，主要有下列成就和特点：

1. 建筑规模宏大，规划严整

唐朝首都长安成为当时世界最宏大繁荣的城市。长安城的规划是我国古代都城中最为严整的，它的布局形势影响到了周边的一些国家，如日本平城京（今奈良市）和后来的平安京（今京都市）等，这些城市的布局方式和唐长安城基本相同，只是规模较小。

唐长安大明宫如不计太液池以北的内苑地带，遗址范围即相当于明清故宫紫禁城总面积的3倍多。大明宫中的麟德殿面积约为清故宫太和殿的3倍。

2. 建筑群处理愈趋成熟

加强了城市总体规划，宫殿、陵墓等建筑也加强了突出主体建筑的空间组合，强调了纵轴方向的陪衬手法。如乾陵的布局，不用秦汉堆土为陵的办法，而是利用地形，以梁山为坟，以墓前双峰为阙，再以二者之间依势而向上坡起的地段为神道，神道两侧列门阙及石柱、石兽、石人等，用以衬托主体建筑，花费少而收效大。这种善于利用地形和前导空间与建筑物来陪衬主体的手法，为明清陵墓布局所仿效。

3. 木建筑解决了大面积、大体量的技术问题，并已定型化

具体表现为斗栱的完善和木构架体系的成熟。大体量建筑已不再像汉代那样依赖夯土高台外包小空间木建筑的办法来解决，而改用减柱法，加大空间，唐初宫殿中木架结构已具有与故宫太和殿约略相同的梁架跨度。典型建

筑遗存为唐代后期五台山南禅寺正殿和佛光寺大殿。用材制度的出现，反映了施工管理水平的进步，加速了施工速度，便于控制木材用料，掌握工程质量，对建筑设计也有促进作用。

4. 设计与施工水平提高

出现了专门负责设计和组织施工的专业建筑师——梓人（都料匠）。这些设计与施工的技术人员，专业技术非常熟练，专门从事公私房屋的设计与现场施工指挥，并以此为生。一般房屋都在墙上画图按图施工。房屋建成后还要在梁上记下他的名字（见柳宗元《梓人传》），"都料"的名称直到元朝仍在沿用。

5. 砖石建筑有进一步发展

唐代佛教兴旺，砖石佛塔的兴建非常流行，中国地面砖石建筑技术和艺术因此得以迅速发展。目前我国保存下来的唐塔全是砖石塔。唐时砖塔有楼阁式、密檐式与单层塔3种，其中楼阁式砖塔系由木塔演变而来，这种塔符合传统习惯的要求，可供登临远眺，又较耐久，西安大雁塔就是这种塔的实例（经明代重修）。

6. 建筑艺术加工的真实和成熟

唐代建筑风格的特点是气魄宏伟，严整而又开朗。现存的木建筑遗物反映了唐代建筑艺术加工和结构的统一：

首先，在建筑物上没有纯粹为了装饰而加上去的构件，也没有歪曲建筑材料性能使之屈从于装饰要求的现象。例如斗栱的结构职能极其鲜明，华栱是挑出的悬臂梁，下昂是挑出的斜梁，都负有承托屋檐的责任。不用补间铺作或只用简单的补间铺作，说明补间在所承担屋檐重量方面比柱头铺作次要得多。其他如柱子卷杀、斗栱卷杀、昂嘴、耍头的形象和梁的加工等都令人感到构件本身受力状态与形象之间的内在联系。

第二，色调简洁明快，屋顶舒展平远，门窗朴实无华给人以庄重、大方的印象，这是在宋元明清建筑上不易找到的特色。

第三，唐时琉璃瓦也较北魏时增多了，长安宫殿出土的琉璃瓦以绿色居多，黄色、蓝色次之，其他如隋唐东都洛阳和隋唐榆林城遗址也出现了不少琉璃瓦片。但此时出土的琉璃瓦数量较灰瓦（素白瓦）、黑瓦（青棍瓦）为

少，推测可能还多半用于屋脊和檐口部分（即清式所谓"剪边"的做法）。

三、隋唐时期的典型建筑实物游览审美提示

由于年代久远，隋唐建筑至今保留较少，凡留存下来的几乎都为国宝级建筑，对游客具有极高的吸引力。典型的有：

（一）桥梁——赵州桥

赵州桥又名安济桥，是当今世界上跨径最大、建造最早的单孔敞肩型石拱桥。1961年被国务院列为第一批全国重点文物保护单位。1991年9月，赵州桥被美国土木工程师学会选定取为第十二个"国际土木工程里程碑"，并在桥北端东侧建造了"国际土木工程历史古迹"铜牌纪念碑。

（二）水利工程——大运河

京杭大运河是中国古代最伟大的水利工程，也是世界上最长的运河。它北起北京，南至杭州，经北京、天津两市及河北、山东、江苏、浙江四省，沟通海河、黄河、淮河、长江、钱塘江五大水系，全长1794千米。

（三）石窟

山西太原的天龙山石窟，为隋代石窟中最富有建筑趣味的。该石窟寺虽始建于北齐，但隋、唐两代添凿的更多。开凿于开皇四年的一窟，其柱廊结构最为独特，"为后世所不见"。洛阳龙门石窟，敦煌莫高窟等为石窟艺术中的经典传世之作。

（四）殿堂

唐代殿堂承汉、魏、六朝以来传统，已形成中国建筑最主要的类型之一。建筑的阶基、殿身和屋顶三部分至今成为中国古建筑的首、身、足。保存至今的有：

1. 佛光寺大殿

在山西省五台县豆村东北十里，始建于北魏孝文帝时代（公元471~499年）大殿荟萃唐代建筑、雕塑、书法、绘画四种艺术于一堂，具有极高的历史和艺术价值。佛光寺大殿是现存唐代殿堂型构架建筑中最古老、最典型、规模最宏大的一例，大殿共用7种斗栱是现存建筑中挑出层数最多，距离最远的，是唯一保存至今的唐代木结构建筑实物。因为其位于五台山南台之外，

后世朝山者较为罕至，烟火冷落，寺庙极为贫寒，所以建筑得以保存至今。

2. 南禅寺大殿

南禅寺大殿是其中最早的一座，建于建中三年（公元782年）。南禅寺大殿虽然很小，仍可以从中感受到大唐建筑的艺术性格。舒缓的屋顶，雄大疏朗的斗栱，简洁明朗的构图，体现出一种雍容大度、气度不凡、健康而爽朗的格调。

（五）楼

开元寺钟楼，位于正定县城常胜街西侧，钟楼建于乾宁五年（公元898年），二层楼阁式，方形，面阔进深各3间，建筑面积135平方米，单檐歇山顶，上布青瓦，通高14米。其大木结构、柱网、斗栱都展示了唐代建筑风格，为河北省现存年代最早的一座木结构钟楼，1988年列为全国重点文物保护单位。

（六）塔

判别现存的唐塔的主要特征是：除极个别墓塔外，佛塔的平面均为正方形；各层楼板扶梯一律为木构，实为一上下贯通的方形砖筒。现今存在，且成为著名景点的唐塔主要有：

1. 玄奘塔

在陕西省西安市南郊少陵原畔兴教寺内，为玄奘墓塔，建于唐总章二年（公元669年），是现存最早的楼阁型方形砖塔。寺内现存玄奘及其弟子圆测和窥基的墓塔共3座唐代建筑，还有一些近代重修的建筑。1961年定为全国重点文物保护单位。玄奘塔平面方形，高约21米，以腰檐划分为5层。第一层最高，有方形龛室，以上为实心建筑。塔身逐层收减高宽，外形有明显的收分。

2. 大雁塔

全称"慈恩寺大雁塔"，坐落于陕西省西安市南部的慈恩寺内。始建于公元652年，楼阁式砖塔采用磨砖对缝，砖墙上显示出棱柱，可以明显分出墙壁开间，是中国特有的传统建筑艺术风格。大雁塔是楼阁式砖塔，塔身呈方形角锥体，青砖砌成的塔身磨砖对缝，结构严整，外部由仿木结构形成开间，大小由下而上按比例递减，塔内有螺旋木梯可盘登而上。每层的四面各有一

个拱券门洞，可以凭栏远眺。整个建筑气魄宏大，格调庄严古朴，造型简洁稳重，比例协调适度，是唐代建筑艺术的杰作。大雁塔是古城西安的标志性建筑，也是闻名中外的胜迹。国务院于1961年颁布为第一批全国重点文物保护单位。

3. 小雁塔

位于西安城南荐福寺内，与大雁塔相距3千米，因低于大雁塔，故称"小雁塔"。玲珑秀丽的小雁塔与雄伟庄严的大雁塔风格迥异。这座密檐式砖塔略呈梭形，每层迭涩出檐，檐下砌有两层菱角牙子，形成重檐密阁、飒爽秀丽的美感效果。塔上的唐代线刻，尤其门楣的天人供养图像，艺术价值很高。

4. 其它唐塔

嵩山法王塔、云居寺石塔、昆明慧光寺塔（俗称西寺塔）、灵崖寺慧崇塔等。

（七）陵墓

著名的有唐太宗的昭陵、唐高宗的乾陵等。

四、唐代建筑的视觉辨别特征

由于隋唐建筑的建筑艺术达到了巅峰，其建筑不仅雄伟而且在建筑过程中开始注重细节，因此在游览中要注意发现并观赏建筑的细部，包括台基、踏道、勾栏、柱子及柱础、门窗（包括形制、大小、门钉、窗棂等）、斗栱、构架、藻井、角梁、屋顶、瓦及瓦饰、各类雕饰等具体内容。

具体识别特征为：单体建筑的屋顶坡度平缓，出檐深远，斗栱比例较大，柱子较为粗壮，多用板门和直棂窗，风格庄严朴实。

总体特点：雄浑凝重。

第六节 五代、宋、元时期的建筑

一、概述

自公元907年唐灭亡起，至公元1367年元灭亡，中国经历了五代十国、宋、辽、西夏、金、元等朝代的更迭。其间，地方割据、多国鼎立和少数民族频繁入主中原，成为这一时期的两大特点。受此影响，这一时期的中国建筑艺术出现了多种风格交融、共存的局面，新的建筑类型和风格不断涌现。五代十国延续了晚唐的建筑风格。但由于地方割据，交通、人员阻隔，其建筑的地方差异性逐渐扩大。宋代在建筑领域有重要的发展，其建筑风格虽不再有唐代的雄浑、阳刚之美，却创造出了一种符合自己时代气质的阴柔之美，建筑造型更加多样。近代建筑在宋代建筑的基础上发展起来，并形成了自己的风格。其宫殿建筑大量使用黄琉璃瓦和红宫墙创造出一种金碧辉煌的艺术效果，对以后各代的同类建筑影响深远。

二、各朝代建筑特征

（一）五代

唐代中叶经过"安史之乱"后，藩镇割据，宦官专权，唐朝势力日益衰落。唐末，爆发了黄巢农民起义，严重打击了唐朝的统治。最后政权落入军阀朱温之手，建立了后梁，迁都于汴，从此中国又进入了分裂时期。在五十余年的分裂中，黄河流域经历了后梁、后唐、后晋、后汉、后周五个朝代，而其他地区先后有十个地方割据政权，史称"五代十国"。

表2-5 　　　　　　　五代、宋、元时期建筑发展及重要建筑活动

朝代	五代十国（公元907~960年）			宋代（公元960~1279年）			
时间	公元918年	公元959年	公元963年	公元960年	公元964年	公元1052年	公元1103年
建筑事件	建王建墓	建虎丘塔	建镇国寺大殿	建北宋汴梁城	建华林寺大殿	建兴隆寺摩尼殿	建料敌塔，颁布《营造法式》
朝代	辽（公元916~1125年）			金（公元1115~1226年）			元（公元1271~1368年）	
时间	公元984年	公元1038年	公元1056年	公元1128~1143年	公元1137年	公元1192年	公元1271年	公元1276年
建筑事件	建独乐寺观音殿	建华严寺下寺薄伽教藏殿	建应县木塔	建善华化寺三圣殿	建五台山佛光寺文殊殿	建卢沟桥	建妙应寺白塔	元大都建成

五代十国延续了晚唐的建筑风格,很少有创新,仅在石塔建筑和砖木结构塔的建筑上比唐代有所发展。但由于地方割据,交通、人员阻隔,其建筑的地方差异性逐渐扩大。这一时期有代表性的主要建筑遗留有:南京栖霞山舍利塔、杭州灵隐寺双石塔、苏州虎丘云岩寺塔等。

(二) 宋

五代、宋、元时期的各类建筑中,以宋代建筑的风格最为突出,影响最大。

五代十国分裂与战乱的局面以北宋统一黄河流域以南地区而告终,但北方地区有契丹族建立的辽政权,与北宋相对峙;南宋时期,北方有女真政权——金与南宋对峙;直至蒙古灭金、南宋后建立元朝为止。这个时期在周边地区有西夏、大理、吐蕃等政权。

宋在政治上和军事上是我国古代史上较为衰弱的朝代,军事力量长期积弱,始终面临北方民族的威胁和打击,宋太祖赵匡胤在其执政之初就以"杯酒释兵权"巩固中央集权,并制定了宋代"抑武崇文"的基本国策。受此影响,宋代的哲学思想、文学艺术取得了较大的发展。在经济上,农业、手工业和商业等方面有较大的发展,不少手工业部门超过了唐代的水平,科学技术也有很大进步,产生了指南针、活字版印刷和火器等伟大的发明创造。由于手工业与商业的发达,使建筑水平也达到了新的高度。其影响因素主要表现在以下几方面:

首先,在宋代建筑工匠可以被雇佣,以被雇佣者的身份从事建筑活动,而不是去服劳役。这样就有力地促进了建筑领域分工的细化,造就了大批技艺高超的专业匠师,从而为宋代建筑的精雕细刻提供了技术保障。

第二,宋代的科学家们对建筑活动也倾注了较多的关注。如南宋著名数学家、《数书九章》的作者秦九韶就喜好土木建筑,并亲自设计建造房屋。

第三,宋代的木工工具和加工技巧也比唐代更加丰富、更加完善。科学技术的进步,必然影响到建筑,使宋代建筑较之前代更为精巧。

第四,宋代的绘画和诗词都非常繁荣,而无论是宋词还是宫廷画作,或迎合市民阶层审美情趣的商品画,其美学风格都偏向于柔美。这一特色与建筑风格一脉相承。

基于以上因素的影响,使得宋朝成为中国古建筑体系的大转变时期。建

筑特点表现为：

1. 城市结构和布局起了根本变化

唐以前的封建都城，都实行夜禁和里坊制度，晚上把广大居民关闭在里坊中，并有吏卒看守，以保证统治者的安全。但是日益发展的手工业和商业必然要求突破这种封建统治的桎梏。到了宋朝，都城汴梁也无法再采取里坊制度和夜禁，完全是一座商业城市的面貌。城市消防、交通运输、商店、桥梁等都有了新的发展。都城有皇城、内城、外郭三重城墙。内城位于外郭城的中部，皇城位于内城中偏西北。三重城墙层层相套，各有护城河，这种布局一直为后世各朝代都城所延续。因此可以说，在中国城市规划史上，汴梁城的规划设计是一个划时代的转折点。

2. 木架建筑采用了古典的模数制

北宋时，在政府颁布的建筑规范《营造法式》中规定，把"材"作为造屋的标准，即木架建筑的用"材"尺寸分成大小八等，按屋宇的大小、主次用"材"。"材"一经选定，木构架的所有尺寸都整套地随之而来，不仅设计可以省时，工料估算有统一标准，施工也方便。这种方法在唐代遗物中虽已实际运用，但用文字确定下来并作为政府的规范公布则是首次，以后各个朝代的木架建筑都沿用相当于以"材"为模数的办法，直到清代。

3. 建筑群组合方面，在总平面上加强了进深方向的空间层次，以便衬托出主体建筑，建筑的体量与屋顶的组合更为复杂。

4. 建筑装修与色彩有很大发展

宋代建筑的风格虽不再有唐代的雄浑、阳刚之美，却创造出了一种符合自己时代气质的阴柔之美。宋代建筑造型更加多样，且变化较大，比例偏于纤细，装饰繁密复杂，色彩绚丽。

——门与窗：唐代多采用板门与直棂窗，宋代则大量使用格子门、格子窗、栏槛钩窗。门窗格子除方格外还有毬文、古钱文等，改进了采光条件，增加了装饰效果，明清时门窗式样基本上是承袭宋代做法。

——色彩运用：唐代以前建筑色彩以红白两色为主，佛光寺大殿木架部分刷土红色，敦煌唐代壁画中的房屋，木架部分一律用朱色，墙面部分一律用白色，门窗上用一部分青绿色和金角叶、金钉等作为点缀，屋顶以灰色和

黑色筒瓦为主，或配以黄绿剪边。唐代建筑色彩明快端庄，到了宋代，木架部分采用各种华丽的彩画：遍画五彩花纹的"五彩遍装"；以青绿两色为主的"碾玉装"；"青绿迭晕棱间装"（明清的青绿彩画即源于此）；由唐以前朱白两色发展而来的"解绿装"和"丹粉刷饰"等。加上屋顶部分大量使用琉璃瓦，于是建筑外貌变得华丽了。

——室内装修：宋代发展了大方格的评棋与强调主体空间的藻井，而较少采用小方格组成的平闇。内部空间分隔已采用格子门。家具基本上废弃了唐以前席坐时代的低矮尺度，普遍因垂足坐而采用高桌椅，室内空间也相应提高。从《清明上河图》中可以看出，京城汴梁的民间家具也采用了新的方式。所以宋代建筑从外貌到室内，都和唐代有显著的不同，这和装修的变化是有密切关联的。

5. 砖石建筑的水平达到新的高度

宋代的砖石建筑仍主要是佛塔，其次是桥梁。目前留下的宋塔数量很多，遍于黄河流域以南各省。

——宋塔：宋代绝大多数是砖石塔。石塔的特点是发展八角形平面（少数用方形，六角形）的可以登临远眺的楼阁式塔，塔身多作简体结构，墙面及檐部多仿木建筑形式或迳用木构屋檐。四川地区则多方形密檐塔。

——石桥：北宋时所建泉州万安桥，长达540米，石梁有11米长，抛大石于江底作桥墩基础。这些砖石建筑反映了当时砖石加工与施工技术所达到的水平。

6. 园林兴盛

北宋、南宋时，不仅建造了大量宫殿园林，还出现了大量的苑囿和私家园林。注重意境的园林在这一时期开始兴起。北宋末年，宋徽宗在宫城东北营建奢华的苑囿"艮岳"，备"花石纲"，调用漕运纲船（十船为一纲）采运江南名花异石，成为历史上有名的荒唐事件。南宋在临安、湖洲、平江等地，建造了大量园林别墅。

私家园林重在写意，融自然美与人工美于一体，以建筑和人工建造的家用山水、岩壑、花木等一同表现某种艺术境界。较有代表性的宋代园林包括苏舜钦的沧浪亭和司马光的独乐园。

7. 有了专门的建筑工程书籍——《营造法式》

该书由北宋时期李诫编著。全书正文共 34 卷，加上"看详"（相当于"编者说明"）一卷，"目录"一卷，共计 36 卷，是我国古代劳动人民建筑方面宝贵经验的总结，被誉为"中国古代建筑宝典"。该书体系严谨，内容丰富，几乎包括了当时建筑工程以及和建筑有关的各个方面。它把当时和前代工匠的建筑经验加以系统化、理论化，是进行建筑工程不可缺少的手册。全书按内容可以分做名例、制度、功限、料例、图样五个部分。其中，用很大篇幅列举了各种工程的制度，包括壕寨、石作、大木作、小木作、雕作、旋作、锯作、竹作、瓦作、泥作，彩画作、砖作、窑作共 13 种 176 项工程的尺度标准以及基本操作要领，类似现代的建筑工程标准作法。书中还提出了一整套木构架建筑的模数制设计方法，并提供了珍贵的建筑图样。在书中对建筑装修技术也进行了比较详细的记述。

（三）辽、金、西夏

在宋代，宋王朝虽然在军事战争中屡败于辽、金，而在文化上则唯宋是瞻。

辽：契丹原是游牧民族，唐末吸收汉族先进文化，逐渐强盛，五代时占得燕云十六州，进入河北、山西北部地区，形成与北宋对峙的局面。辽代早期从唐和五代各国掠走很多汉人工匠，因而其建筑在风格上受唐代建筑影响很深，在细部上则带有五代时期的一些特征，建筑风格雄壮。从留下来的辽代建筑看，不论体量大小、装修、彩画以至佛像，都反映出雄浑健壮的特色。宋兴起后，辽中晚期的建筑又受到宋代建筑的影响。

辽国墓室除方形、六角形、八角形外，还常用圆形平面，这是它的特色，可能和游牧民族居住的"穹庐"毡包有关。佛塔则多数采用砖砌的密檐塔，楼阁式塔较少。不少密檐塔的外观极力仿木建筑，已达到了登峰造极的地步，柱、梁、斗拱、门窗、檐口等都用砖仿木构件，与宋楼阁式塔的仿木化可谓异曲而同工，其中著名的有北京天宁寺塔、山西灵邱觉山寺塔、河北易县泰宁寺塔等。辽代留下的山西应县佛宫寺释迦塔，是我国唯一的木塔，是古代木构高层建筑的实例。

金：女真贵族建立的金国占领中国北方地区后，吸收了宋、辽的文化，并逐步汉化，在建筑方面也同样出现明显的汉化。在建筑上仿照宋的制度，在实际建造过程中,征用了大量的汉族工匠,因此,金的建筑既承袭了辽代的传统,又受到宋朝建筑的影响。现存的一些金建筑有些方面与辽国相似,有的方面则和宋接近。金国的一些殿宇用绿琉璃瓦结盖,华表和阑干用汉白玉制作,雕镂精丽,是明清宫殿建筑色彩的前驱。在金墓中可以看到砖雕花饰韵细密工巧,已走向繁琐堆砌了。

西夏:我国西北地区以党羌族为主体的政权,北宋初开始强盛,拓展疆土,并建都大兴府(今银川市)。吸收汉族先进文化,建立典章制度。从遗存的众多佛塔来看,西夏佛教盛行,建筑受宋影响,同时又受吐蕃影响,具有汉藏文化双重内涵。典型的建筑遗存为西夏王陵。

(四)元

元朝是中国古建筑体系的又一发展时期。元大都按照汉族传统都城的布局建造,是自唐长安城以来又一个规模巨大、规划完整的都城。元代城市进一步发展了各行各业的作坊、店铺和戏台、酒楼等娱乐性建筑。从西藏到大都建造了很多藏传佛教寺院和塔,在都城大都以及新疆、云南及东南地区的一些城市陆续兴建伊斯兰教礼拜寺。藏传佛教和伊斯兰教的建筑艺术逐步影响到全国各地。中亚各族的工匠也为工艺美术带来了许多外来因素,使汉族工匠在宋、金传统上创造的宫殿、寺、塔和雕塑等表现出若干新的趋势。现存元代的建筑有山西芮城永乐宫、洪洞广胜寺等。木架建筑方面,仍是继承宋、金的传统,但在规模与质量上都逊于两宋,尤其在北方地区,一般寺庙建筑加工粗糙,用料草率,常用弯曲的木料作梁架构件,许多构件被简化了。使用辽代所创的"减柱法"已成为大小建筑的共同特点,梁架结构又有了新的创造,许多大构件多用自然弯材稍加砍削而成,形成当时建筑结构的主要特征。

元代在祠庙殿宇中大胆抽去若干柱子(即所谓减柱法),或取消内檐斗栱,使柱与梁直接联结或取消袱间斗栱,在檩下搁置随檩枋与垫枋,斗栱结构作用减退,用料减小,不用棱柱、月梁,而用直柱、直梁,即使用草栿做法或弯料做梁架也不加天花等等。这也反映了社会经济凋零和木材短缺而不得不采用了种种节约措施。两宋建筑趋向细密华丽,装饰繁多,元代的简化措施除了节省木材外,还使木构架加强了本身的整体性的稳定性,(加强梁,枋与柱子之间直接的联系）。减柱法虽然由于没有科学根据而失败，但也是一种革新的尝试。目前保存的元代木建筑有数十处。可以山西洪洞县的广胜寺和山西永济县永乐宫（现已迁至芮城）为代表。

三、五代、宋、元时期古建筑游览审美提示

自五代、宋、辽、金后，在中国大地上的古建筑实物遗存逐渐增多。五代、宋、辽、金时期的古建筑遗存实物根据其结构可分为：

（一）木构建筑

最具代表性的是河北正定县文庙大成殿，天津蓟县城内独乐寺观音阁及山门，山西五台山佛光寺文殊殿，河北正定龙兴寺，山西晋祠献殿及飞梁，天津宝坻县广济寺三大士殿，山西大同华严寺薄伽教藏及海会殿，山西应县佛宫寺释迦木塔（即应县木塔），浙江杭州六和塔，河北易县开元寺三殿，少林寺初祖庵大殿等。

（二）砖石塔、幢典型代表

江苏江宁县栖霞寺舍利塔，浙江灵隐寺双塔、河南开封繁塔。繁塔为六角形楼阁式仿木青砖建筑，每层檐部由斗栱承托，一层两个塔心室，彼此不通，两层两个通道，四个佛洞，三层仅西北一个通道，前后两个佛洞，各层构不同。踏道变幻莫测，从北门进塔，经东西两侧塔道攀登，去二层佛洞或上塔顶须沿外壁塔檐盘旋，非常惊险。繁塔全身内外遍嵌佛砖，一砖一佛，有释迦、弥勒、阿弥陀佛，还有菩萨、罗汉、乐伎等近七千块，一百多种，千姿百态，形象生动，显示了宋代艺术家雕刻模制的超人技艺。

四、建筑时代的判断途径

1. 建筑斗栱逐渐缩减的同时，补间铺作朵数增多；
2. 屋顶的坡度增大，出檐不如前代深远；
3. 开间和柱高尺寸逐步增大，当心间、次间、梢间之间的开间尺寸则从大到小明显递减，加强了建筑外观的稳定感和向心性；
4. 室内柱网既有排列严谨的多种分槽形式，又有减柱、移柱等灵活的处理方法；

5. 梁架结构分为厅堂和殿堂两种，其中使用厅堂结构做法的建筑大量出现

厅堂结构简化了殿堂做法中的辅作层，弱化了斗栱在结构中的作用，强调了柱梁的直接连接，使结构更简洁清晰，能节省大量的建筑材料；

6. 宋代建筑的小木作工艺水平有了巨大的提高

出现了很多纹样精美、作工精细的门、窗等小木作工艺精品。重要建筑门窗多采用菱花隔扇，建筑风格渐趋柔和；建筑更为秀丽、绚烂而富于变化，出现了各种复杂形式的殿阁楼台；

7. 大量使用琉璃瓦；

8. 彩画的使用使宋代建筑的色彩丰富而绚丽；

9. 仿木结构的精细程度也远高于唐代

在此时期，砖木混合塔的出现，亦改善了单纯砖塔的造型；木构塔出檐深远，使砖石塔显出轻盈飘逸的特征；砖塔更多使用了套筒结构，并与拱券技术相结合，使塔的坚固性和稳定性大为提高。

10. 受宗教信仰和民族风俗等因素影响明显

元代引入，产生了一些新的建筑类型，如喇嘛塔、盔形屋顶等。汉族固有的建筑形式和技术在元代也有所变化，如在官式木构建筑上直接使用未经加工的木料等，它们使元代建筑有一种潦草直率和粗犷豪放的独特风格。

第七节　明、清时期的建筑

一、概　述

明清时期是中国古建筑体系发展的最后一个阶段。在这一时期，中国古建筑虽然在单体建筑技术和造型上日趋定型，但在建筑群体组合和空间结构的创造上，却取得了显著的成果。

明清时期建筑最大的成就是在园林建筑领域。明代的江南私家园林和清代北方的皇家园林都是至今保存的最具艺术性的古代建筑群。

中国历代都有大量的宫殿，但保存至今的只有沈阳的清代早期宫殿和明清的宫殿——北京故宫。它们都成为了世界遗产，是中华文化，乃至世界文

化的无价之宝。现存的古城和民居也基本属于明清时期。各类庙堂、帝王陵墓、古城垣等保存最好的也属明清时期。

明清时期的建筑在单体建筑的建筑艺术性上有所下降,但在创造群体空间的艺术上取了突出的成就。在建筑技术上也取得了明显的进步——建筑突出了梁、柱、檩的直接结合,少了斗栱这个中间层次的作用,这样不仅简化了结构,还节省了大量的木材,从而达到了更少的原料建更大空间的效果。

明清时期还大量使用砖石,促进了砖石结构的发展,其间,中国普遍存在的无梁殿就是这种进步的具体体现。

表 2-6　　　　　　　　明清时期建筑发展与标志建筑

朝代	明代(公元 1368~1644 年)						
时间	公元 1638 年	公元 1405 年	公元 1420 年	公元 1522~1566 年	公元 1540 年	公元 1625 年	公元 1634 年
建筑事件	始建南京城	始建明十三陵	始建北京紫禁城	兴建北京外城郭	始建天坛祈年殿	建沈阳故宫	《问世园冶》
朝代	清(公元 1644~1911 年)						
时间	公元 1663 年	公元 1703 年	公元 1709 年	公元 1725 年	公元 1730 年	公元 1734 年	公元 1750 年
建筑事件	始建清东陵	始建承德避暑山庄	始建圆明园	建孔庙大成殿	始建清西陵	颁布《工程做法则例》	始建颐和园

二、各朝代建筑特征

(一) 明朝

明朝是在元末农民大起义的基础上建立起来的汉族地主阶级政权。明初为了巩固其统治,采用了各种发展生产的措施,使社会经济得到迅速恢复和发展。由于金、元时期北方遭到的严重破坏和南宋以来南方经济发展相对比较稳定,使明代社会经济和文化呈现了南北不平衡。随着经济文化的发展,明代的建筑也有了进步,其特征主要表现为:

1. 砖已普遍使用

元代之前，砖仅用于铺地、砌筑台基与墙的下部等处。明以后才普遍采用砖墙。由于明代大量应用空斗墙，从而节省了用砖量，推动了砖墙的普及。砖墙的普及又为硬山建筑的应用创造了前提。明代砖的质量和加工的技术都有提高。从江南一带住宅、祠堂等建筑可以看到，"砖细"和砖雕加工已很娴熟。城墙也都用砖砌筑。现存山西、河北境内2000千米的长城，也是明朝时砌筑的。这些都说明制砖工业规模的扩大和生产效率的提高。随着砖的发展，出现了全部用砖拱砌成的建筑物——无梁殿，多用作防火建筑，如佛寺的藏经楼、皇室的档案库等，重要实例有明洪武年间所建南京灵谷寺无梁殿（原称无量殿）、北京故宫皇史成及山西太原永祚寺、苏州开元寺等处的无梁殿。所谓"无梁殿"是指砖石拱券结构的大殿。它盛行于明清，如南京灵谷寺无梁殿、五台山显通寺无梁殿等。无梁殿一般由一座或数座筒拱纵横联立而成，室内高大宽敞，但因光线不足而显得较为昏暗。其外观多为仿木结构形式，如用砖石砌储梁枋、斗栱、屋檐等木结构特征。与木结构建筑相比，无梁殿有防火、空间宽敞等优点。

2. 琉璃面砖、琉璃瓦的质量提高，色彩更丰富，应用面更加广泛

早期琉璃用黏土制胎，明代琉璃砖瓦采用白泥（或称高岭土、瓷土）制胎，烧成后质地细密坚硬，强度较高，不易吸水。琉璃面砖广泛用于塔、门、照壁等建筑物。明代琉璃工艺水平的提高，不但胚体质量高，而且预制拼装技术、色彩质量与品种等方面，都达到了前所未有的水平。典型建筑遗存为南京报恩寺塔、山西洪洞县广胜寺飞虹塔、山西大同的九龙壁、北京的琉璃门、坊等。

3. 木结构方面，经过元代的简化，到明代形成了新的定型的木构架，斗栱的结构作用减少，梁柱构架的整体性加强，构件卷杀简化

这些趋向虽已在部分元代建筑中出现，但没有明代那样普遍化与定型化。明代宫殿、庙宇建筑的墙既用砖砌，屋顶出檐就可以减小，斗栱作用也相应减少，并充分利用梁头向外挑出的作用来承托屋檐重量，挑檐檩直接搁在梁头上，这是宋以前的建筑未予以充分利用的。这样，柱头上的斗栱不再起重要的结构作用，原来作为斜梁用的昂，也成为纯装饰的构件。

但是由于宫殿、庙宇要求豪华、富丽的外观，因此失去了原来意义的斗

栱不但没有消失，反而更加繁密，成了木构架上的累赘物。另一方面，为了简化施工，柱网规则严谨，柱子不再采用宋代那种向四角逐根升高形成"生起"的做法，亦无金、元时期的大胆减柱法，檐柱向内倾侧的"侧脚"逐步取消，梭柱、月梁等也被直柱、直梁所代替。因此，明代官式建筑形成一种与宋代不同的特色，形象较为严谨稳重，但不及唐宋的舒展开朗。由于各地民间建筑普遍发展，技术水平相应提高，从而出现了木工行业的术书《鲁班营造正式》，记录了明代民间房舍、家具等方面一些有价值的资料。

4. 建筑群的布置更为成熟

南京明孝陵和北京十三陵，是善于利用地形和环境来形成陵墓肃穆气氛的杰出实例。明孝陵和十三陵总体布置的形制是基本相同的，但孝陵结合地形，采用了弯曲的神道，陵墓周围数十里内有松柏包围。而十三陵则用较直的神道，山势环抱，气势更为宏伟。明代建成的天坛是我国封建社会末期建筑群处理的优秀实例，它在烘托最高封建统治者祭天时的神圣、崇高气氛方面，达到了非常成功的地步。

北京故宫的布局也是明代形成的，清代仅作重修与补充。它的严格对称的布置，层层门阙殿宇和庭院空间相联结组成庞大建筑群，把封建"君权"抬高到无以复加的地步，这种极端严肃的布局是中国封建社会末期君主专制制度的典型产物。

各地的佛寺、清真寺也有不少成功的建筑群布置实例。

5. 官僚地主私家园林发展迅速

江南一带，由于经济文化水平较高，官僚地主密集，因此园林也特别兴盛。南京、杭州、苏州及太湖周围许多城镇都有不少私园。当时的园林风格已经明显地趋向于建筑物增多，用石增多，假山追求奇峰阴洞。

6. 官式建筑的装修、彩画、装饰日趋定型化

7. 家居装饰发展成熟

明代的家具是闻名于世界的。由于明代海外贸易的发展，东南亚地区所产的花梨、紫檀、红木等不断输入中国。这些热带硬木质地坚实，木纹美观，色泽光润，适于制成各种精致的家具，当时家具产地以苏州最为著名。明代苏州家具体形秀美简洁，雕饰线脚不多，构件断面细小，多作圆形，榫卯严

密坚牢，能与造型和谐地统一，油漆能发挥木材本身的纹理和色泽的美丽，直到清乾隆时广州家具兴起为止，这种明式家具一直是我国家具的代表。

8. 风水术在明代已达极盛期，这一中国建筑史上特有的古代文化现象，其影响一直延续到近代。

9. 建筑技艺仍有所创新，如水湿压弯法加工木料技术，玻璃的引进使用及砖石建筑的进步等。

10. 藏传佛教建筑兴盛

这些佛寺造型多样，打破了我国佛寺传统单一的程式化处理，创造了丰富多彩的建筑形式，是清代建筑中难得的上品。

（二）清代

1840年前的清朝，建筑上大体是因袭明代传统，但在下列几方面有所发展：

1. 供统治阶级享乐的园林达到了极盛期

清代帝王苑囿规模之大，数量之多，建筑量之巨，是任何朝代所不能比拟的。清代前期除了利用并扩建三海外，自康熙起即在北京西北郊兴建畅春园，在承德兴建避暑山庄，其后经雍正、乾隆两朝，又在北京西北郊大事兴筑，苑囿迭增，其中以圆明园的规模为最大。清朝各帝大部分时间都在园中居住，苑囿实际是宫廷所在地。在清帝的影响下，各地官僚、富商也竞建园林。

2. 喇嘛教建筑兴盛

顺治二年开始建造的西藏拉萨布达拉宫，既是达赖喇嘛的宫殿，又是一所巨大的喇嘛庙，也是农奴主的统治据点。这所依山而建的九层建筑，表现了藏族工匠的非凡建筑才能。各地喇嘛庙建筑的做法大体都采取平顶房与坡顶房相结合的办法，也就是藏族建筑与汉族建筑相结合的形式。康熙、乾隆两朝，还在承德避暑山庄东侧与北面山坡上建造了十一座喇嘛庙，作为蒙、藏等少数民族贵族朝觐之用，俗称"外八庙"。这些喇嘛教佛寺造型多样，打破了我国佛寺传统的、单一的程式化处理，创造了丰富多彩的建筑形式。它们各以其主体建筑的不同体量与形象而显示其特色，是清代建筑中难得的上品。

3. 住宅建筑百花齐放、丰富多彩

由于清朝的版图比明朝大，境内民族众多，居住建筑类型丰富，遗物也最多。各地区、各民族由于生活习惯、思想文化、建筑材料、构造方式、地理气候条件的不同，形成居住建筑的千变万化。同一地区和民族，各阶级的不同经济地位，又使居住建筑产生极为明显的差别。例如藏族的平顶碉楼式住房、蒙古族的可移式轻骨架毡包住房、维吾尔族的平顶木架土坯房和土拱房、朝鲜族的席地而坐的取暖地面住房，居住在广西、贵州、云南、海南、台湾等亚热带地区民族有架空的干栏式住房等。就汉族而言，虽然大多采用木架建筑作住房，但出现了北方与南方、平原和山区等的区别。

4. 简化单体设计，提高群体与装修水平

清朝官式建筑在明代定型化的基础上，用官方规范的形式固定下来，雍正十二年颁行的清工部《工程做法则例》一书，列举了27种单体建筑的大木做法，并对斗栱、装修、石作、瓦作、铜作、铁作、画作、雕銮等做法和用工用料都作了规定。

三、明清建筑游览与审美

（一）宫殿

中国现存的皇家宫殿目前仅存两处：北京故宫和沈阳故宫。

明代最早建于今天的南京（其宫殿彻底毁于太平天国时期，如今仅存遗址）。燕王朱棣夺得皇位后迁都北京，全国的政治、文化中心转移到了北京。北京新建的皇宫格局仿照了南京明初宫殿，而规模却更加壮观雄伟。满清入主中原后，迁都北京，在宫殿的建筑上，继承并沿用了明代宫殿。在年代的更迭中，北京故宫的单体建筑大多被更新，今天人们所看到的北京故宫，多是清代的作品，明代的建筑作品保留下来的已极少。

明清两代虽然在单体建筑风格上有一定的差异，但其宫殿的格局基本没有发生太大的变化，保持了格局的一致性。因此，今天人们走进北京故宫时，还能从中看到明代的形制：明清故宫沿袭了元代宫殿的一些特点，在布局上仍沿袭中国传统的"三朝五门"制。同时也有一些调整，主要表现为：简化了院落层次，突出主要殿宇在群体建筑中的地位，进而强化了宫殿空间序列的艺术感染力。

（二）庙坛

明清时期的庙坛建筑主要有祭祀祖先的太庙、祭祀天地的天坛和地坛、祭祀日月的日坛和月坛、祭祀孔子的孔庙和祭祀神农（农业之神）的先农坛等。

庙坛建筑的功能，就是帮助统治者满足幻想中的精神需求。因此，坛庙建筑需要通过塑造空间和环境艺术来表达一种实际上仅仅存在于人们心灵中的虚幻。明清庙坛建筑中，在环境营造、氛围塑造、单体建筑造型艺术等方面艺术成就最大的，以北京天坛为最。

典型建筑景观：北京天坛、地坛、社稷坛、先农坛、太庙、曲阜孔庙等。

（三）城市

明清时期，在城市建筑方面最具有代表性、成就最鲜明的当首推北京、南京。同时形成了一批具有鲜明特色的地方城市，保存至今较有特色的有：山西的平遥古城、江苏苏州、云南丽江古城等。

（四）帝王陵墓

明清两代帝陵均成群分布，互相呼应，形成一个有机的整体，与其他朝代的帝陵相比形成了独有的特色。

典型建筑景观：南京明孝陵、北京昌平县境内明十三陵、辽宁沈阳的清昭陵和福陵、河北遵化和易县的清东陵和清西陵。

（五）园林

明代中晚期南方园林的建造达到了很高的艺术境界。明朝末年，代表园林建造最高艺术成就的《园冶》问世了。明清时期的私家园林较为集中的地区是苏州和扬州，苏州园林受文人士大夫文化的情调影响较大，而扬州园林则受到商人文化的熏陶。

（六）民居

明清时期地方经济和文化发展都达到了较为发达的程度，由于有了相应的经济基础，各地民居也得以发展，形成了十分鲜明的地方特色，成为当今旅游发展的新热点。明清时期的民居从大的分布及风格看，可以分为北方民居、南方民居和少数民族民居三大类。

（七）寺观

由于社会的长期稳定，明清时期的宗教非常活跃，留下了大量的宗教建筑。各类宗教建筑分布广泛，但也有相对集中的区域，如佛教、道教名山。而且在此期间，还出现了佛、道融合的建筑。

结语：中国建筑艺术是世界建筑史上延续时间最长、分布地域最广、有着特殊风格和建构体系的造型艺术。

秦代和汉代是中国建筑艺术发展的第一个高峰。两代建筑体制宏伟、博大雄浑，其影响早已深深烙印在中国人的心底。经过魏晋南北朝的过渡，隋唐两代开始对外来文化进一步兼收并蓄。文化的繁盛，国力的强大，使唐代成为中国历史上最辉煌的封建王朝。尤其是在公元7世纪中晚期至8世纪中期的盛唐，中国建筑艺术的发展达到了巅峰。至于晚唐、五代和宋、辽、金、元的建筑，则上续盛唐之余脉，下启不同之风格。其中尤以宋代建筑最为杰出，它以自己的"醇和秀美"逐步替代了唐代建筑的"雄健深沉"。

延续600余年的明、清大一统时期，中国渐趋保守，和世界潮流相悖的价值取向，使包括建筑技术在内的中华文明不可避免地趋向落伍。但落日依旧辉煌，明代的长城、南京城、北京城和北京紫禁城，清代的圆明园、颐和园、避暑山庄和天坛，都是中国建筑的瑰宝。

19世纪末、20世纪初，中国建筑艺术开始发生巨大变化。一方面，传统建筑体系的发展出现了严重停滞。另一方面，西方建筑体系——一个完全不同的建筑技术与艺术系统在华夏大地传播开来。鸦片战争后，西方人纷纷在各通商口岸和租界建造商厦、住宅、教堂等，其样式基本涵盖了当时西方主要国家的建筑艺术风格。继而兴起的洋务运动，又进一步推动了西方建筑体系在中国的登陆。新式工业厂房引入了西方先进的建筑技术和建筑材料，接下来是清末民初的一些政府、学校、公共建筑和商业建筑也纷纷采用西方的建筑样式。

第三章　中国古代建筑环境的选择

　　由于地理环境各个要素的差异，我们的祖先们在认识、适应自然和对不同地域建筑物的位置、样式、装饰等的选择过程中，总结出一套经验，形成了一种独特的中国古建筑营造的文化背景。中国古建筑十分强调人与自然的和谐，在确定居住地建盖房屋时，十分重视与周围环境的协调与统一。中国古代建筑环境观是中国传统建筑艺术理论最具个性组成部分之一，要相对全面地了解和审视中国古建筑，更好地领略中国古建筑的神韵，就必须了解这一特殊的文化背景。

第一节　中国古建筑选址及建筑环境观发展的历史沿革

　　建筑与环境有着密不可分的关系。事实证明，中华祖先具有早熟的"环境意识"。华夏文明以农耕文明为主，人们在漫长的农耕生产中，认识到天时、地利等自然条件对于人的生产、生活有极密切的制约关系。古人对自然之"养人"、"利人"的"大德"，持有的是铭感的道德态度——感恩型的自然崇拜。这种"态度"经过漫长的历史过程而积淀为民族的文化心理结构，在哲学上表现为"天人合一"的思想。这种思想在城乡聚落建设和建筑活动中，则表现出重视自然、顺应自然、亲和自然，因地制宜，力求与自然融合协调的环境意识。

一、中国古代建筑的环境选择与"风水"观念

　　（一）古代建筑选址观念的源起

　　对建筑环境的选择，即"风水意识"不是中国人所独有，任何一个民族

和文化都有，只不过由于生活环境不同、语言不同、生活方式不同，而有不同的表达方式而已。这种文化现象统称占地术（Geomancy）。无论是埃及法老王的陵墓选址还是玛雅文化中金字塔的方位以及美洲印第安人的蛰居洞穴的选择，人类都有类似的环境解释和操作模式，旨在茫茫大地上给自己定位，以建立起和谐的"天地——人——神"的关系。

（二）传统古建筑选址与"风水"概念

中国具有世界上历史最悠久的农业文明，中国文化与土地具有最紧密的联系。自古以来，我们的祖先就把安居乐业作为头等大事来对待，选址定居的经验日积月累，及至后来日臻成熟，便形成了一门选址的"学问"——相地术，又称堪舆术。古代人们在建筑选址及建筑活动的实践中，通过不断地总结形成了一种特殊的"理论"——"风水学"。风水是古人在长期的生产实践中积累起来的经验，它与自然崇拜、人文地理有关，有其社会背景和心理因素。古代人类科技文化相对落后时，自然环境对人类的生存有着极大的影响，怎样择地而居是极其重要的事情。有了现实的需要，再加上自然崇拜的因素，风水学就自然形成了。从根本上讲，风水是中国独有的一种文化。

梁思成先生在《中国古建筑史》中说"风水等中国思想精神寄托于建筑之上"。风水理论既包括一些朴素辩证的环境科学内容，同时也掺杂有大量阴阳五行和宗教迷信思想。其核心是期望通过协调建筑与环境的关系来使建筑的主人及其家族得到福禄寿喜。中国古代上至皇帝下至黎民百姓都热衷于此，并影响到了周边国家和地区。

在古代，风水术盛行于全国各地，成了左右人们衣食住行的一个重要因素。因此，在游览中国古建筑，对古建筑进行审美赏析时，人们常会涉及到风水问题。

风和水，原是《周易》八卦之中的巽卦和坎卦的象征物。《周易》认为世界的本原是分阴分阳的，也是阴阳互补的。世界可分为天、地、人三个层面，通称为"天地人三才"，"三才"也全都是阴阳并彼此可以组合成八卦。八卦的乾、坤、艮、兑、巽、震、坎、离，即为构成世界的八种基本物质：天、地、山、泽、风、雷、水、火。我们的祖先在千百年的生活实践中，深刻体验到了自然对人生存的直接而密切的关系。人类的生存离不开自然，特别是

自然界的"风"(即空气)和"水",被认为是生存发展的最根本的条件。

(三) 堪舆的出现

"风水"一词来源于郭璞《葬经》中所云"气乘风则散,界水则止"。"风水"又称"堪舆",是中国古代一套有关营造选址、处理建筑与周围环境关系的理论和方法。主要是指古代人们选择建筑地点时,对气候、地质、地貌、生态、景观等各建筑环境因素的综合评判,以及建筑营造中的某些技术和种种禁忌的总概括。风水是追求达到天、地、人高度合一的境界的理想生态环境。"风水",从字面上讲,"风"是流动的空气;"水"是大地的血脉,万物生长必须依靠它们。有新鲜空气(风)和清洁甘泉(水)的地方,生命就生生不息。传统风水理论认为:风是气阳,水是气阴,两者皆为行气之物。"风水术"或"堪舆学"的实质不外是在选址方面把其作为准绳对地质、地文、水文、日照、风向、气候、气象、景观等一系列自然地理环境因素,做出或优或劣的评价和选择,以及所需要采取的相应的规划设计的措施,从而达到趋吉避凶纳福的目的。创造适于长期居住的良好环境。"风水"是中国古代即已产生的一种环境设计理论和初级的环境科学。

"堪舆","堪"意通"勘",有勘察之意;"舆"本指车厢,有负载之意,引喻为疆土和地道。所以堪舆有相地、占卜的意思。《史记》:"(汉)孝武帝时聚会占家问之,某日可取(娶)妇乎?五行家曰可,堪舆家曰不可,建筑家曰不吉,丛辰家曰大凶,历家曰小凶,……辩讼不决",可见堪舆属古代占家的流派之一。据研究,当时堪舆家主要是根据天文与地理的对应关系来占卜吉凶的,与《易经》之"仰观天文,俯察地理"相应。只因古相地术的相当部分内容与堪舆术有关,后来"堪舆"也便逐渐成为"相地"的代称了。

从一定角度上分析,风水就是人类居住、生存、繁衍、发展的生态环境。它包括阳光、空气、水质、气候、土壤、食物、声音、色彩等各种天文、地理、物理、化学、生物等诸多自然科学的环境因素和社会科学的感官心理因素,时时刻刻影响着人体的身心健康。人们都向往福、富、荣、寿、吉、康、顺、达这一个好"八字卦";也都要避挡艰、难、危、困、病、贫、饥、寒这一个坏"八字卦",这完全是人皆有之的心理本能。

二、中国古代建筑选址的发展沿革

"风水"起源于人类早期的择地定居,形成于汉晋之际,成熟于唐宋元,明清时期日臻完善。"堪舆"作为一种相地的学问,起初仅涉及宅邑的选址和定向,其理论和方法比较简单,主要是地理地貌、气候环境等因素与人们居住条件协调经验的总结和运用,所以科学成分也较多。至汉代时,在《易经》玄学思想及董仲舒"天人感应"等谶纬学说的影响下,原有的相地术与阴阳五行、八卦干支结合在一起,为其进一步发展奠定了一定的哲学基础和逻辑推理条件。唐宋后,程朱理学兴起,相地术的理论构架日臻完善,其不仅着眼于山川形势、藏风得水等方面的内容,而又与占卜、宅主"命相"和"黄道吉日"等穿凿附会,加入了方位理气方面的内容,使其掺入了相当多的迷信色彩和一些荒诞不经的内容。

(一) 人们对居住环境选择的起源

争取较好的居住环境,是人类生活的大事之一。最初的原始人类,由于社会生产力的低下,只能利用自然条件来解决居住问题,山洞和大树是他们的自然选择。这时,最初关于人与自然关系的思考已经出现。考古资料显示,在选择居住山洞时,当时的人们有几条基本原则:a. 离水源较近,便于汲水;b. 为避免洪水侵害或潮湿,亦不能离水源过近;c. 洞口要避风,以保证冬季保暖;d. 离狩猎场所要近,但又要防止野兽的侵害。从这几条居住思考中我们不难发现,人类在选择自己的居住地时,着重考虑的是水源、保暖和取食。到距今六、七千年前,随着农耕经济的发展,人类开始了稳定的定居生活,由此导致了择地的需求。考古资料证实,人们在建造住宅时,已经考虑了季节气流的方向、居住的舒适度、安全性及交通便利。

有文字记载的"相地",可以追溯到商代殷人的甲骨占卜。对甲骨文的研究表明,其中有大量的关于建筑的卜辞,如作邑(即筑城)、作寨、作宗庙、作宫室等。当时先人对房屋坐落的方向及周围的居住环境,都曾留心考察。在实际的择地时,虽有术士占卜,但往往更偏重于地理资源的勘察,并非完全以占卜吉凶而定。考古发掘表明距今六千年前的仰韶文化聚落遗址的特点有:环境——地质条件好、近水,"选址多位于发育较好的马兰阶地上,特

别是河流交汇处……离河较远的，则多在泉近旁"；方位——朝阳。房屋基址大体朝南或向东，如半坡中间的大房子即朝东；分区——遗址四周有防御性壕沟，沟北或南有公共墓地，住处与墓地分开。在河南濮阳西水坡发现的距今六千年的仰韶文化的墓葬中，有一图案清晰的用蚌壳砌塑而成的"青龙"、"白虎"图形，分别位居埋葬者两侧。青龙和白虎是上古时代传说中的东、西方之神。

（二）先秦时期

周代人已经对居住地点和劳动地点的关系，季节和天文变化对生活的影响有了很深的认识，这在《尚书·召诰》、《周礼·大司徒》中都有记载。当时在建筑都城、住宅之前，都要先勘察地形水文，以选择条件优越的基址，趋利避害，这实际上就是古代风水术的肇源。此时勘察建筑基址的活动中已经包括了迷信的内容，即"卜宅"。伴随着早期城市的兴建，国家在选择都城、规划环境时，亦有了风水的观念。

春秋战国时期，中国古代天文学、地理学等自然科学有了长足的进步，社会学方面出现了百家争鸣的局面，城市建设的发展迅速，为风水理论的发展奠定了理论和实际的基础。

（三）秦汉及以后的发展

大约从秦汉开始，风水术在地理学进一步发展的同时，也发展了先秦相地术中的迷信成分；至汉代加入天文学和其他谶纬内容后，原本朴素的相地术中迷信成分加重，出现了专门叙述风水术的著作。

汉代风水术已和"黄道"发生了密切的关系，黄道本是指地球绕太阳公转的轨道平面与天球相交的大圆轨迹，根据太阳在黄道上的位置，可以确定四季。后来，黄道与推算占验吉凶宜忌结合产生了皇历。人文建筑与自然环境相适应的思想在魏晋南北朝时期有了新的发展，标志之一是阳宅风水学说已为很多封建士大夫所接受，并撰文阐发宣扬风水理论。

南北朝的玄学兴盛与山水美学的发展，把风水学又向前推进了一步。随着佛教和道教的兴盛，佛教和道教的一些观念被风水学吸收。

唐、宋时期，阳宅风水获得完全发展而形成了有完整严密的理论体系和繁复方法系统的学说，也可以说此时期的阳宅风水已经成熟。后代风水术中

所有的基本观念方法，在此时期都已齐备或初步形成。在当时的社会上，从皇家宫殿、贵显宅邸到民间一般住房的修建，都受到风水学说的影响。有关住宅吉凶与宅主命运的联带关系，被大量地附会到当时的人物事件上。唐、宋时期的建筑环境选择理论有一个显著特点，即有关著述大量出现，远远超过了前代。唐、宋时期，人们对于人文建筑与自然环境关系的探讨和认识已经形成了风水学说的理论体系。宋明理学、心学成为这个时期哲学思想的主流，周敦颐的《太极图说》的太极、阴阳八卦的图式和阐释理论，被风水学理论吸收发挥。此时，指南针罗盘已广泛运用，使风水学的理气内容更加繁复和充实。这一时期的风水之说极为风靡。

元、明、清以来，与建筑选址相关的风水学说进一步完善。元大都和明、清北京的建设，都充分体现了古代传统"环境与人"的建筑思想，无论是城市水系的思考、公共建筑的格局和公私住宅的布局，都与风水学说有密切的关系。明清时期，山川形势仍然受到风水学的重视。明清王室建立了庞大的陵区，使风水地理的运用几乎达到了顶峰。这一时期，风水学说的理论方法进一步得到完善、补充和丰富，社会影响也更加深入广泛，风水学说的通俗化使得它在民间风俗中的重要地位也确定下来。

【阅读材料】

　　北京大学景观设计学研究院院长余孔坚博士认为"风水是中国文化对不确定环境的适应方式，一种景观认知模式，包括对环境的解释系统和趋吉避凶的操作系统。其深层的环境吉凶感应源于人类漫长生物进化过程中的生存经验和中华民族文化发展过程中的生态经验。前者通过生物基因遗传下来，后者则通过文化的'基因'而沉淀下来。这种生物与文化基因上的景观吉凶感应，构成了风水的深层结构；中国传统哲学、天文地理的观测与罗盘操作技术，以及中国的民间信仰这三者构成了风水的表层结构，它系统地曲解了风水意识。作为表层结构的风水解释系统并不能完全反映景观的现实功利意义，因而使风水带有很大的神秘性和虚幻性。"

★资料来源《中国国家地理》2006.1（风水专辑）

中国古代一个居住地点的形成发展及兴衰，是由地理、经济、政治、文化、历史等多种因素所影响、所决定，自有其客观规律，并不是都能纳入或符合"风水"的理想模式，即使符合了风水的理想模式，也不见得就都能产生风水所谓的吉凶祸福的效果。但若剔除风水的玄虚迷信的糟粕，毕竟还可以发现其中合理的成分。古人们对居住地及建筑物地点的选择，在一定意义上说是中国传统宇宙观、自然观、环境观、审美观的一种反映。在主要建筑建造前，他们将自然生态环境、人为环境以及景观的视觉环境等做了统一考虑。在中国古代社会，从国都的确立、市镇的设置、宫殿庙宇的建筑布局、民居的建屋立舍以及陵寝、墓地的选择都与风水学说有密切的关系。可以说，风水观念浸润于人们的思想之中，与人们的生活息息相关，有着几千年的文化土壤。

在中国古代建筑史上，体现在风水学说中的"环境与人"的思想经历了不同的发展时期，反映了人们对建筑与环境的关系不断进行着探索。可以说，风水学说影响了中国几千年的建筑活动，在其科学的部分中，也体现着中国传统建筑的美学观念。人们在游览不同时代的古建筑时，特别是在鉴赏具体建筑物时，应当对当时建筑选址的情况有所了解。

三、中国古代建筑选址的发展流派

从理论上说，中国建筑选址理论大致分为两个流派：一是形式派，着眼于山川形势和建筑外部自然环境的选择，关注建筑空间，强调环境对建筑、人的影响，追求建筑与自然环境，社会环境及居住者之间的和谐；二是理气派，其理论比较玄虚，注重于建筑的方位朝向和布局，理气派认为"气"为万物本源，理气派的很多理论和做法，与《易经》有着密切的关系。

从应用上说，风水学可分为"阳宅术"、"阴宅术"。"阴宅术"用来选择墓地的位置，古代帝王选地建造陵墓时总是要精心选择风水宝地，希望借此福泽子孙，荫及后代，从秦始皇陵至明十三陵、清东陵、西陵，莫不如此。"阳宅术"是用来选择住宅时所用的。

在中国传统文化影响较大的国度里，如朝鲜、日本、老挝、泰国、菲律宾、越南、马来西亚和新加坡等地，都有关于建筑选址的各种活动。

四、中国古代建筑选址活动中的规划师——"风水先生"

建筑环境的选择和宅基地的确定是中国古代与建筑环境规划有关的一门学问，古代掌握这门学问并以此为职业的人被人们称为风水家，或称"风水先生"、"堪舆家"、"地理先生"、"阴阳先生"等。

在民间，风水师、风水先生主要从事住宅地基的选择和朝向的确定，修正原住宅的朝向与布局，以及选定坟墓的位置。一般情况下，他们既扮演着术士的角色，又起着环境规划师的作用。他们具有一定的文化，阅读有关书籍，观察自然现象，研究人与宇宙的关系，掌握了关于人和大地的神秘而又世俗的知识。作为术士，他们为人占卜推算，以晦涩难懂的言词与方术向人们阐述各种可见或不可见的现象和宇宙的神秘力量，以确定人在宇宙中应有的位置。作为环境规划师，他们善于观察自然界环境的状况，分析自然界的各种构成因素，如山脉、河流、树木、风向、气流和星象等。他们收集自然环境中的各种资料，研究掌握这些迹象的征兆，例如风流、月晕、雨水、植物种类和叶色、气味、水流、昆虫和动物习性，甚至石头的潮湿等等。从这些专门的经验知识中，他们可以推知出何处是适宜人的居住处。

同古代大多数行业里的人一样，风水师有真才实学的人，深谙天文地理诸学；也有冒充内行的人，仅仅靠玩弄阴阳术数把戏。前者不仅为人选吉地，有时还参与调停当地的一些民间纠纷，因而拥有受人尊敬的地位。而后者则利用人们趋吉避凶、招财进宝的心理，以花言巧语骗取人们的钱财。清代时，风水师的社会地位不低，在民间流传的社会职业等级排列的"上九流"、"下九流"中，风水师排在"上九流"的第四位，仅次于师爷、医生和画工。

第二节 中国古代建筑环境选择

一、中国古代建筑环境选择的主要原则

（一）整体系统原则

这个系统以人为中心，包括天地万物。环境中的每一个子系统都是相互联

系、相互制约、相互依存、相互对立、相互转化的要素。而古代建筑选址的功能就是要宏观地把握和协调各子系统之间的关系优化结构，寻求最佳组合。

(二) 因地制宜原则

《周易·大壮卦》提出："适形而止。"中国地域辽阔，气候差异很大，土质也不一样，建筑形式亦不同。西北干旱少雨，人们就采取穴居式窑洞居住。西南潮湿多雨，虫兽很多，人们就采取干栏式竹楼居住。草原的牧民采用蒙古包为住宅，便于随水草而迁徙。中国现存许多古建筑都是因地制宜的楷模。

(三) 依山傍水原则

山体是大地的骨架，水域是万物生机的源泉，没有水，人就不能生存。考古中所发现的原始部落，几乎都在河边台地，这与当时的狩猎和捕捞、采摘经济相适应。依山的形势有两类，一类是"土包屋"，即三面群山环绕，凹中有旷，南面敞开，房屋隐于万树丛中。依山另一种形式是"屋包山"，即成片的房屋覆盖着山坡，从山脚一直到山腰。

(四) 观形、察势原则

"人之居处宜以大山河为主，其来脉气最大"。中国古代建筑选址重视山形地势，把小环境放入大环境中考察。选址时把绵延的山脉称为龙脉。龙脉源于西北的昆仑山，向东南延伸出三条龙脉：北龙从阴山、贺兰山入山西，起太原，渡海而止；中龙由岷山入关中，至泰山入海；南龙由云贵、湖南至福建、浙江入海。从大环境观察小环境，便可知道小环境受到的外界制约和影响，诸如水源、气候、物产、地质等。

(五) 地质、土壤检验原则

中国古代建筑选址时对"地质"条件要求很高，甚至是挑剔，认为地质决定人的体质。现在研究表明，地质对人体的影响主要表现在以下几个方面：

1. 土壤中含有的微量元素的影响

土壤和空气中的微量元素放射到空气中会影响人的健康。建造房屋的地质基础要求是"凡石要细腻可凿，土要坚实难锄"。

2. 潮湿或臭烂的地质的影响

潮湿或臭烂的地质会导致关节炎、风湿性心脏病、皮肤病等。潮湿腐败的地方是细菌的天然培养基地，是产生各种疾病的根源，因此不宜建宅。

3. 地球磁场的影响

地球是一个被磁场包围的星球，人感觉不到它的存在，但它时刻对人发生着作用。

4. 有害波的影响

如果在住宅地面以下有地下河流，或者有双层交叉的河流，或者有坑洞，或者有复杂的地质结构等，会对建筑本身产生影响。

古人在选择房屋建造的地址时，对上述四种情况知其然不知其所以然，不能用科学道理加以解释，在实践中自觉不自觉地采取回避措施。

（六）水质分析原则

不同地域的水分中含有不同的微量元素及化合物质，有些可以治病，有些也会致病。中国古代建筑选址理论主张考察水的来龙去脉，辨析水质，掌握水的流量，选择优质水环境。

（七）坐北朝南原则

中国处于地球北半球，欧亚大陆东部，大部分陆地位于北回归线以北，一年四季的阳光都由南方射入。朝南的房屋便于采光。坐北朝南，不仅为了采光，还为了避风。中国内地的自然地理位置与地形地势导致其气候为典型的大陆型季风气候。概言之，坐北朝南原则是对自然现象的正确认识，顺应天地之道，得山川之灵气。

（八）适宜居中原则

古代的建筑选址理论主张山脉、水流、朝向都要与建筑的具体位置协调，房屋的大与小也要协调。适中的原则还要求突出中心，布局整齐，附加设施紧紧围绕轴心。在典型的古代环境景观中，都有一条中轴线，中轴线与地球的经线平行，向南北延伸。明清时期的宫殿、帝陵，清代的园林等就是按照这个原则修建的。

（九）顺乘生气原则

古代建筑选址理论认为，气是万物的本源。怎样辨别生气呢？明代蒋平阶在《水龙经》中指出，识别生气的关键是望水。"气者，水之母，水者，气之止。气行则水随，而水止则气止，子母同情，水气相逐也。"古人提倡在有生气的地方修建城镇房屋，这叫做乘生气。只有得到生气的滋润，植物才

会欣欣向荣，人类才会健康长寿。

（十）顺应自然改造环境的原则

人们认识世界的目的在于适度改造世界为自己服务。自然界很难找到十全十美的建筑环境，人们只有改造环境，才能创造优化的生存条件。因此，在顺应自然的前提下，人们可以对环境，即古人称的"风水"进行改造与调整，以获得最佳的建筑环境条件。例如四川都江堰就是改造风水的成功范例——岷江泛滥，淹没良田和民宅，一旦驯服了岷江，都江堰就造福于人类了。浙江绍兴古时兴建的"应宿闸"、"陡门闸"两大水闸建筑，也堪称改造、利用自然的建筑奇观。北京城中处处是改造风水的名胜。故宫的护城河是人工挖成的屏障，河土堆砌成景山，威镇玄武。北海是金代时蓄水成湖，积土为岛，以白塔为中心，寺庙依山势排列。圆明园堆山导水，修建一百多处景点，堪称"万园之园"。

二、中国古建筑赏析与传统选址程序

人们游览观赏中国古建筑，应从建筑的外部环境开始赏析。而古建筑的外部环境的审美程序与古建的选址程序基本是一致的：即看山（包括看远山、观近山），领略周边水景，分析山水与建筑位置的关系，再从建筑的位置分析建筑的大小、样式、材料、色彩等。这也正是中国古建筑游览与审美的基础和基本途径。

（一）看山

古建筑外部大环境中的山脉古人称为龙。古人在选择建筑周边环境时要有山，包括远山、中山和近山，并要求山上长满植物，山中藏动物。从原始人类开始，人类的生活就离不开山，并由此就产生了对山的崇拜与信仰，这是人类对自然崇拜中很重要的一个内容。所以在人类生存环境的选择中，首先要觅龙即寻山。"龙者何？山之脉也……土乃龙之肉，石乃龙之骨，草乃龙之毛。"（《地理大成——山法全书》）如何觅得好"龙"？

1. 看大环境中山的走向

寻山首先从山脉的出处开始，古人认为那里是祖宗居住的最高处，再找近处山脉的入首处，古人称为父母山，由远而近分别称为太祖山、太宗山、

少祖山及主山。寻到山脉还要看山之形势，远观得势，近观得形，总的要求群峰起伏，山势以奔驰为好，认为这种山势为藏气之地。这种山脉的走向的选择与人们对山的审美评价要素是一致的。

在平原地区，山脉的骨架外形不明显，则在村落的建筑布局中，通过对各建筑物的有机合理布局，特别是通过屋顶的设计与连片、连线布局，使屋顶远观如游龙状。

2. 观山势与山形

（1）山势，指的是群峰的起伏形状，一种远观的写意效果；形则指单座山的具体形状，近观写实景象。根据山势的起伏和山脉的走向，古人对山势描述如下：

回龙——形势蟠迎，朝宗顾祖，如舐尾之龙、回头之虎；

出洋龙——形势特达，发迹蜿蜒，如出林之兽、过海之船；

降龙——形势耸秀，峭峻高危，如入朝大座、勒马开旗；

生龙——形势拱辅，枝节楞层，如蜈蚣槎爪、玉带瓜藤；

飞龙——形势翔集，奋迅悠扬，如雁腾鹰举、两翼开张、凤舞鸾翔、双翅拱抱；

卧龙——形势蹲踞，安稳停蓄，如虎屯象驻、牛眠犀伏；

隐龙——形势磅礴，脉理淹延，如浮排仙掌、展诰铺毡；

腾龙——形势高远，峻险特宽，如仰天壶井、盛露金盘；

领群龙——形势依随，稠众环合，如走鹿驱羊、游鱼飞鸽。

（2）山形是凭直觉观测将山比作某种动物，如狮、象、龟、蛇、凤等，给人们一种视觉的美感。在中国古代人们还将动物所隐喻的吉凶与人的吉凶相联系。在观察山形时，还作拟人化的比喻，所谓"相山如相人"，就是将山的各部分与人体的部位分别对应进行考察：把山的轮廓线与"三才"（天、地、人）对应，"额为天，欲阔而圆；鼻为人，欲旺而齐；颏为地，欲方而阔。"这种比喻虽然天真幼稚，却使一切都洋溢着生机。这种环境空间的有机观念与中国特有的"天人合一"、"以天地为庐"的宇宙观察密切相关。

3. 领略周边邻近的"小山"——小环境中的山

在主山的两侧应有相对的、高度适宜的相拥抱的两山。这样的格局能遮

挡住外来恶风，增加小环境的气势。古代"风水学"把这四周的山与象征着地上前后左右四方位的神兽相联系，形成为左青龙、右白虎、前朱雀、后玄武的环抱形态，这就是理想的建筑小环境。

（二）观水

"水随山而行，山界水而止"。"未看山，先看水，有山无水休寻地"。人的生命离不开水，尤其在长期处于农耕社会的中国，更把水视作福之所倚，财之所依，所以古人在建造房屋时，把水视为比山更为重要的内容。在赏析古建筑，特别是特色村镇时，要注意水的来源、流向、水质等，具体程序如下：

1. 看水口

所谓水口即这个环境的水的入口处与出口处。对这两种水口的要求也不一样，前者要开敞，后者当封闭。即"源宜朝抱有情，不宜直射关闭，去口宜关闭紧密，最怕直去无收。"来水要屈曲，横向水流要有环抱之势，流去之水要盘桓欲留，汇聚之水要清净悠扬。

2. 看水形

"洋潮汪汪，水格之富。湾环曲折，水格之贵。直流直去，下贱无比。"曲折的河道不仅便于居住者取水，便于灌溉，还可以减少或减缓水害；弯曲缓急千变万化，给人无限美感。

3. 品水质

古人总结了选择水质的要求是"其色碧，其味甘，其气香，主上贵。其色白，其味清，其气温，主中贵。其色淡，其味辛，其气烈，主下贵。若酸涩，若发馊，不足论。"（《博山篇》）。古人用眼、口、鼻检察水之色、味、气，从而判断水质之优劣，而水质之优劣又直接关系到环境之生气。水与人的生活息息相关，水的质量从一定角度上影响到了人们的生活质量。

（三）具体观赏古建筑的位置

建筑的最佳建筑环境是山清水秀之地。由于具体方位和条件的不同，古人在房屋的建造样式、用材等方面又有所差异。

三、中国古建筑选址时的主要技术和方法

（一）地形观察法

观察山脉的走向、起伏、形状、水源等。风水民俗的技术支持体系中，地形观察术具有重要的地位。不仅要求观察村落、居室的小环境，而且还要求把村落居室的小环境放入区域内山川走势的大环境中加以考察。

（二）水土查验法

择地定位后，为慎重起见，要开挖井验土，分析土壤和水质。

（三）辨方正位法

中国文化具有方向性和空间感，是一种"面南文化"。在"辨方正位"中，罗盘运用技术的引入使居室的朝向设置基本达到了科学的标准。

（四）综合分析法

把各种要素综合起来分析。

（五）细节改造法

小环境中的山形、水貌、植被、建筑等组成的，在一定条件下，在局部环境中的小环境是可以经过人的智能认识加以适当导引的。其民间常见的技术就是细节改造术，如置塔以压煞、挖池以聚气、垒土以培基、植树以挡风、修桥以锁关等，均是通过局部细节的改造来达到导引场气的常见方法。

此外，植被辨别气候分析等方法和技术在风水民俗中均有足够的运用，为人居理想环境模式的获得提供了有力的支持。

四、古人建筑选址考虑的主要因素分析

中国古代选择建筑的环境的方法，不外乎是对于地形、地貌、水源、水质、气候、土质情况、植被绿化和景观氛围进行综合考虑，再加上社会方面的政治、经济、军事等因素而裁定，对于其中的谶纬之说大多是附会，不占选址主流。过去人们考虑的因素，许多时经验的总结，但其中包含有一定的科学道理，今天的人们可以进行一定的科学解释。

（一）地质地貌因素

1. 地形与地貌

"山脉来得绵远，发福也绵远；山脉来得短促者，发福也就短。"现代地质科学的研究成果表明：一个山系的形成，要经历漫长的地质年代，山系越大，其形成所经历的时间就越长，从地质学的角度分析，其构造也较为稳定。

自然地形千姿百态，如何利用也因具体形状的不同而异，但总的原则是首先要避开山势陡峭、纹理错乱、生态状况不良地形，因为这些地方在地震和暴雨发生时极易滑坡和坍塌，严重的会形成泥石流，给人们的生产生活带来严重危害；其次不选择四周封闭，特别是有高大封闭山体的地形，这种地形会限制通风，促成倒风，增加午后的温度，降低午夜后的温度，助长午后的风势，妨碍居住者和观赏者对周围的视景，影响排水系统，不利于污染气体的扩散和增加洪涝侵袭的可能性。较为开敞的地形则可促进通风，增强空气流动，视野开阔，生态景观良好。

2. 地质构造和岩石性质

中国古代的选址理论中，在对宏观环境的综合勘察时，同样包括了对工程地质的经验总结。除了地形地貌外，地质构造也是选址考虑的重要内容。古人在选址活动中，通过经验和观察尽可能地避开断层活动带。岩石节理的发育同样是在建筑选址中要考虑的问题。节理是断裂构造的一种，是岩石内部的断裂面。节理发育的岩体会加速风化作用，从而使岩石的强度大大降低。

岩石本身同样是中国古代建筑选址所考虑的因素。不同的岩石，由于其结构、形成机理、构成物质、抗风化程度等方面有不同的表现，作为建筑基础或建筑材料产生不同的效果。

(二) 水文因素

中国古建筑选址经验认为"吉地不可无水"。古人认为水是山的血脉，凡寻龙至山环水聚、两水交汇之处，水交则龙止。因此在具体选址考察中充分考虑到了各种水文现象。

古代城市、村落及集体建筑选址理论中，对水的认识除了考虑灌溉、养殖、饮用、去恶、舟楫、设险之利处，还很注重对水患的认识。"天下莫柔弱于水，而攻坚强者莫之能胜"（《老子》），古人早就认识到了水的刚柔两面性，水淹、冲刷、侵蚀等水害使人们总结出了许多合理选址和建筑防御水患等措施。较典型的例子是在河流弯曲成弓形的内侧之处，其基地为水流三面

环绕。这种形势称为"金城环抱",按五行,金象圆,且金生水;水亦为险阻,环抱之水故有"金城"、"水城"之称。这种水局之所以被认为是吉利的,除了近水之利外,还在于其地基的安全,不断扩展和环顾有情。从现代水文动力学分析得知,河流在地形地质的限定和地球自转引起的偏向力,形成了弯曲蜿转的状态,弯曲之处便有了许多河曲,由于水力惯性的作用,河水不断冲击河曲的凹岸,使其不断淘蚀坍岸,而凸岸一侧则水流缓慢,泥沙不断淤稠成陆,既无洪涝之灾又可扩展基地,发展住宅。同时,冠带状的水流曲曲如活,给人以良好的视觉感受。而反弓水被认为会"退散田园守困穷",十分不吉利。

除对河道地形的选择外,古人对水源水质非常重视。就水源来说,不外有三种,其一是井水,井址的选择考虑到水量、水质、防止污染等因素。要求井位地势干燥,不易积水,周围 20~30 米内无渗水厕所、粪坑、畜圈、垃圾堆场等污染源。其二为泉水,水质良好和水量充沛的泉水不仅是适宜的水源,而且还有净化空气和美化环境的作用,所以住宅周围有山泉者当为吉利之住宅。古书云:"有山泉融注于宅前者,凡味甘色莹气香,四时不涸不溢,夏凉冬暖者为嘉泉,主富贵长寿"。其三为地面水,如江河湖泊和蓄存雨水等,此类水污染情况较井水和泉水严重,所以水的饮用取水点基本选在聚落点河流的上游,排污点设在下游。水质要求具备清澈、透明、无色、无臭、无异味、味甘等要素。

(三) 土壤因素

按土壤的机械组成,土壤大致可分为砂土类、壤土类、黏土类三种,它们的含水量和耐压性均有差异。古代人们选择建筑房基时所说的土壤,即为建筑的基地。古建筑在选址过程中不仅注意到地下水位的问题,同时注意考察土壤的污染情况及蚁害、鼠害等。为选取最佳位置,往往根据土壤的情况进行坑探,在古代,择地好建筑位置后,为慎重起见,要开挖探井验土,这个探井在古代称为金井。

(四) 气候因素

气候的衡量指标包括温度、湿度、太阳辐射、风、气压和降水量等因素。这些气候因素对人体健康的关系极为密切,气候的变化会直接影响到人们的

感觉、心理和生理活动。古人所说的"风水宝地"总是气候宜人的，好的"风水"，必有好的气候。

古人建筑选址和建筑样式确定的过程中，既留心区域性范围的大气候，又注意到了建筑用地范围的小气候或微气候。主要考虑的因素有：

1. 太阳辐射

现代科学研究表明，太阳辐射是自然气候形成的主要因素，是建筑外部热条件的主要直接因素。建筑物周围或室内有阳光照射，就受到太阳辐射能的作用，尤其是太阳射线中的红外线含有大量的辐射热能，在冬季能借此提高室内的温度。太阳射线不仅有杀菌的能力，而且还具有物理、化学、生物的作用，它促进生物的成长和发展。虽然阳光对生产和生活是不可缺少的，可是直射阳光对生产和生活，也会产生不良影响。不同功能的住房，对阳光的需求也不同。古人往往通过调整住房的朝向、门窗的位置和大小等来调节太阳辐射对建筑物的影响。就水平面的太阳辐射情况看，北方高纬度地区太阳辐射强度较弱，气候寒冷，人们多选择能多争取阳光的地方和朝向；南方低纬度地区太阳辐射较强，气候炎热，尽量避开太阳直射时间长的地方和朝向。太阳辐射强度在各朝向垂直面上也是不同的，一般说来，各垂直面的太阳辐射强度以东、西向为最大，南向次之，北向最小，避免东晒、西晒已为人们所注重。因此，在不同的地方，建筑物的朝向是不尽相同的。

2. 气温

不同的气温对人体的作用是不同的。良好的居住环境应该有较为适宜的气温条件。现代康体气候研究表明，生活环境的气温应低于人体的温度，其阈值可在摄氏 7 至 33 度之间，最佳气温为摄氏 14 度到 27 度之间。在自然界，由于存在季节的变化，不同地区气温条件是不同的，很难找到全年符合此条件的地方。因此人们在构建住房时，在建筑的选址时尽量考虑气温的因素，尽可能避开高温、高寒的地方。必要时通过小环境的营造来调节气温。古人常用的调节小气候和气温的方法有种植花木、理水修池等。

3. 湿度

具有一定湿度的微气候环境居住，会大大改善人们的舒适性。现代康体气候研究的结果表明：在高温高湿地区，大气中大量水汽使体表汗液蒸发困

难，妨碍了人体的散热过程，有不适之感；如果气候干燥，人体散失水分过多，人体同样感到不适。一般说来，相对湿度保持在30%-70%之间为宜。古人通过建筑选址，选择大气湿度较为适宜的地方建房，或采用开挖水塘、种植适宜树木花草等来调节空气中的湿度。

4. 气压

大气对地球表面和人体都有压力，平时这个压力与人体的内压力平衡，因此感受不到，但如果短时间内气压变化大，人体较难适应。在地球上，由于海拔等因素的变化会导致气压的变化，随着海拔的升高，空气变得稀薄，气压随之下降。古人在选择建筑地时，尽可能避开高海拔地区和寒冷地区。

5. 风

风是构成气候环境的重要因素，是气流流动形成的。对风的处理不当，的确不利于人体健康。传统医学就很重视风对人体危害的研究，风被列为"风、寒、暑、湿、燥、火"六淫（六气）之首，"六气"太过、不及或不应时则形成致病的邪气。风如果冷便有害，热会感到懒惰，含有湿气则要致伤。强大的风暴还会给人们的生命财产造成巨大的损失，为利用风能和防止风害，古代中国人勤于观察，将风的性质和风向依方位时序绘作八风图，试图把握风的规律。在选择建筑基地时，既避免过冷、过热、过强的风，又要有一定风速的风吹过。因此，中国古建筑的基址一般不选在山顶、山脊，这些地方风速往往很大；避开隘口地形，这种地形条件下，会成为风口，对人们的生产生活极为不利。同时古建筑一般也不选在静风和微风频率较大的山谷深盆地、河谷低洼地等地方，这些地形风速过小，易造成不流动的沉闷的覆盖气层，空气污染严重，影响居住者的身体健康。

6. 降水及降水量

在古代，人们的生产、生活对自然的依赖是很大的。人们期盼"风调雨顺"。大气降水的多寡，不仅影响特定区域内居住者的生活环境和生活质量，同时还影响到了房屋的造型，特别是屋顶的造型和建筑材料及装饰。

在平原上，降水量的分布是均匀渐变的。在山区，由于山脉的起伏，使降水量分布发生了复杂的变化。这种变化的最显著的规律有两个，一是在一定海拔高度范围内，随着海拔的升高，气温降低而降水增加，因而气候湿润

程度随高度增大而迅速增加,使山区自然景观和土壤等也随高度而迅速变化;二是降水量,山南坡的降水量大于山北坡的降水量,因此山南坡的空气、土壤、植被均较好,是山区选址的好地点。

五、中国古建筑朝向的确定

中国古建筑对方位的要求极高。这里有自然地理要素方面的原因,也有文化传统和习俗方面的影响。由于中国地域辽阔,所跨地域从北纬4°到北纬53°,中国内陆属于典型的温带大陆性季风气候。在这样的气候条件下,为延长建筑的寿命,提高建筑内部小环境的质量,古建筑具体的方位选择显得极为重要。古代人们往往通过罗盘来确定方向,或者利用天文地理要素进行方向的确定。建筑朝向确定的主要影响因素有:太阳高度角、周边山岳的分布、风向、水流流向、建筑材料、人们的生活习惯、礼制要求、宗教和民俗等因素。

第三节 村落、宅居、寺观、城市的选址

一、中国古代村落、宅居、寺观、城市选址的理想环境

中国古代人们在总结归纳了中国山脉水系大概以及纳阳御寒的气候实利功能后,概括了一个"风水宝地"的环境模式——三面环抱,一面望野的地形,一般是位于山脚下具有一定坡度的地势较佳。这个环境模式是一种理想的背山面水,左右围护的格局:建筑基址背后有座山"来龙",其北有连绵高山群峰为屏障,左右有低岭岗阜"青龙"、"白虎"环抱围护;前有池塘或河流蜿转经过;水前又有远山近丘的朝案对景呼应。基址恰处于这个山水环抱的中央,内有千顷良田,山林葱郁,河水清明。基址背后的山峦可作冬季北来的寒风的屏障;面水可以接纳夏季南来的凉风,争取良好的日照条件,并可取得生活、生产的用水方便条件,灌溉庄稼;缓坡可避免洪涝之灾;左右围护,植被茂盛,而植被可以保持水土,调整小气候,果林或经济林还可取得经济效益和部分的燃料能源。经验表明,斜坡地形的倾斜度数一般以

0.3%~2%为好，这样即利于排除雨雪积水，防止洪涝淹没房屋，又便于交通。同时，斜坡地形可以消除视景的幽闭感，而使建筑多层次展开，景色相对平地建筑和自然景观来说更为优美。而且通风好，自然采光与日照很少受阻碍，微气候较好。地下水位低，排除污水易。在斜坡处建筑房屋还可省出大量很有价值的低地用于农业生产。总之，好的基址容易在农、林、牧、副、渔的多种经营中形成良性的生态循环，自然也就变成一块吉祥福地了。半封闭空间有利于形成良好的生态环境和局部小气候；在战乱的年代还是难攻易守的地形。总之，这种地形环境适合于我国的气候特点，以及中国封建社会以农业为主的自给自足的小农经济的生产方式，因之被称为"风水宝地"。

二、理想环境与景观构成

（一）环境空间景观

中国人自古以来在选择及组织居住环境方面就有采用封闭空间的传统，为了加强封闭性，还往往采取多重封闭的办法。如四合院就是一个围合的封闭空间；多进庭院住宅又加强了封闭的层次。里坊又用围墙把许多庭院住宅封闭起来。作为城市也是一样，从城市中央的衙署院（或都城的宫城）到内城再到廓城，也是环环相套的多重封闭空间。而村镇或城市的外围，基址后方是以主山为屏障，山势向左右延伸到青龙、白虎山，成左右肩臂环抱之势，遂将后方及左右方围合；基址前方有案山遮挡，连同左右余脉，亦将前方封闭，剩下水流的缺口，又有水口山把守，这就形成了第一道封闭圈。

（二）古建筑"小环境"景观

1. 典型中国古建筑的环境景观要素

中国古代建筑选址主要按照"气"、"阴阳"、"四灵"、"五行"、"八卦"等风水学说来考虑的，但出于"天人合一"、"天人感应"的中国古代哲学思想，古人认为人与自然应取得一种和谐的关系。追求一种优美的、赏心悦目的自然与人为环境，这种思想始终包含在古代建筑的选址观念之中。居住环境不仅要有良好的自然生态，也要有良好的自然景观和人文景观。常见的古建筑环境景观组合如下：

（1）以主山、少祖山、祖山为背景和衬托，使山外有山，重峦叠嶂，形成多层次的立体轮廓线,增加了风景的深度感和距离感。

(2) 以河流、水池为基前景,形成开阔平远的视野。而隔水回望,有生动的波光水影,造成绚丽的画面。

(3) 以案山、朝山为对景、借景,形成前方远景的构图中心,使视线有所归宿。两重山峦,亦起到丰富风景层次感和深度感的作用。

(4) 以水口山为障景、为屏挡,使基址内外有所隔离,形成空间对比,使人置身其中后有豁然开朗、别有洞天的景观效果。

(5) 作为风水地形之补充的人工风水建筑物如宝塔、楼阁、牌坊、桥梁等,常以环境的标志物、控制点、视线焦点、构图中心、观赏对象或观赏点的姿态出现,均具有易识别性和观赏性。如南昌的滕王阁选点在"襟三江而带五湖"的临江要害之地,武汉的黄鹤楼、杭州的六和塔等,也都是选点在"指点江山"的选景与赏景的最佳位置,均说明风水物的设置与景观设计是统一考虑的。

(6) 多植林木,多植花果树,保护山上及平地上的树林,保护村头古树大树,形成郁郁葱葱的绿化地带和植被,不仅可以保持水土,调节温湿度,形成良好的小气候,而且可以形成鸟语花香、优美动人、风景如画的自然环境。

(7) 当山形水势有缺陷时,为了"化凶为吉",通过修景、造景、添景等办法达到风景画面的完整谐调。有时用调整建筑出入口的朝向、街道平面的轴线方向等办法来避开不愉快的景观或前景,以期获得视觉及心理上的平衡。改变溪水河流的局部走向,改造地形、山上建塔、水上建桥、水中建墩等一类的措施,为积极的办法,名为镇妖压邪,实际上都与修补风景缺陷及造景有关,结果大多成为一地的八景、十景的一部分,形成了风景点。

2. "风水宝地"的景观特点与景观审美

通过上述分析,可以看到,依照古代建筑选址原则建造的城池、村落、建筑物,其景观构成常具有以下的特点:

(1) 围合封闭的景观:群山环绕,自有洞天,形成远离人寰的世外桃源。这与中国道家的回归自然,佛家的出世哲学,陶渊明式的乌托邦社会理想和其美学观点,以及士大夫的隐逸思想都有密切的联系。

(2) 中轴对称的景观：以主山——基址——案山——朝山为纵轴；以左肩右臂的青龙、白虎山为两翼；以河流为横轴，形成左右对称的风景格局或非绝对对称的均衡格局。这又与中国儒家的中庸之道及礼教观念有一定的联系。

(3) 富于层次感的景观：主后的少祖山及祖山；案山外之朝山；两厢外青龙白虎山之外的护山，均构成重峦叠嶂的风景层次，富有空间深度感，这种格局在景观上正符合中国传统绘画理论在山水画构图技法上所提的"平远、深远、高远"等风景意境和鸟瞰透视的画面效果。

(4) 富于曲线美、动态美的景观：笔架式起伏的山，金带式弯曲的水，均富有柔媚的曲折蜿蜒动态之美，打破了对称的构图的严肃性，使风景画面更加流畅、生动、活泼。

综上所述，透过玄学迷信的帷幕，我们可以看到，中国古代建筑环境的选择，在创造美好的居住环境方面，不仅十分注意与居住生活有密切关系的生态环境质量问题，也同样重视与视觉艺术有密切关系的景观质量问题。在这种环境设计中，环境要素、建筑功能与审美是不可分离的统一体。我们还可以看到，中国古建筑的选址与建造，实际受到中国传统的儒、道、释诸家哲学以及中国传统美学思想的深刻影响，是综合了中国文化的产物。

居住环境观体现为一个公式：日+月+风+水+人+居="天堂"

三、村落选址

"卜居"中国古代村落选址的重要特点，徽州《昌溪太湖吴氏宗谱》云："吾家宗派始自歙西溪南，自宋时，由九世祖……卜有吉地。"指的是按古代建筑环境选址的方法选择村落地址。由于古代风水中夹杂着迷信的成分，故而古人多将选择村基称之为"卜基"、"卜居"等。中国古代村落选址强调主山龙脉和形局完整，认为村落的所倚之山应来脉悠远，起伏蜿蜒，成为一村"生气"的来源。如果村基形局完整，山环水抱，就是上乘的"藏风、聚气"之地。

中国古代村落环境尤为重视水口的形势："凡一乡一村，必有一源水，水去处若有高峰大山，交牙关锁，重叠周密，不见水去……其中必有大贵之

地。"总之,"水口之山,欲高而大,拱而塞,此皆言形势之妙也"。"水口"在中国古代村落的空间结构中有极为重要的作用。水口的本义是指一村之水流入和流出的地方。在中国传统文化中,水被看作"财源"的象征,"水环流则气脉凝聚"、水"左右环抱有情,堆金积玉"。

四、宅居选址

中国古代民居的选址总是离不开"背山面水"的环境模式。归纳古代先民们选择宅基地的经验,归纳如下:"凡宅不居当冲口处,……不居草木不生处,……不居正当水流处……";"凡宅东有流水达江海,吉";"凡宅树木皆欲向宅,吉";"凡宅居滋润光泽阳气者,吉。干燥无润者,凶";"凡宅或水路桥梁四面交冲者,不吉利";"凡宅井不可当大门"。这些论述,或从生态小环境考虑,或从景观考虑,或从安全考虑,或从心理上考虑,并非无稽之谈,有其一定的实用性和合理性。

五、寺观选址

（一）道观选址

道教讲究摄生养身,炼丹羽化,从而获取人心与身的健康长寿以达到"神仙境",故特别着重于人身的内部"研究"。道观的选址几乎无一不以"四灵兽"式为准则,如安徽齐云山的太素宫,左有钟峰,右有鼓峰,背倚翠屏峰,前视香炉蜂;江西龙虎山道观左为龙山,有为虎山。尽管道教以四神兽为保护神,这种地形模式的选取与风水的影响有关。

（二）佛寺选址

佛寺的选址也一样,《普陀洛迦新志》向我们展现了佛寺选址的基本情况:"后山系寺之来脉,堪舆家俱言不宜建盖,常住持买东房基地,与太古堂相易,今留内宫生祠外,其余悉栽竹木,培荫道场,后人永不许违禁建造,其寺后岭路亦不得仍前往来,踏损龙脉……犯者摈治。"更为奇特的是,《天台山方外志》与《明州阿育王山志》这两本书中关于山源的考察进一步论证:"山有来脉,水有来源,犹人身之有经络,树木之有根本也。水以地载,山以水分,考山犹当考水,知水之所由,后能知山之发脉也。故堪舆家之言风水

云：乘风则散，界水则止。山岂为风水之止散？盖山之为气，风则散，水则止耳。"

佛寺选址的总原则亦是"四灵兽"式模式，可用下面两句话形容其特点："环若列屏、林泉青碧"，"宅幽而势阻，地廓而形藏"。如浙江天台国清寺、宁波天童寺等皆如此。

六、城市选址

中国古代城市选址注重都邑的脉络形势，几乎成为一种传统。城市大小不同，其脉络形势也有异。古代城市所处的环境特点有两个明显的交通优势：一是受河流环抱能获舟楫之便，二是处于一定的区域中心，除水路顺便外还是陆路的要道。古代城市典型空间模式是要求后有镇山，左右有砂山护卫，前面有碧水环绕，模式本身就具有一定的防御功能。

中国古代城市的兴起，也主要是缘于政治和军事的原因。《易经》中有"设险以守其国"之语，古代兵书中指出："故为城郭者，非妄费于民聚土壤也，诚为守也"。所以，古代城市除本身筑有城墙之外，在选址时还要选择固险之处，同时又遵循风水所要求的山水条件。中国古代多数城市都是以风水所具备的山水环境为第一道防线，以城墙为第二道防线。

我国历代古城，都依据一定的基本原则。如古都和文化中心洛阳，明、清两代国都是按古代风水原理建造。明代的紫禁城，南北向对称，门朝南开，之所以取朝南坐北，是因为来自内蒙的大风常挟带漫天黄沙的侵扰以及严寒奇袭的缘故，护城河环绕紫禁城，水经过主门入口，象征财源滚滚，太和殿、中和殿、宝和殿以及其他建筑都背靠一座假山，这种背景方式意味着护卫，有助防风防潮。太和门是通向第一座宫殿的大门，它寓意深远地坐落在金水河前，其正门有九大柱廊，"九"象征福寿参天，整个宫殿群落都以吉祥色调和花纹加以装饰，龙是阳气的象征，珠是阴的平衡，四脚兽与鲜花均是鸿运和辉煌的预兆，形成一幅好山好水好气魄的风景画。以北京为例，北京在历史上曾经是金、元、明、清数代都会。早在南宋时期，理学大师朱熹就指出："冀都天地中间好个风水。山脉从云中发来，云中止。高脊处，自脊以东之水，则西流入于龙门、西河；自脊以东之水，则东流入于海。前面一条

黄河环绕。右畔是华山，耸立为虎。自华山东来为嵩山，是为前案。遂过去为泰山，耸于左是为龙。淮南诸山是第二重案，江南诸山及五岭又为第三、四重案。"这段话是把北京作为一个全国性大都会来言其形势的。

第四节　建筑环境的改造与建筑小品鉴赏

在自然界，完全符合选址要求的自然环境是不多的。面对这样的"难题"，我们的祖先们通过长期的实践和研究，总结了一套被人们所普遍认识并运用的改造所谓"不良风水"或称"化煞"的方法，这些方法就是在中国古建筑中，经常会看到的许多特殊的附属建筑或建筑小品。对于这些建筑小品或附属物人们在游览审美过程中较难理解，而这些建筑的或建筑的改造，往往与中国的传统文化有关。

一、常见的人工改造和补救办法简介

在实际的建筑实践中，少有古建筑的环境及建筑本身完全符合中国古代建筑风水要求的。风水学说认为地理上的不足，有些可以通过人工来进行改造和补救，有如下几种办法：

（一）开渠引水或筑塘蓄水

对于缺水的地址，宅前筑塘蓄水，便形成了一个符合传统观念模式的住宅环境，背靠来龙主脉，左右有护砂，前有明塘。如宅前有溪水经过，来水急躁，宜筑坎坝，缓急而留之，如来水"撞城反背"，可将河流改道，使其成为环护状。通过人工对水环境的改造，形成山水相宜的、优美的建筑环境景观。

（二）培龙补砂

如果背山较低，或缺失，可用人工挑土垫高填补，并于其上植树，增加高度，以达到避风、调整温度湿度和降温的目的。如南方一些地区的居民，在房屋后面，人工培筑一个"衣领围子"，其上植树木或竹等。调节了小气候，为建筑增添了绿色环境。

（三）修补住宅

如改变原住宅的大门朝向，改变门窗的大小尺寸，改变住宅内部的布局。对于正对大道或大街的住宅，可采用建照壁的办法加以遮挡，照壁建在门外或门内均可，其用意一为挡风，二为避煞，同时也符合中国传统的曲径通幽的审美要求。

（四）花草树木调整

古代建筑环境对绿化有许多特殊规定。树木种植的总规则是力求舒适，借此减少来自大路上的嘈杂混乱和灰尘污浊，给人以宁静的环境；但树木又不可太多，如不可在大门前种大树，因为大树在门前不但隔挡阳光阻挠阳气生机进入屋内，同时屋内的阴气也不易排出。在树种选择上，古人有"东种桃柳（益马）、西种栀榆、南种梅枣（益牛）、北种柰杏"、"中门有槐，富贵三世，宅后有榆，百鬼不近"、"宅东有杏凶，宅北有李、宅西有桃皆为淫邪"、"门庭前喜种双枣，四畔有竹木青翠则进财"等等说法。这些说法貌似无稽，却颇有科学道理，既符合树种的生殖特性，又可满足改善宅旁小气候以观赏的要求。住宅周围有物体尖角，利用仙人掌和仙人球进行调整。在窗外或门外对着尖角的方向摆放仙人掌和仙人球，用来阻挡所谓的"煞风"。古代人们在建筑周边或庭院内种植花木也有一定的规律，典型花木分析如下：桃树、柳树喜欢温暖和阳光，树冠小，因此这两种树宜于种在住宅的东面。反之，既不利于树的生长，亦不能起遮阳避暑的作用。梅树树干不大，不阻阳气又为"岁寒三友"之一，故宜种于住宅的南边，有利于树的生长又便于观赏。杏树不耐涝，如积水时间过长，就会落叶枯死。一般说住宅的东面水分较足，故杏树多不种于宅东；但因为杏树十分耐寒，故可将之栽于宅北。李树素有"向阳石榴红似火，背阴李子酸透心"之谚。它对水分的要求极高，只能栽在土壤温润，阳光充足的朝南地带才能结出色艳味美的果实；若栽到背阴地，则果实色劣或迟熟，酸性大，品质差，故宅北忌种李树。槐树喜光不耐阴，故宜种于住宅南面。榆树速生，枝叶繁茂，种于宅后有利于防风御寒。特别有意味的是榆树具有极强的吸附毒气、烟尘的性能，种于宅后西北方能够净化空气（如烟囱污染等），故有"百鬼不近"的说法。枣树在我国的培栽历史悠久，古人常将之作为祭祀宗庙的珍品和初婚见面的礼物，因而将

之栽于南门前象征吉祥，给人慰藉。

二、古建筑中常见的环境建筑小品和建筑饰物

一切民俗都潜在着禁忌，同时又渴望着消除这种禁忌。在中国的乡村，这种消除常常借用一些特殊的方法和手段来完成，如用特殊的数字、色彩、形体以及有力的符镇手段——石敢当、太极八卦图、山镇海、照妖镜、符镇图案与文字等等。而这些内容成为了建造小品和建筑装饰，成为今天人们游览古建筑时的主要观赏对象之一。常见的建筑小品和装饰有：

（一）石敢当、山镇海

石敢当即一块长方体石碑，或嵌入墙中或独立而置，上刻石敢当三字，有的又刻作泰山——石敢当，或泰山石敢当。石敢当三字意味着所向无敌，可镇百鬼、压灾殃。山镇海与石敢当形制和作用相似。

关于石敢当，有传说源于黄帝时代，蚩尤残暴，头角无人能敌，所向之物，玉石难存，黄帝屡遭惨败。某次蚩尤登泰山而渺天下，自称天下谁敢当，女娲遂投炼石以制其暴，上镌"泰山石，敢当"，终致蚩尤溃败，黄帝乃遍立泰山石敢当，蚩尤每见此石，便畏惧而逃，后在涿鹿被擒，囚于北极，从此"泰山石敢当"成为民间辟邪神石。

（二）"S"图形

即太极图案，太极图案广泛应用于建筑物各部位如门上、正梁中、屋顶等等。S形线分出的一虚一实，一阴一阳，象征着旋转不已，生生不息，又衍生出许多美的构图。它具有震撼凡人的神力，亦带观者进入神秘的境界。

（三）大铜钱

含义为出入平安

（四）金元宝

以生财旺财为主，多以一对并用，用法有二：一是将一对金元宝放在全屋最大之窗口或窗台上，左右角各放一只，目的为把窗外之财吸纳进来，窗口越大财气越旺。二是放在大门入屋斜角之角落，此处藏风聚气，亦是财位，放上一对金元宝以加强招财进宝之气。

（五）狮子

在中国传统的习俗里，狮子被公认为百兽之王，勇不可当，威震四方，不但避邪而且还可以带来祥瑞之气。故此自从唐代以来，中国人习惯在大门的两旁摆放石狮，用来镇宅治邪，使门外的邪魔妖怪不敢入屋肆虐。

石狮子——瑞兽一种，过去不少大户人家均摆放一对在门口。

铜狮子——一般将之放置在西面向大门位置，凡是路相冲或开门见灯柱者合用。

（六）铜羊

其性质为祛病减灾及增加物财，因羊取"赢"音。

（七）大象

大象善于吸水，水为财，凡家居大窗见海或水池，均称之为"明堂聚水"，代表吉祥如意。

（八）八卦罗盘钟

以八卦为钟面，包括阴阳、五行。

（九）麒麟

麒麟与龙神、神凤、龟神，在古时被称为四灵兽。麒麟可作为招财添丁。

（十）龙

龙在中华民族的心目中，一直占有很崇高的地位，所谓"四灵"的龙、凤、龟、麟，它便占了首位。

以上这些民俗化煞法，集中表现了人们趋吉避凶的心理，就犹如在春节佳日时，在大门上贴上春联、倒福字和门神，在屋内外挂上灯笼一样，都是人类向往美好、平和、幸福生活的表现。

中国古代建筑环境选择的理论与实践中，相当一部分内容是关于心理学方面的。传统住宅中常用一些祈福欢庆的装饰，使人获得喜悦、愉快的心理感受；也有以三纲五常为主题的教化装饰内容，叫人时时耳闻目濡，潜移默化儒家的礼制仁爱思想；还有一些受风水迷信思想影响而贴符念咒、置辟邪物等特殊饰物，这是企图消灾解厄的风水图谶观念的流露。

第四章 单体古建筑游览与审美

中国古建筑重视群体组合，凡是群体，都由两个或两个以上的建筑个体构成。传统古建筑美包含整体美和单体美，而整体美是由单体美所构成的。因此人们赏析古建筑，必须从基本构架和基本建筑门类开始，进而体验群体之美。中国传统古建筑一般是以土木为材，每一座单体建筑的造型可分为三部分：即台基部分、屋身（包括立柱、墙体、门窗等部分）、屋顶。中国古建筑的各种装饰手段、文化内涵等都是以这三个部分作为承载的主体。各个部分又由许多细部构件所组成，了解这些细部构件及其处理对认识和理解中国古建筑有着非常重要的意义。

在进入以古建筑为主体景观的景区和景点，人们品味和观赏单体建筑时，游览审美的过程为：首先把握建筑单体的造型与结构特点，继而赏屋顶、登台基、品雕栏、观屋身……

第一节 单体古建筑的结构特点概述

中国传统古建筑的一些主要细部处理方式、方法决定了单体建筑的规模、体量、造型以及建筑各主要部件与构件的尺寸、大小及相互关系。在具体品赏单体古建筑前，有必要对单体古建筑的结构特点进行一定的归纳分析，熟悉相关的建筑称谓，这是游览古建筑，对单体古建筑审美的基础。

一、中国传统古建筑基本以"间"为单位组织单体建筑的空间

中国单体古建筑的建筑平面多为长方形，也有正方形、多边形、十字形、工字形、圆形、扇面形及梅花形等。不同类型、功能和等级的建筑物其建筑平面各有不同。单体建筑平面组成的基本单元是"间"，前后各两根柱子围合

的空间为一"间"。间是建筑平面宽度、深度的度量单位，常以间表示建筑物的大小。在最常见的长方形建筑平面中，一间的宽度即为与梁架垂直方向两个相邻柱子中心之间的水平距离，称为"面阔"或"开间"。整座建筑横向各间面阔的总合称为"通面阔"，建筑物面阔方向有几间，即称为该建筑为几开间。一间的深度即为与梁架平行方向柱子之间的水平距离，成为"进深"。纵向各间进深的总合为"通进深"。通面阔正中间的一间称为"明间"，依两侧排列顺序为"次间"、"梢间"、"尽间"，山墙外有廊而无围护结构的称为"廊间"。

二、建筑单体以"大式"、"小式"为确定具体瓦、木、石选择运用等做法等级的重要区别

大式建筑一般是指建筑规模较大、等级较高，构造较为复杂，做工要求精细，多为带斗栱的建筑，多用于宫殿、城楼、衙署、宗教建筑及皇家陵墓等的建造，小式建筑则反之。除了有无斗栱为大小式建筑的主要区别外，在建筑的屋顶、用料、台基、彩画等及各部位的瓦作、木作、石作及油活的各种做法都有大小式的严格区别。

三、单体古建筑以"材分"、"斗口"、"柱径"和"柱高"为建筑的基本模数单位

宋代前后以"材"作为建筑物及其构建规格尺度的基本模数单位，这在宋代的《营造法式》就有相应的规定，有具体的"材分"制度。在材分制度的基础上后来演变为以材厚也就是以口分也称为斗口为模数单位。斗口是指平身科斗栱的座斗上安装翘昂的卯口宽度尺寸。传统古建筑中带斗栱的大式各类建筑构件的尺寸都是以斗口为模数来确定的。柱径与柱高的规定相对灵活，大式建筑的柱高通常为柱径的十倍即六十斗口。其他部件的尺寸又以柱径和柱高来确定。

四、单体建筑物以"间架"为屋架木构件体系的基本构架单位

间架是用以说明建筑体量大小比例的，间为建筑平面的数量单位，架为建筑断面的数量单位，间架是木结构的基本构成单位，间架的大小是按承托

檩（桁）的数量来区分的。架的大小表明浇筑规格的大小，也体现建筑的等级。

五、单体建筑以"步架"、"举架"、"举折"为决定屋顶曲线造型的主要计算方法

步架是指梁架上相邻两檩（桁）之间的水平距离，檐檩、金檩、金檩之间的步架距离在清式建筑中是相等的。举架式清代补步架为比例处理屋面曲线的计算方法。举架的多少依建筑的大小、等级和檩数的多少确定。举架式从下面的檐檩向上推算，分别算出每步架的举高。举折是宋代处理屋面曲线的计算方法。

六、单体建筑以"收山"、"推山"为庑殿、歇山屋架的重要做法以确定其屋顶造型

收山是指歇山建筑山花板位置由山面檐柱向内收进一段距离的做法。推山是指庑殿建筑正常正脊向两山推出二加长使垂脊形状弯曲的做法。

七、单体建筑以"檐出"为确定檐口和台基出檐尺寸的依据

檐出分上檐出和下檐出。上檐出是指屋檐伸出的距离，下檐出是指台基自檐柱中心向外伸出的尺寸。上檐出和下檐出尺寸之差称为"回水"，是为了使屋檐的雨水滴落在台明以外的距离，从而起到保护台明的作用。

八、单体建筑以"起翘"、"斜出"为屋顶翼角造型的主要做法

"起翘"是指庑殿、歇山、攒尖类建筑屋顶立面的屋檐转角不是水平直线，而是有向上翘起的曲线，屋顶平面的转角也不是直线，而是转角向外伸出的曲线称为出翘，也称斜出，这是中国传统古建筑屋顶翼角双曲线造型的独特做法。

九、单体建筑物以"生起"、"收分"、"侧角"为柱子，是使屋架保持稳定性的重要措施

生起是指建筑的柱子由明间向两侧逐渐升高而明间柱子较低、角柱最高的做法。收分是指圆柱由上向下按一定规则逐渐缩小的做法。侧角是指外檐

柱向内倾斜的做法。

十、单体建筑物以"榫卯"、"梢"为建筑构件之间节点连接的主要方法

中国传统建筑木构件之间的连接一般是采用榫卯结合的方式连接的。在两个木构件结合处,凸出的部分称为榫或榫头,有时也称笋或笋头,凹入的部分称卯,又称卯眼或卯口。将有榫头的木构件插入凿有卯眼的木构件中,使两个木构件牢固地结合在一起,增强了木构件之间的连接作用。隼卯是靠构件相互间的阴阳咬合来连接构件的方法。隼卯技术充分体现了我国先民卓越的创造力,它不但是日后成熟的中国古建筑木结构建筑体系的技术关键,也是这一体系区别于世界其他古代建筑体系的重要特点之一。

梢也称梢木、拴木,是断面小、硬度大的小块木构件,在大木构件架中使用,为使两根平行的木构件连接在一起,防止上、下构件之间发生错位歪斜,在大额枋与平板枋之间、老角梁与仔梁之间、桁与垫板之间、垫板与枋之间都有梢木。梢木构件虽小,但他不仅在固定构件、结合牢靠方面起到了一定的作用,而且在构件造型方面也起到了非常重要的作用。

中国传统古建筑中,一座大木构架建筑是由数十根乃至数百根大木构件组成,仅在少量的部位用钉子、铁箍连接,在大多数的木构件之间均采用构造合理、连接成熟、制作精巧的榫卯连接方式。这样能使整个木构架坚固稳定、刚柔相济,对抵消水平推力起到一定的作用,因此,还是一种较好的抗震结构。

十一、单体建筑以"吻兽"为屋顶的重要构件

十二、单体古建筑以斗栱为大式建筑的独特构件,复杂多样的斗组合造型丰富,体现了建筑等级。

十三、建筑以"和玺"、"旋子"、"苏式"彩画为建筑装饰画,并表明建筑的等级。

十四、传统古建筑以"地仗"、"油饰"为木构件防腐处理的主要措施

地仗是中国传统木构架防腐、防火处理的独特做法,就是在木构件刷漆

之前，将桐油、血料、面粉、砖灰、麻或麻布等搅合在一起，采用多层灰料夹麻敷在木构件上形成坚固的灰层保护壳做成地仗。不同的部件使用的灰与麻的比例不尽相同。在木构架做完地仗后上油，传统的做法是将桐油熬制成光油加入色料即可。

十五、单体古建筑以"干摆"、"丝缝"、"淌白"为墙体砌筑的基本做法。

十六、单体古建筑以"柱顶石、阶条石、角柱石、须弥座、踏跺石"为组成台基石的主要构件。不同性质及等级的建筑台基的构件尺寸和做法不相同。

十七、"匾额"、"楹联"作为表述建筑性质、性格和意境的独特装饰构件，它体现了中国特有的建筑文化，是传统古建筑中不可或缺的组成部分。

十八、实用与装饰相结合的色彩，成为标志建筑等级、特性及风格的要素。

十九、利用具有"寓意、象征"功能的装饰部件，体现并加深了建筑的文化内涵，以特有的语言符号表达房屋建造者及拥有者的思想与文化。

第二节 美丽的大屋顶

中国古建筑以高台基、木构架、大屋顶著称于世。林徽音曾指出："在外形上，三者之中，最庄严美丽，迥然殊异于他系建筑，为中国建筑博得最大荣誉的，自是屋顶部分。"在一座单体建筑物的屋顶、屋身、台基三个组成部分中，屋顶给人的印象与直观感最为深刻，并且在历史的陶冶中颇多变化。"在世界建筑大观园中，建筑文化形象尤感人的部分，当推中华大屋顶的反宇飞檐——中国大屋顶。"中国古建筑屋顶的独特做法和独特的形象，被诸多外国建筑学者称为"盖世无比的奇异现象"。俯视传统城镇，扑入眼帘的是一片瓦浪，隐没在其中的屋脊和飞檐翘角，玲珑古朴，气势张扬，加上屋脊上的龙蛇鸟兽等装饰及瓦当上的植物纹、几何纹、雷纹、人形纹等，令人心旷神怡。若将视面扩大到支承屋顶的梁柱上部，展现在游人眼前的是一个琳琅世界：彩槛雕檐，绣甍画栋，使人眼花缭乱。这些屋顶耗尽一代又一代古工匠

们的毕生心血，支撑起中国建筑的辉煌。

一、大屋顶样式的特征

从世界建筑数千年的发展历程中，我们可以看到各国、各民族、各地区在各个历史阶段中均以各自的美学法则和鉴赏力，对屋顶的表现形式投入了极大的创造热情。在欧洲，屋顶的样式往往是一种建筑流派的明确标志和精神内涵的集中体现。雅典人在造型简洁的人字顶的两侧山墙部分，以他们最优秀的雕塑家的作品来展示希腊民族的精华所在；罗马人在万神殿的栱顶上贴满了黄金，表现出他们宏伟和豪华的文化特质；哥德式教堂曾用极富向上动感的尖顶，引导人们对天堂的向往……欧洲人以断代性极强的各种屋顶造型，表现出轰轰烈烈的建筑发展过程，由此也易给人造成一种错觉，似乎以中国为代表的东方建筑的创造力不如西方人。其实不然，纵观中国古建筑的各式屋顶，我们不难发现，中国的屋顶样式不仅在种类上比欧洲的多，而且还表现出很好的统一性和承继性。中国古建筑屋顶样式表现出得主要特征有：

（一）举折高大，高耸而形成两面坡

举折高大的举是指屋顶的高度，折是指以人字顶为基础的各类屋顶样式的各块坡面向下凹曲之折线。中国古代屋顶的高度不是随意确定的，而是与建筑进深的尺度相联系的，不过各代的比例关系是不同的。

《考工记》中有关记载表明，在战国时，对草屋顶和瓦屋顶的不同坡度处理已有一定的社会性规范。汉代的画像与陪葬明器上显示出当时屋顶的坡面还是比较平缓的，屋顶举超的高度有限。在汉代的碑石和陪葬明器上有许多信息还表明当时的屋面平宣，并无向下凹曲之折线。南北朝时的屋顶亦是如此情况。

因受"步架向内叠减，举架向上叠增"的屋架结构法的影响，从唐代起中国古建筑的屋面出现向下凹曲之现象，这一现象的发展规律是：朝代越后，其屋面凹曲的折线也就愈强化，屋顶的举起也就越高，屋顶在建筑的整体尺度中变得越来越大。屋面的凹曲现象在高等级的建筑上和民居建筑上都有相应的表现。

唐朝遗留的一些古建筑实例表明当时屋顶的高举与建筑进深的比例关系为1∶6，宋代的屋顶在整幢建筑的比例上要明显的比唐代的为大；宋代屋顶的举高与建筑进深的比例关系已达1∶4至1∶3，在清代，一部分屋顶的举高与进深的比例已达到1∶2，屋顶在建筑的整体比例上已远大于屋身，故欧洲人称中国古建筑为大屋顶建筑是颇为形象的。上述的各种比例关系是指宫殿、寺庙等一类高等级的建筑而言。民居建筑的屋顶一般举高较低，各时代的差异不是很大，这从许多古画中也可得到印证。因受气候条件的影响，北方民居屋顶的举高相应要低于南方民居。

（二）屋盖宽大，出檐深远

中国古建筑的屋顶形式以人字顶为基础，在数千年的发展过程中作了种种引申和变化，创造了丰富多彩的屋顶样式，为西方建筑所不及。中国古建筑的大出檐屋顶不仅构成了立面造型的一个显著特征，而且在功能上亦有种种好处：

1. 遮雨水

大屋顶可以保护房屋周围的土地不被雨水过于泡软，以坚固地基，保护夹泥墙或板墙不被雨水侵蚀，以延长它们的使用年限，还可防阻雨水对砖墙的渗透。

2. 挡阳光

在夏天时可防阻炎热阳光对室内或屋身的照射，因此南方建筑的出檐一般大于北方，这也是气候条件使然。

古建筑上的出檐距离大于台基伸出屋身的距离，即古人所说"上沿出大于下沿出"。古代出檐的方法共有三种：用椽出檐；用挑出檐，其中有单挑出檐、双挑出檐、三挑出檐等手法；用斗栱出檐。

（三）翼角超翘

我国古建筑的檐部结构是世界上独一无二的，檐部不仅向各挑出，而且还顺着屋面的凹曲折线逆向翘起，尤其是屋顶的四角更是高高翘起，它的形成并不是由意识形态决定的，而首先是建筑实用功能发展的结果。翼角超翘的实例最早见于唐代。唐、宋时由于受梁柱构架"侧脚生起"的影响，故檐部从中间向两边缓缓翘起，连屋脊也从中间向两边缓缓起翘。

唐以前，我国古代木构建筑都是版筑土墙，因此，在黄河中下游地区，主要的问题是雨季的防雨，尤其是在木构架的基部要避免雨淋。于是建筑的发展一方面是抬高基部，形成高台建筑；另一方面是加大出檐，荫蔽基部。为此在西周时斗栱开始出现，它有效地加大了出檐。但是，出檐深远，屋檐的重量就加大，特别是四个檐角更甚，于是出现了角梁。随着斗栱的缩小，角梁悬挑增大，促使老角梁断面加大，这样由于顺应角梁断面的增大和后尾托于金桁之下，于是形成了前端上翘的构造特点，角梁结构的发展使平直的屋檐线到转角处成为一条柔和向上的曲线。这种翼角结构也使屋顶造型更加优美，消除了大屋檐给人的压抑感。从大屋顶的深远出檐、凹曲的屋面、反宇的檐部来看，它还起到了排泄雨水、遮蔽烈日、收纳阳光、改善通风等诸多功用。《考工记》上说"吐水疾而远，激日景而纳光。"点明了此手法在功能上的二大好处。当举折高大时，此手法还可防止瓦片下滑。

明、清时屋脊与檐口均平直，檐部是从四个角柱部位向上起翘的，给人以突然起翘的感觉。在明、清的江南园林建筑上，几个屋角的起翘往往表现得非常强化，显示了地域文化的一些特点。一般情况下，南方建筑的翼然起翘表现得比北方建筑要强化一些。

（四）檐下斗栱

檐下斗栱是力学结构上必不可少的构件。在理论与审美上，斗栱都是一种重要的饰件。

（五）檐下斗栱较少雕塑装饰

斗栱源于实用，因此建筑环境中较少雕塑装饰，若有装饰，则多集中于大屋顶上。

二、大屋顶的成因分析

中国大屋顶的发展经历了漫长的历史演变过程，渊源很早。6000多年以前的半坡人对于屋顶的处理就表现出非凡的创造力。在中国古建筑的形成早期，无论是穴居还是巢居，为了遮挡风雨，其上部总有一个类似于后代屋顶式样的东西。其材料构成有树冠、树枝叶、土层等，这些都是屋顶的早期雏形。《易经》云："上栋下宇，以避风雨"。屋栋在上，而立柱支撑一个

"人"字形两檐下垂的屋顶,这是中国古建筑的基本要素。这里所谓的"宇",即屋顶。而对大屋顶的成因,学术界存在不同的看法:

(一)自然崇拜说

1. 山岳、植物崇拜说

西方有的学者认为,中国建筑物大屋顶的"反宇"形式的形成,是受了山岳崇拜文化的影响,认为山峰之高耸,必然激发了中华原始初民的文化灵感,故以屋脊耸起之造型模仿山岳之崇高。

有的学者认为是对植物的崇拜而导致的。有专家推论分析,模仿自然是原始人的重要创作方法。我国古人主体的生活环境基本地貌是山林沼泽。他们开眼见山、林和水体,梦中还是山、林,水体。山体是斜的,水是流动的。一阵大雨,千峰挂瀑,万川泻玉,宿雨之后,雨珠把树叶压斜,扑簌簌往下掉水,一块积水的石板,一边抬高,积水就流掉了。人们用树叶树皮当雨披,只要一抬手产生斜面,雨水就抖落得快。长期观察和实践,得到了斜坡滑水的概念。

2. 动物崇拜说

"如跂斯翼,如矢斯棘,如鸟斯革,如翚斯飞"。这是《诗经·小雅·斯干》中描写周代宫殿建筑的句子。句中的"翼"、"鸟"、"革"、"翚"、"飞"等字,很自然地使人把《斯干》所描写的宫殿建筑与鸟类联系起来。古人之所以能把建筑与鸟类相比,其原因是坡顶建筑形态与凤鸟图形在形式上的偶合。

(二)天幕(帐幕)发展说

主张"欧洲中心"说的人认为,中国大屋顶是西方经中亚西亚或塞北游牧部落原始天幕(帐幕)的模仿与改制,认为原始游牧部落原先住在帐幕之中,来到中原定居后,把帐幕改为了大屋顶。这一观点至今没有丝毫的考古证据支持。根据考古与史料记载,中国大屋顶形制早在春秋、战国就已经成熟。因此所谓的"天幕"发展说是没有根据的。

(三)实用说

英国著名学者李约瑟在其《中国科学技术史》中指出:"不论我们对帐幕学说的想法是怎样,在中国向上的翘起的檐口显然是有其尽量容纳冬阳和

减少夏日的实用上的效果的。它可以减低屋面的高度而保持上部有陡峭的坡度及檐口部分有宽阔的跨距，由此而减少横向的风压。因为柱子只是简单地安置在石头的柱础上而不是一般地插入于地面下，这种性质对于防止它们移动是十分重要的。向下弯曲的屋面另外一种实用上的效果就是可以将雨雪排出檐外离开台基而至院子之中。"

（四）技术结构说

刘致平《中国建筑类型及结构》一书指出："中国屋面之所以有凹曲线，主要是因为立柱多，不同高的柱头彼此不能划成一直线，所以宁愿逐渐加举做成凹曲线，以免屋面有高低不平之处。久而久之，我们对于凹曲线反而以为美。"

（五）美观说

这一观点认为屋顶之所以呈反宇飞檐式，其心理根源是追求美观。日本伊东忠太就持这一观点，国内有学者也同意此观点。他们总的看法是以为中国人更喜欢建筑曲线美之故。

归纳上述说法，可以说中国大屋顶形制的起源，具有复杂而深刻的文化根源，它与人类的实用、崇拜、认知与审美均有关系，而不能仅从某一方面去看。而且，其中追求实用这一点，无疑是基本的。从实用这一基本点出发，由于土木这种特殊建筑材料的性能与局限，决定了大屋顶种种技术、结构的形成，由此造成其独特的审美风貌。

三、中国大屋顶发展的文脉轨迹

（一）发展进程

中国大屋顶的历史十分悠久。大屋顶从产生、演变到定型，绝非朝夕之事，从文献和传说中可知，它起源于新石器时代，到春秋战国时期才基本定型。大屋顶形制在中国建筑文化史上沿袭了数千年，走过了一条由简入繁、由繁化简的道路。

夏代已经有宫殿、宗庙建筑，布局为廊庑式，夯筑台垣，重檐四坡，没有砖瓦，"以茅盖屋"（《大戴礼·明堂》）；殷代宫殿建筑也没出现砖瓦，仍处于夯筑台垣的"茅茨土阶"阶段，屋顶为"重檐四阿"；西周的建筑，平面

布局已经规范化,屋面已经完成了由茅茨到敷瓦的变革,西周晚期大屋顶的屋角有"翼角"之称;春秋战国时期,建筑的功能发展到不只是为避风雨,而更追求华美的特点,"台榭高大,飞阁相连,皆雕镂图画,被以绮绣,饰以丹青,穷极文采"(《赫连屈子传》);秦汉时期,大屋顶风行天下,在宫殿、陵寝、园林建筑、寺庙和阙等建筑上,几乎到处可以见到大屋顶的踪迹;魏晋南北朝,反宇飞檐的大屋顶已成为建筑屋顶的通常式样,隋唐时期的大屋顶厚重而舒展,大气磅礴,而且出现了不同的样式,唐代建筑屋面呈现反翘弧线,表现出技术结构与建筑艺术的统一,斗栱成为建筑立面的注意中心,有丰富而强烈的装饰性;宋代大屋顶则趋向优美、秀丽,屋顶坡度有了变化,规定房屋开间与进深愈大,屋顶坡度愈显陡峭,使宋代大屋顶在优美之中透露峻肃之气,宫殿屋顶由琉璃瓦铺砌,灿烂而辉煌,瓦饰丰富,造型秀婉,斗栱趋于小型化,北宋《营造法式》问世,中国大屋顶做法遂成定制;元、明、清时期,总的趋势是大屋顶造型向峻严、耸起方向发展,大屋顶的伦理色彩更为强烈,屋顶式样有了明显的等级划分,各类屋顶装饰往往趋于理性化而少了些生气。

(二)大屋顶发展的社会背景和技术条件

1. 社会背景

人的生活环境决定思维指向,而思维指向影响行为方式。古人的视觉环境,白天放眼四望,尽是些自然景观,夜晚没有人造光源,只见天上的星星在闪烁。白天所见之处,一般说可以到达,夜晚所见天象,则遥遥无垠。因此,太阳、蓝天和星空便成为人类最早的思辨对象。大家都往天上想,空间意识也从头顶开始。这样住在房屋里的人,自然就较多注意上部了。也正是这个原因,使人们崇拜的对象多在头顶,如龙与凤,既是当时中国大地上高高飞扬着的两面光辉的图腾旗帜,又是最为引人注目的美的象征。

器物文化在社会变化中是一种主动力量。古代的居住图式,是集祭、卜、祀、社、屋为一体的。人们几乎每天使用这些器物纪念祖先,卜测凶吉,祈祷国家社团富强,默念老天保佑等等,其虔诚之心是今人不能比拟的。久而久之,就产生了一种深刻的观念和审美心理定势。建筑作为另一门造型艺术,势必受它的影响,以仰视的眼光进行创作,把精力放在顶部。

还有一个重要的社会背景是：西周时期，建筑已经有了一套制度，国家对建筑的规模加以严格限制。这些制度和规范，如同绳索捆住了匠人们的手脚，他们只得在屋顶上做功夫了。

2. 技术条件

中国古建筑，作为一门以木头为主要材料的器物文化，在跨越了以实用为主的阶段后，必定要付诸美的追求。从技术发展的角度分析，以铁件为主要加工工具，和以木头为主要建筑材料，是大屋顶发展的物质技术条件。木头有韧性又易于加工，但是古代的加工工具和力学知识有限，人们难以将木头任意弯曲和化学加工，故建筑平面和空间主体是方形的。又因地面实用之需要，不可能牺牲很多空间进行室内分隔组合，因此，上部空间就成为艺术创作的方向。人们对原木只能进行直线式的机械加工叠合，遂演化出中国的大屋顶。

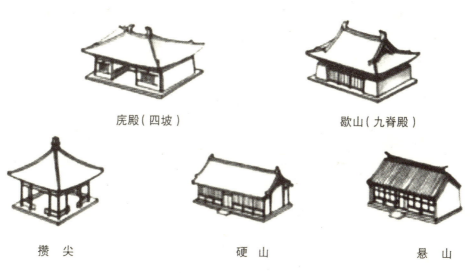

庑殿（四坡）　　　　　　歇山（九脊殿）

攒尖　　　　　硬山　　　　　悬山

四、大屋顶的形制

中国古典建筑屋顶形态上的最大特点就是一个字——曲，包含曲檐、曲脊、曲坡。这"三曲"使得屋顶的样式发生了多维的几何形态变化，从而构成了一个多曲线、面的空间曲态体系。它蒙启于汉、晋，成熟于南北朝，精巧于唐，非常奇妙，独步世界。

中国大屋顶的形制多种多样,在历史、文化的发展进程中,不同的形制具有不同的伦理品格,其中较有代表性的以下几种:

(一) 庑殿顶

又称为"四阿"顶、或"四注",即此顶可供四边溜水而命名,是中国建筑文化中伦理品位最显贵的大屋顶形式,其屋脊基本为大式做法。此种屋顶样式历史非常古老,它在商代的甲骨文、周代的青铜器上都有反映。实物则以汉阙和唐代佛光寺大殿为早。它的出现先于歇山顶,在封建等级制中,它成为第一等级的屋顶式样,一般用于皇宫、庙宇中最主要的大殿,有单檐和重檐两种,特别重要的单体建筑用重檐,典型的如北京故宫的太和殿。

形制:单檐的有最顶部的一条正脊和四角的垂脊,共五脊,故又称五脊殿。正脊与四条垂脊组成四坡顶,两山做成斜坡顶,与前后坡屋面成45度相交。垂脊脊端微微上翘,使垂脊呈优美的弧线。正脊两端分设正吻(鸱吻),具有避邪的含义,后发展为审美饰物。重檐的另有下槽围绕殿身的四条博脊和位于四角的角脊。

审美特征:简洁的四面坡,尺度宏大,形态稳定,轮廓完整,翼角舒展,表现出宏伟的气势,严肃的神情,强劲的力度,具有突出的雄巍、挺拔、庄重之美。

(二) 歇山顶

歇山顶是在人字顶周围加"廊"的结果。歇山顶至迟在汉代已应用于建筑上,现存实物最早的为五台山上唐代的南禅寺大殿。此顶在中国建筑文化中伦理品位仅次于庑殿顶,其结构实际变化比庑殿顶复杂。歇山顶的屋脊曲直多姿,形象华美,中国古建筑中不少屋顶样式都由其变异而来。

形制:由正脊、四条垂脊,四条戗脊组成,也称九脊殿,若加上山墙面的二条博,共有十一条屋脊。屋面为悬山加庑殿结合的式样,两山用顺扒梁承托采步金,屋顶下部形成四坡顶,相交处为戗脊,上部为两坡顶,相交处为正脊,左右为垂脊。歇山顶同样也有单檐和重檐二种形式,也有两歇山顶垂直相交,成十字脊型。有些歇山顶山花处理较为丰富、华丽,屋顶等级仅次于庑殿顶。重檐歇山的等级甚至高于单檐庑殿顶。若屋脊采用卷棚做法的称为卷棚歇山,还有尖山式歇山顶、带檐廊歇山顶、尖山重檐歇山顶城楼、

楼阁歇山顶等样式。

审美特征：歇山顶呈"厦两头"的四面坡，形态构成复杂，翼角舒展，轮廓丰美，脊件最多，脊饰丰富，既有宏大、豪迈的气势，又有华丽、多姿的韵味，兼有壮、丽之美。

（三）悬山顶

"人"字顶的一种，两面坡顶的两端檩或桁伸出山墙外做成出梢，是我国一般木构架建筑中最常见的形式，特征是屋檐悬伸在山墙以外。基本造型为两坡式，由于山墙两际面挑出，所以也称为"出山"、"挑出"。考古资料表明，悬山顶或许是中国最古老的一种屋顶样式。在新石器时代的先人们已采用此种屋顶样式，这与用木构架建成屋顶的有效手段相关。宋代《清明上河图》所表现的城门门楼用庑殿顶，酒楼用歇山顶，而一般酒肆和民居则用悬山顶，这表明悬山顶是一种低等级的屋顶。

形制：一般有正脊和垂脊。悬山屋面一般有一条正脊四条垂脊，等级较低的不用垂脊，正脊的处理也较为简单。单脊，位于两坡交界之处，往往以片瓦河砖铺砌。脊上常以走兽、宝瓶或花卉为饰、为雕塑之作。脊的两端做成鳌头、象鼻子或燕子等形象。有时在两侧钉上纹样变化多端、很富表现力的博风板，以保护檩条和增加屋顶的美观。清代以前的檩头除博风板外还钉有悬鱼、惹草等装饰。采用卷棚做法的称为卷棚悬山顶。悬山顶在南方民居中较多见，在宫殿、寺院中多用于配殿。

审美特征：呈前后两坡，檐口平直，轮廓单一，显得简洁、淡雅，由于两山悬挑于山墙之外，立面较为舒放，具有大方、舒朗之美。

（四）硬山顶

也是"人"字顶的一种，但屋面不悬出于山墙之外。硬山顶在宋代已有，它的出现可能与砖的大量生产有关。

形制：前后两面坡屋顶，山墙两端屋面不伸出山墙外，不露檩头。山墙大多用砖石承重，墙与屋面齐平或略高出屋面，使得山墙形象颇为突出。墙头在南方地区常变成既实用又美观的各式封火山墙，北方地区则在山墙面隐出浮雕式的博风板及各式墀头造型。在硬山建筑中，有山面不做梁架，而将木檩直接放在山墙上的做法，称为硬山搁檩。这种屋顶形制多见于伦理品位

比较次要的官式建筑与北方民居。

审美特征：硬山顶也呈前后两坡，与悬山同样是檐口平直，轮廓单一，但是屋面停止于山墙内侧，两山硬性结束，显得十分朴素，也带有一些拘谨，具有质朴、憨厚之美。

（五）攒尖顶

多用于面积不太大的建筑屋面，如亭、塔等。攒尖顶最早见于北魏石窟的石塔雕刻，实物则有北魏的嵩岳寺塔等。此外在宋画中也可看到不少亭阁用攒尖顶的，坡度均很陡峻。

形制：屋面较陡，无正脊，数条垂脊交合于顶部，上再覆以宝顶或宝瓶或仙鹤等为装饰。平面有方、圆、三角、五角、六角、八角、十二角等。一般以单檐的为多，二重檐的已少，三重檐的极少，但塔例外。

审美特征：审美形象较活泼、欢愉。

（六）单坡顶

单坡屋面是斜屋面的最基本元素，一切复杂的斜屋面均可由它组合而成。此顶多用于辅助性建筑，常附于围墙或建筑的一侧。考古资料表明，早在商代就有单坡顶被使用的遗迹。汉代明器中也有不少单坡顶的例子。直到今日，陕西农村的民居还有很多使用单坡顶的。在园林中有一种单坡的变形顶，平面形似扇面，屋顶做成歇山或硬山式的扇面顶。

（七）平顶

在我国华北、西北与康藏一带，由于雨量很少，建筑屋面常用平顶。即在椽上铺板，垫以土坯或灰土，再拍实表面。

（八）盝顶

这种最早始见宋画的屋顶形式，就其造型特征来看，是将庑殿上半部砍去即可。屋面四边出檐为坡顶有脊交圈得女儿墙，中间顶部为平顶，平顶与坡顶相结合，形似盒盖故名盝顶。与其他屋顶样式所不同的是，盝顶有四条正脊，这种四周加有短檐的平顶变种，为金、元时代常用的屋顶样式。为了使雨水顺利排出，一般根据屋面排水的需要，在若干处屋脊下两个筒瓦之间的板瓦上安装一个"过水当沟"。

（九）囤顶

此种屋顶形式在汉代时就有，其形状处于平顶与卷棚顶之间，这是西北民居常用的屋顶。

（十）卷棚顶

这是无正脊的人字顶，两坡相交处成圆弧形，故给人的感觉柔和，为古典园林中常用的屋顶样式。据专家考证，卷棚顶最早起于南北朝。卷棚顶有悬山卷棚顶和歇山卷棚顶二种形式。

（十一）十字脊顶

这是由二个歇山顶相交而成的一种造型较为复杂的屋顶样式。十字脊顶最早起于五代时期，在宋画中亦非常多见，这也表明宋人非常爱使用这种屋顶形式。十字脊顶有数种变异形式，如丁字脊、十字攒尖顶等。

（十二）盔顶

这种有些类似蒙古人帐篷形状的屋顶造型，起于元代。盔顶无正脊，仅四条垂脊，它似乎与欧洲文艺复兴式的一些栱顶也有相似之处。

除了上述的一部分屋顶样式外，在中国古建筑中还有二字顶、万字顶、栱顶、扇顶、连体顶、博龙脊顶、集中式顶等许多形式，可谓百花齐放。同时各类屋顶还可相交组合，形成更为丰富多彩的屋顶形式，在各类组合中，常见的组合方式有：水平组合，具体可分为正脊并联、正脊串联、正脊相交几种形式；竖向组合，具体包括重檐构成、重楼构成和重檐——重楼构成三种；竖向——水平混合构成等。

五、屋顶的审美意念

（一）大屋顶创作的理性精神和浪漫情调

大屋顶的创作，体现了中国古建筑的实用功能、技术做法和审美形象的和谐统一。深远的出檐、凹曲的屋面、反宇的檐部等，起到了排泄雨水、遮蔽烈日、收纳阳光、改善通风等诸多功用。在技术处理上，屋面瓦垄所形成的线型肌理、勾头滴水所组成的优美檐口、屋面交接所构成的丰美屋脊、脊端节点衍化的吻兽脊饰等等，无一不是基于功能的或技术的需要而加以美化的。

中国建筑屋顶的这种创作精神是理性的，但不是纯粹的理性，而是情理相依，是在理性的主导中渗透着一些浪漫的表现。古人在屋顶的创作中很擅长在美化结构枢纽和构造关节，同时又注入文化性的语义和情感性的象征。例如处于屋顶最高点的鸱尾，原本只是正脊与垂脊的交叉节点。由于所处地位的显要，把它做成了鸱尾的形象。这样不仅取得轩昂、流畅的生动形象和优美轮廓，而且揉进了"虬尾似鸱，激浪即降雨"的神话传说，寄托着"厌火祥"的深切意愿。后来鸱尾逐渐演变为鸱吻，最后定型为龙吻。这个龙吻同样蕴涵着能降雨消灾的语义。即使像龙吻背上的剑靶那样小小的配件，也被赋予一定的文化语义，被说成是为防止脊龙逃遁而特地用剑插入龙身把它镇住的。其实这个剑靶也是构造上的需要，龙吻背上需要开个口以便倒入填充物，剑靶是作为塞子用来塞紧开口的。只是把这个塞子似的构件附会脊龙的象征而做成剑靶的形象而已。鸱尾和龙吻的这种处理，可以说既是理性的又是浪漫的，体现着理性与浪漫的交织。

（二）屋顶构成体现出等级、伦理品位和类型品格

1. 等级

中国古代官式建筑通过长期的实践，从屋顶的基本形和派生型中，逐渐筛选出九种主要形制，组成了严密的屋顶定型系列，建立了严格的等级品位。这九种只要形制，按等级高低为序，即：重檐庑殿式、重檐歇山式、单檐庑殿式、单檐尖山式歇山、单檐卷棚式歇山、尖山式歇山、卷棚式歇山、尖山式硬山、卷棚式硬山。

2. 伦理品位

屋顶的这套等级品位成为中国建筑区分等级的最显著的标志，是官式建筑定型做法中极为重要的规制。在确定屋顶等级时，古人主要依据正式建筑屋顶加以区分，对杂式屋顶如攒尖顶、盔顶等明显放松；屋顶品位序列与空间适应，建筑屋顶的四种基本形的差异主要在端部的结束形式不同，端部带角翘的庑殿式和歇山式等级高于无角翘的悬山和硬山。前者适宜于大的空间，而后者只适宜于小的空间。

庑殿、歇山、悬山和硬山是四种基本型屋顶，官式建筑的屋顶等级序列巧妙地在这四种类型品格的基础上，添加了强化和弱化的措施。采用重檐显

著增添了屋顶的竖向层次，是一种大举动，起到了高强度的隆重化作用，派生出重檐庑殿和重檐歇山。重檐庑殿把单檐庑殿的雄壮之美推到了更高程度，成为屋顶的最宏伟、最隆重形制，列为等级系列之首。重檐歇山也大大强化了单檐歇山壮美的一面，赋予它相当隆重的形象，使它超过单檐庑殿顶的气势，列为屋顶等级序列的第二位。这情况表明，增加重檐比原先的单檐足足拔高了两个等级。相对于重檐的高强度隆重化，卷棚只是对正脊的隐匿，是一种小举动，只起轻度柔和化的作用。如果说重檐把单檐的庑殿、歇山拔高了两个等级。那么卷棚则把尖山式的歇山、悬山、硬山降低了半个等级。卷棚式歇山把尖山式歇山的壮美揉成为优美，降低了歇山的庄重感，增添了歇山的亲切感。卷棚山、卷棚硬山也同样起到柔和尖山式悬山、硬山的作用，增添了悬山、硬山的轻快感。这样，九种屋顶形式就构成了从极为隆重、雄伟，到相当素朴、轻快的九种类型品格，以适应官式建筑不同等级、不同性质对于建筑性格的不同需要。

3. 类型品格

这里所说的"类型品格"，指的是建筑形制的类型品格，而不是建筑功能的类型性格。中国建筑在屋顶性格上，强调的只是形制品格。凡是属于最高等级的殿座，用的必然就是最高等级的屋顶形制。如北京故宫太和殿、乾清宫，北京太庙正殿和明长陵陵恩殿，都是庑殿顶的形制。这里突出的是等级形制，表现的是等级的类型品格。而这些建筑在功能性质上是大不相同的，它们的功能品格在屋顶形制上却得不到应有的反映，这是一种极为明显的以形制品格吞噬功能品格的现象。

六、屋顶上的瓦

在对观赏古建筑屋顶时，还要注意所用的瓦件材质、脊件做法和脊饰的构成，由于材质的不同和构件的差异。古代建筑把屋顶分为大式做法和小式做法。根据建筑屋的功能和居住者的身份地位来具体确定相应的做法。例如大式屋顶可以采用琉璃瓦，而小作则不允许等，同时琉璃瓦的颜色也有严格的等级要求，以黄色为最高贵，绿色次之。在清代，只有皇家建筑和寺庙才能用黄色琉璃瓦或黄卷边。亲王、世子、郡王府邸用绿色琉璃瓦或绿卷边，

离宫别馆和皇家园林用黑、蓝、紫等色琉璃瓦。低品位的官员和平民宅舍只能用青灰色的布瓦。

(一)瓦的缘起与品类

1. 缘起

瓦是中国古建筑的传统屋顶构件。在中国向来都有"秦砖汉瓦"之说,这并非说中国古建筑的砖瓦起源于秦或汉。据考古发现,早在秦汉之前,砖瓦就已经出现在建筑上了。

瓦的起源于发明,实际是中华远古制陶业及文化的重要构成。而制陶必须懂得用火、懂得如何采土,正是中华文化与文明的源头。关于中华瓦的发明,有许多的传说。流传较为广泛的说法是神农不仅教会了人们耕种、尝百草教会人们治病,他还是制陶的人文初祖。《周书》云:"神农耕而作陶。"从这传说中可知,瓦器的发明是与农耕是联系在一起的。虽然传说中神农时代的具体时间难以确定,但农耕之始,大约在中华新石器时代则是大致可信的。

从文献记载看,我国古代建筑用瓦始于夏代。我们可以从有关的文字记载中窥探到一些瓦器文化出现之初的情况。《古史考》载:"夏世,昆吾氏作屋瓦。"《博物志》:"桀作瓦。"在《天工开物·瓦部》还记述了瓦从选土选料、烧制过程到成品的过程。迄今为止,瓦的实物最早见于西周早期遗址。瓦当的实物最早见于西周中晚期。瓦和瓦当解决了屋顶防雨水问题,使我国古代建筑摆脱了"茅茨土阶"的简陋状态。在建筑史上,瓦和瓦当是我们祖先的一项了不起的独创性发明。

2. 瓦的品种

瓦的品种繁多,从不同的角度可以进行不同的划分。从直观视角和使用的角度来看,人往往是根据制作瓦所用的材料来划分。统计总结我国古建筑中瓦的材质,从材料上分,瓦分为:泥瓦,这是古建筑中用量最大,所占比例也最大的;木瓦,以木为材,但对木材的质地要求较高;铁瓦;铜瓦;银瓦;竹瓦;布瓦;琉璃瓦,也称缥瓦(常覆于皇家建筑之顶,由陶质筒瓦、板瓦、青瓦与檐头装饰物表层烧上一层薄而细密的彩色釉而成,实际是以彩色釉为饰的陶瓦)。

3. 瓦件

屋面瓦件的种类、规格多样，各种类型的屋顶使用的瓦件因其安放位置不同而有不同的名称。一般屋面大量使用的瓦件主要有筒瓦、板瓦、瓦当（亦称勾头）、滴水等。

（1）筒瓦，是横断面为半圆形的瓦，安装在两行板瓦之间的缝隙上，其尾端有筒瓦之间起搭连作用的小半圆形熊头。

（2）板瓦，是横断面为小于半圆的弧形瓦，其前端较窄后端稍宽。

（3）瓦当，也称勾头、猫头，是安放在屋面筒瓦垄勾最下端出檐处的防水瓦件，由于瓦当具有极强的装饰性，故为古建筑游览审美的主要对象。

（4）滴水，是安放在屋面板瓦垄勾最下端出檐处的排水瓦件，也称滴子，断面与板瓦相同，前端为如意形舌片，也称滴唇，以防止雨水回流，其上雕饰着各种花纹图案，有的将舌片做成梯形雕花称为花边滴水。瓦当、滴水由瓦口板定位承托，屋面中心线安置滴水，瓦当在两侧排列。

（5）星星瓦，在用四样以上规格瓦件、坡度较陡较长的屋面上，为防止屋面瓦件滑坡，除在檐头瓦当上钉瓦钉外，还在屋面坡度的中腰部位钉一至二道瓦钉起固定作用，此处所铺带有钉孔的筒瓦和板瓦称为星星筒瓦和星星板瓦。

4. 瓦阵

瓦是用来营构屋顶的，瓦顶，往往构成美丽的瓦阵。如前所述，屋顶有多种式样，不同的屋顶形制具有不尽相同的瓦顶形象。而不同材质的瓦也能构成不同的瓦顶形象。一般瓦的横断面是弧形的。以瓦铺顶时，是在椽子与望板上，自主脊纵向向下，一陇取仰势，一陇取伏势，并且陇与陇之间彼此相构，形成一排排自上而下的瓦陇。瓦陇排列整齐，形成一种音律之美。雨天、雪天，瓦阵色彩随之发生变化，同时具有了动感。

中国古建筑屋顶装饰中一个重要的部分就是用瓦饰来完成的。除了通过瓦的质地、色泽给人以不同的质感美外，屋脊上的主要装饰也是由瓦来完成的。如屋顶上的宝顶、宝瓶，屋脊上的饰兽、吻兽、仙人指路等，不仅具有实用和装饰作用，同时又具有风水中趋吉避凶的文化含义。

（二）瓦当

1. 名称来历与功能

瓦当是我国古代宫室房屋檐端的盖头瓦，俗称"筒瓦头"或"瓦头"，是中国古代建筑瓦件，是接近屋檐的最下一个筒瓦的瓦头，形状有半圆或圆形，表面多装饰有花纹或文字。古人训"当"为"底"，因为陶瓦一块压一块，从屋脊一直排列到檐端，而带头的瓦正处在众瓦之底。瓦当的下面是椽头，当可以抵挡风吹、日晒、雨淋，保护椽头免受侵蚀，延长建筑寿命。所以，瓦当的名称很可能是由其所处的位置和作用而得来的。它既有保护房屋椽子免受风雨侵蚀的实用功能，又有美化屋檐的装饰功能。

2. 发展进程

中国最早的瓦当集中发现于陕西扶风岐山周原遗址，多为素面半圆形瓦当，个别的有重环纹半瓦当。到了战国时代，各国所用的瓦当具有浓厚的地方特色，但基本上是图像瓦当。秦代以后，云纹、夔纹瓦当流行了起来。进入汉代，瓦当在使用的广泛性和艺术性方面都臻至它的鼎盛时期。西汉瓦当除了变化多端的各式云纹瓦当外，出现文字瓦当，文字少则1字，多则12字。依文字内容可分为宫苑、官署、祠墓、宅舍、吉语、纪事等几大类。文字的写法线条在刚柔、曲直、方圆、疏密、倚正等诸多方面都达到了高度的和谐，或方峭，或流美，浑然天成，令人叹为观止。西汉文字瓦当，字大而遒美，量多而变化无穷，实为西汉书法之珍贵遗存。图像瓦当已不是汉代瓦当的主流，但汉长安城一带的青龙、白虎、朱雀、玄武四神瓦当却是图像瓦当的压卷绝唱。东汉以后，瓦当艺术走向衰落，伴随着佛教的传入，文字瓦当和图案瓦当逐渐衰落，莲花纹瓦当兴盛起来，还有少数的佛像瓦当。宋以后，瓦当艺术日落西山，完全失去了往日的风采。

3. 品类

（1）就质料区分，瓦当主要有灰陶瓦当、琉璃瓦当和金属瓦当。灰陶瓦当资格最老，也最普通，从西周到明清始终是瓦当中最主要的品种。琉璃瓦当是在泥质瓦坯上施釉烧制而成的，颜色有青、绿、蓝、黄等多种，都是用于等级较高的建筑物。宋元明清时期，个别建筑物上使用了金属瓦当。金属瓦当有铸铁、黄铜和抹金三个品种。

（2）就形制区分，瓦当有半圆形、圆形和大半圆形三种。西周的瓦当都是半圆形的，春秋战国时期的瓦当以半圆形为主，但已经出现了圆形的。在秦汉时期，圆形瓦当占据主流，半圆形瓦当逐渐被淘汰，到东汉时终于绝迹。

（3）就纹饰区分，瓦当可以分图案纹瓦当、图像纹瓦当和文字瓦当三大类。

七、屋脊、山花

（一）宫殿、寺庙建筑屋脊形式

1. 正脊

为前后两坡顶相交最高处的屋脊，其做法有大式做法的大脊，小式做法的清水脊、过垄脊、鞍子脊等，具有防水及装饰功能。大脊的脊件种类和层次较多，一般由盖脊瓦、正脊筒、群色条、压当条、正当沟和正吻组成，正脊位置的木构架是脊桁和扶脊木，为了正脊的稳定，穿过脊筒安置数根脊柱，并与扶脊木连接。

2. 垂脊

为在屋顶与正脊相交且向下垂直的屋脊，如庑殿屋顶正面与侧面相交的屋脊，也称庑殿脊。垂兽位于角梁的端头，歇山、悬山、硬山前后两坡从正吻沿博风下垂的层脊，也称排山脊。在垂脊上安装垂脊筒，该筒的纵向肋上留洞用以穿铁丝防止下滑。垂兽位于正心桁的中心线上，按垂兽位置将垂脊分为兽前、兽后。悬山、硬山兽前一段也称角脊、岔脊，上面安置仙人走兽。

3. 戗脊

为歇山的四个檐角处斜向屋脊，重檐建筑的下层角檐，在平面上与垂脊成45°角，亦称岔脊、角脊，以戗脊为界分兽前、兽后，兽前安置仙人走兽。

4. 博脊

为斜坡屋顶上端与建筑垂直面相交部分的水平脊，重檐屋顶的下层水平脊，亦称围脊，在转角安置合角吻或合角兽。

5. 过垄脊

在卷棚屋顶上的正脊。屋面前后坡相接成弧形曲面，一般做法是用两根脊瓜柱承托两条脊檩，脊檩上安置罗锅椽，此种做法也称元宝脊或罗锅脊。

（二）山花

在歇山屋顶的两端，前后博风所夹的三角形空间，用以封堵屋架的木板构件称为山花板，在山花板上雕刻的花纹或绘制的彩画称为山花。早期的歇山屋顶仅有博风板为透空的，不做山花板，只在博风板中间安装悬鱼，沿着檩的位置安装惹草，明代歇山一般用砖砌山花，有的博风用砖砌或做琉璃博风。清代歇山山花成为屋顶上主要的装饰部位，不做悬鱼、惹草，在博风板檩子的部位钉梅花钉，有的做贴金装饰，在重要的歇山宫殿上做沥粉山花绥带贴金花饰更显其尊贵。

第三节　台基与栏杆的观赏

"雕栏玉砌应犹在，只是朱颜改！"这是五代南唐后主李煜在《虞美人》一词中写下的佳句。玉砌就是用白色大理石砌筑的房屋阶基，也叫台基，而雕栏就是那阶基上的石栏杆，古代也叫勾栏。台基是中国古建筑三大要素之一，它是整座建筑的基础，虽然在观感上，台基不如屋顶和屋身明显，其文化意义却是深邃而隽永的。所谓台基，由露明与不露明两部分构成。

一、台基的功能

（一）防水避潮

中国建筑之所以能够突出地发展木构架，一个重要的技术关键就是成功地把木构和夯土结合起来。土阶不仅为承重木柱提供了坚实的土基，而且通过土的夯实阻止了地下水的毛细蒸发作用，有效地保证了土木结构的工程寿命。同时，古人的席地而坐也迫切地需要提升地面标高以避潮湿。这两方面的防水避潮要求，是促使中国建筑把基础露明到地面而形成台基的主要原因。后来随着胡床的盛行，席地坐演进为垂足坐，平座式台基也相应地消失。所以说，工程的和席坐的双重防水避潮是台基的原始基本功能，也是影响阶制变迁的重要制约因素。

（二）稳固屋基

台基发展到后期，不用满堂夯土的做法。殿屋基础改为柱顶石下部用砖砌的磉墩来取代。虽然磉墩式基础既是浅基，又是散点，但台基所起的防护、稳定作用是很重要的，是稳固屋基的一项重要技术措施。

(三) 调适构图

基于技术性功能的需要形成的台基，很自然地充当了建筑艺术表现的重要手段。它为殿屋立面提供了宽舒的、很有分量的基座，避免了庞大的屋顶可能带来的头重脚轻的不平衡构图，大大增强了殿屋造型的稳定感。砖石构筑的台基也为殿屋造型突出了材质和色彩的对比，汉白玉、青白玉等石料砌造的台基，被人称为"玉阶"。大片的白玉阶基，与红柱、黄瓦相辉映，在蓝天衬托下，组成了极为纯净的、强烈的、独特的色彩构成。一些高等级的须弥座和石栏杆，更为殿屋增添了优美动人的剪影。可以说，台基在形体、材质、色彩的构成上都具有显要的调适功能。

(四) 扩大体量

木构架建筑由于自身结构的限制，屋身的间架和屋顶的悬挑都不能采用过大的尺度，而台基则有很大的展扩余地。提升台基的高度，放大台基的体量，能够有效地强化殿堂的高崇感、宽阔感。

(五) 调度空间

在建筑组群构成中，台基还能起到组织空间、调度空间和突出空间重点的作用。这主要体现在运用月台和多重台基。月台多用于建筑组群轴线上的主体建筑和重要门殿的台基前方，成为台基向前的延伸部分，月台上点缀着陈设和小品，既扩大了主建筑的整体形象，也为主体建筑前方组织了富有表现力的"次空间"，密切了主建筑与庭院的联系。月台自身也成了庭院空间的核心。多重台基在这方面的作用更为显著。

(六) 标志等级

台基的重要技术功能和审美功能，使得它很早就被选择作为建筑上的重要等级标志。历代对台基的高度都有明确规定。《考工记》记述了台基高度规制。一直到清代，《大清会典事例》仍然延续着对台阶高度的严格等级限定："公侯以下，三品以上房屋台基高二尺；四品以下至庶民房屋台基高一尺"。台基的高低自然地关联到台阶踏跺的级数，即"阶级"的多少，"阶级"一词后来衍生为表明人的阶级身份的专用名词，可见台基的等级标示作用是极为显著的。不仅如此，在同一建筑组群中的主次建筑之间，台基的高度也有明显的差别。通过对台基等级的控制，也有助于区分建筑之间的主从

关系，从而加强调自身的整体协调性。

（七）独立建坛

台基除了上述多方面的功能外，在一些特定的场合，还可以与屋身、屋顶分离而独立构成单体建筑。祭祀建筑中的祭坛就属此类。在北京天坛中，三重同心圆的汉白玉台基组成了"圜丘"的主体。坛面上设有屋身、屋顶，只有周围方、圆两圈矮墙环绕，就组构了极为开阔、纯净的建筑空间，既适用于祭天的仪典，也造就了浓郁的崇天境界，显示出台基独立组构建筑的潜能。

二、台基发展沿革及特征

由房屋初出地面到发展到夏代有了20厘米高的台基。殷代"堂崇三尺"，就是台基高三尺，又升到了60厘米的高度。周代，台基的高度已成了显示人们尊贵的标志。天子的朝堂才可有九尺高的台基（现在的1.8米）。春秋战国时代，台基不断加大加高，形成了台式建筑，成为建筑中的一个类型。

随着印度佛像佛座的来到，中国古典建筑的台基也发生了变化——须弥座式的台基十分盛行。"须弥"是须弥山的意思。最早的须弥座是在南北朝时期的石窟寺中的塔座和佛座上出现的。明清时代，须弥座几乎成了无处不在的台基。不单是建筑物，连菩萨像座以及塔、幢、家具、古玩等等的基座都用上了。

三、台基形态与构成机制

（一）台基的基本构成

明清官式建筑的台基已是高度程式化的。从构成形态上看，台基可以分为四个组成部分：一是台明；二是台阶；三是栏杆；四是月台。

1. 台明，即台基的基座，是台基的主体构成

从样式上台明可分为平台式和须弥座两个大类。平台式自身根据包砌材料的不同，可分为两种："砖砌台明"和"满装石座"。砖砌台明为一般房屋所通用，最为普及，属于低等次台基。满装石座是考究的做法，主要用于重要组群的一般殿座，属于中等次台基。而须弥座则是很隆重的做法，主要用

于重要组群的重要殿座，属于高等次台基。根据台明的形式和做法，就形成了高、中、低三等次，以适应不同等级殿屋的需要。

2. 台阶，即踏垛

台阶是上下台基的踏道，通常有垂带踏垛、如意踏垛和礓礤三种类别。垂带踏垛又分为带"御路"（也称"陛石"）和不带"御路"的两式。御路踏垛等级高于非御路踏垛，垂带踏垛等次高于如意踏垛，这样踏垛从形式上也粗分为高、中、低三个等次。在高等级的御路踏垛中，还可以通过御路石"雕做"与"素做"和雕饰题材的不同进一步分等，踏垛的位置也很有讲究。

3. 石栏杆

石栏杆有安全防护、分隔空间、装饰台基、丰富剪影等作用，主要用于尺度较高、体制较尊贵的殿、门基座，也用于石桥、湖岸、墩台等需要围护和美化的地方。石栏杆的构成形式，梁思成把它分为三种：一是"用望柱及栏板者"；二是"用长石条而不用栏板者"；三是"只用栏板而不用望柱者"。

4. 月台，也称"露台"、"平台"

可视为台明的延伸和扩展，做法与台明相同，形制上区分为"正座月台"和"包台基月台"。月台形式与台明相同，也分平台式和须弥座两类，做法也与台明完全一致，也有砖砌月台和满装石座两种。月台、台阶、石栏杆都是台基的附件，但并非台基所必有的，只有高体制的台基才用月台和勾阑，当台明很低矮时，则连台阶也可以不用。

5. 柱顶石，为支承木柱的基石，又称柱础、鼓磴或磉石

主要起承传上部荷载并避免碰坏柱脚及防潮作用。一般大式建筑方形柱顶石的宽度为檐柱柱径的两倍，小式建筑为两倍减两寸，厚与檐柱柱径相同。凸出地面的部分称为鼓镜，鼓镜的直径为柱径的1.2倍，高位柱径的1/5，鼓镜高出地面一般为0.2柱径。鼓镜表面常做成各种雕饰，也有在鼓镜上加上雕有仰覆莲花、鱼龙花草等各种形状的石磴，造型非常丰富。为使柱子与柱顶石有牢固的接触，常将柱子下端做成榫头，在柱顶石面的中心位置做成柱窝，或都做成凹槽插入网铁销，也有将柱顶石打透榫眼插铁钎子的，还有的将柱顶石中心挖空直接将柱子穿下去做成套柱础。柱顶石下为砖或石砌的基础为

磉礅，可单独砌筑或做成连续基础成为连磉。

从目前考古发现，柱础的发展大体经历了四个阶段。其一，在柱下铺垫卵石，不露明；其二，在柱脚下放置一块大石，不露明；其三，让础石上升到地面上来，成为整个立柱的外观形象部分；其四，在础石上再安装一个柱架，唐代柱座多采用复盆式，清代变作"古镜"与"盆"形，由鼓曲形变为内凹反曲形，进化为"磉墩"，形状与层数丰富多样，可使柱础通体雕刻纹样。有的在柱身与支座间设一个古代称为"质"的构件，最早的"质"以青铜为材。

（二）台基的组合方式

多种多样的台基，就是运用以上四方面的构成因子进行排列组合，以形成丰富的台基系列。其组合方式大体上可以分为三类：

1. 台组合

——由单一的基座与台阶、石栏的组合，既没有月台，也没有层叠多重的台基。

2. 台组合体

——在单台的组合体中增加了月台组合。此时月台的形制与基座的形制完全一样。

3. 重台组合体

即重叠台基的做法，是最高级的台基形制。

四、台基上的栏杆与望柱

栏杆是中国建筑中经常出现的一种建筑构件，是个体建筑形象和群体建筑形象美的构成部分，栏杆也是人们游览古建筑时的主要赏析对象。栏杆是富于"诗意"的一种建筑形象，在许多古诗词中都出现它。但从建筑的角度来看，栏杆的出现首先还在于它的使用性。

（一）栏杆的概念

栏杆亦称阑干，还有一个别名叫勾栏。梁思成在《清式营造则例》一书中是这样解释的："栏杆是台、楼、廊、梯，或其他居高临下处的建筑物边沿上防止人、物下坠的障碍物；其通常高度约合人身之半。栏杆在建筑上本

无所荷载,其功用为阻止人、物前进或下坠,却以不遮挡前面景物为限,故其结构通常都很单薄,玲珑巧制,镂空剔透的居多。"

(二)栏杆的发展及造型

最早的栏杆始于何时难以确定。在汉画与明器中已见其早期式样,但可以确定的是,画和明器上的栏杆不是"最早"的。实际的建筑中,由于建筑物本身的地位等级及建筑的需要,出现了不同的石栏:

1. 只以栏板相构而不用望柱的栏杆

此种栏杆较为朴实,常见于古典园林和一些石桥之上,其主要功能就是阻挡与防护,形制简朴。

2. 以长条石替代栏板的栏杆

这类石栏杆,造型上显得更为简朴,甚至让人感到"粗鄙"。这种造型在实际建筑中不太常见。

3. 以栏板与望柱相构而成的栏杆

这种类型在古建筑中较为常见。这种栏杆虽是石造,但却是仿木结构的。在其造型中仍保留着木栏杆的所有部件。有时还有纹样、花草、龙兽与云水之类的雕刻。

(三)栏杆的观赏

人们在古建筑的游览中,往往会忽略了对栏杆的观赏。其实在中国古建筑中,栏杆是较为常见的。随着石栏的发展,人们已不满足于栏杆的实用功能了,我们的祖先在栏杆的建造过程中,通过雕刻与绘画的形式赋予了栏杆文化承载的功能。人们通过观赏栏杆栏板和望柱上的各种雕刻和绘画,可以窥视建筑的特色和主题功能;同时,人们还把很多的吉祥纹饰、民间传说与故事等刻于其上。例如,在昆明"金殿"的须弥座上就雕刻有著名的"二十四孝"图。在很多的佛教建筑的栏杆上常绘刻有佛家八宝。在道教宫观的建筑的栏杆上常见暗八仙等。在栏杆的构成上,标准型的清式寻杖栏杆,整块栏板凿出寻杖、净瓶、面枋、素边;望柱做出柱头、柱身;地栿部位有带螭头和不带螭头的,以带螭头为高贵。石栏杆的雕饰重点在柱头上,石栏杆的等次调节也主要由柱头的雕饰来体现。官式做法的望柱头有云龙头、云凤头、风云头、石榴头、莲瓣头、莲花头、狮子头等等,可以根据实际需要灵活调

节。

（四）望柱

在石或木制栏板中出头的柱子称为望柱，望柱柱头可雕刻成各种形式，如卷云、龙、凤、狮子、莲瓣、风摆柳、石榴、方头等雕刻，包含有民族文化的含义，有较高的观赏价值。

第四节　建筑的主体——屋身

一、立　柱

对于中国古建筑而言，屋架与立柱是木结构的基本"骨骼"。立柱，作为中国古建筑的重要构件，成为不可缺少的承重物。《释名·释宫室》云："柱，住也。"立柱是中国古建筑中稳固不移、风雨难摧的"根"，它持久直立向上的力学性格与挺拔的风姿，给人以强烈的印象。

（一）立柱的分类与形态

中国古建筑源远流长，类型丰富多彩。作为古建筑主要构件的屋柱的种类也非常丰富，其制度也多有变化。

1. 分类

（1）从建筑内部、外部空间划分，可以把屋柱分为三类：

——内柱，室内的柱子；

——外柱，室外、檐下之柱；

——亦内亦外之柱，即嵌入墙体，在室内、室外同时可以看到其局部的墙柱。

（2）按结构、功能加以区分，可以分为金柱、中柱、童柱、檐柱、门柱和山柱等。

2. 形态

（1）从断面上看，中国木结构建筑的屋柱一般为圆形，也有菱形圆柱、方柱、梅花柱、八角柱、瓜棱柱、蟠龙柱等。圆形断面的木柱在进行人工加工的同时，都保留了木柱生长的自然形态，在文化审美上表达了人们对自然

美的向往和回归。方型、四棱形柱的出现次于圆柱，人工加工的痕迹更为强烈，它所表达的是人力对自然的改造。其他八角柱、束竹柱、凹棱柱、人像柱等断面形式的柱子也有出现，但多见于仿木结构的石柱。

(2) 从柱身看，柱子的形态可分为直柱与收分柱，又可分为素柱和彩柱。直柱，即全柱圆径一律之柱，或是断面通体相同的方柱与八角柱等。收分柱，即柱之上下段均可以有收杀，上下圆径并不一律。如在河北定兴，北齐义慈惠石柱上端所刻绘的檐柱形象，就是一种收分柱。素柱素朴，不加任何修饰，连油漆也没有。彩柱华丽，或油漆，或彩绘，或雕刻，或书楹。

(3) 从立柱整体看，有无础柱与有础柱之别。

(二) 中国古建筑的立柱制度

1. 柱径、柱高之比

一般为1∶10，即十个立柱柱径长度之和，约等于同一柱的高度。在唐代及受唐风影响的辽代初期，中国建筑崇尚雄健，一般柱径与柱高之比，约在1∶8至1∶9之间，这使得立柱粗度增加，有雄壮之感。这种立柱柱径或边长（指方柱），立柱高度与整座建筑各部分的尺度，由宋代《营造法式》加以理论总结，规定不同类型的建筑，其尺度关系有变。

2. 柱"侧脚"与"生起"

所谓立柱的"侧脚"，指建筑物的立面列柱微向内倾，这在宋代称"侧脚"。《营造法式》规定："凡立柱并令柱首微收向内，柱脚微出向外，谓之侧脚。每屋正面随柱之长每一尺即侧脚一分，若侧面每长一尺侧脚八厘，至角柱其柱首相向各依本法。"这是说，宋代大木作制度规定外檐柱的向内倾斜度，为柱高的百分之一，倘是十尺之柱，向内倾斜度为十分即一寸，倘为百尺之柱，则为十寸即一尺。在两山者内倾度略小，为千分之八即百分之零点八。至于角柱，在纵横两个方向上都应有所倾斜。这样做的目的，首先是技术上的考虑，因为一座四边之立柱均微微内倾的建筑物，柱的相互撑持的力度增加了，可以使建筑物更稳固，不易摇晃与倾覆。同时，也为了纠正视觉上的偏差。由于光影关系，如果檐柱绝对垂直于地面，在视觉上反而显得不平直。从这一意义上来看，立柱的"侧脚"是人对建筑空间意象的错觉的"艺术"。这种立柱"侧脚"曾普遍使用于单层宫殿等檐柱、角柱和山柱做法

上，也在楼阁之立柱上施用，方法相同。到了明、清已基本不再采用，其原因可能是当时的建筑匠师们认为不必如此讲究之故。

所谓"生起"的具体做法是，以当心间平面为基准，当心间柱脚不升起。次间柱升二寸，梢间柱再升二寸，尽间柱再升二寸，依次递增。这种"生起"之法，亦由《营造法式》加以总结，实际施用并不很普遍。一旦"生起"，有助于檐口向两端微微翘起，形成和缓、优美的曲线。

在技术与审美上，中国建筑的柱"侧脚"与"生起"的做法，使建筑物更为稳固，有稳定的美感。

3. "移柱"与"减柱"

在宋、金、元的建筑中，为了求得更合理、更美观地组织室内空间，常采用"移柱"、"减柱"之法将一些内柱移位或减少立柱以扩大空间。"移柱"与"减柱"在技术上无疑是革新、创造，确也带来风险，因为柱子是承重构件，如此"偷梁换柱"，虽然可以有效地组织室内实用空间，强调某一倾向的审美效果，然而在建筑大木作技术上的要求无疑是更高了。这种"移减柱"法在明、清建筑中已难见到。

（三）立柱的历史沿革

中国最原始建筑物的立柱究竟是什么样子的，目前尚难提供确凿的证据。

在人类原始巢居文化中，原始初民原先以一株大树为栖身之处，如果说以其稍事加工的树枝为"梁架"，以树叶与茅草之类为"屋顶"，那么，这树身自然就是最原始的"屋柱"了。同样，在穴居中，先民于平野之上挖掘洞穴，穴口向上，为避阳光、雨雪，其上加一个顶盖，以木本、草本植物的枝叶结扎，在顶盖之下用一根木棒之类支撑，这木棒就是中国建筑屋柱的雏形。

通过考古发掘，人们在西安半坡遗址以及后来的商周宫殿遗址上都发现了柱的痕迹。早期的木柱多为圆形，到秦代开始出现了方形立柱。汉代不仅木柱的形态多样，而且出现了方木结构的石柱。魏晋南北朝时期，由于佛教的盛行，立柱形象也开始渲染上了佛理的色彩，各种佛教饰纹（典型的如各种莲花装饰）开始出现在了立柱上。隋唐时期，立柱又有了较大的发展。元、明、清时代，直柱与檐柱两种屋柱类型在北、南方发展不平衡。北方以直柱为常式，南方除直柱外，尚保留着梭柱形制。这种柱式的分流现象，是地域

文化的表现。北地人豪放、刚直，偏重于欣赏直柱之美；南方人崇尚优雅之美，故对梭柱的曲线较能受纳。

（四）柱的符号与装饰

1. 立柱的技艺形象符号

中国建筑的种种立柱，首先是一种建筑技术样式，同时也是一门"艺术"。从文化审美角度解读中国建筑的立柱的技艺形象符号，具有鲜明的特点与独异的脾性。

（1）檐柱、角柱、山柱或廊柱，是中国建筑立面形象的重要构成。中国建筑的大屋顶是很触目的，它的檐口一般为略呈反翘之弧形的横线条，台基高广，所以，建筑外立面立柱高耸，作为大致垂直的线条，恰与横阔的大屋顶与台明构成对比与和谐，成为上部之屋顶与下部之台明的综合因素。我们常说，由于大屋顶反翘，使中国建筑整体形象显得轻盈而灵动，而外立面纵直的立柱在造成这一整体审美效果中也是具有重要作用的。因为凡立柱形象，审美上多少均有奋起、向上的动感。

檐柱与角柱的有序排列，构成了建筑物立面的韵律。中国建筑檐柱与角柱之和一般为偶数，如一间二柱、三间四柱、五间六柱、七间八柱、九间十柱、十一间十二柱，是一种整齐的韵律。由立柱所划分的间，以明间面阔最大，居于立面之中部。向左右两边递减，次间为次，稍间又次，尽间再次……柱距从中部向两边逐渐减小，这是中国特殊的柱式形象。

（2）从内柱形象看，中国建筑内柱的林立，是木构架所致。内柱间的跨度不能太大，不能像希腊的石构平顶或罗马之石构栱顶大跨度屋顶，这造成了中国建筑尤其殿、堂之类内部空间植柱高耸与林立的深邃意境。如北京紫禁城太和殿殿身共有立柱七十二根，这已经大大增强了这座著名宫殿昂然向上的动势。尤其殿内中间六根巨硕的沥粉蟠龙金柱凌然挺拔，在观感上极大地渲染了金銮殿的崇高感与深邃感，要是没有这些室内金柱，人们反而感到不习惯，总觉得殿内空空，感情无所皈依。

（3）从屋柱的整体美学性格看，中国建筑之立柱形象总的来说是偏于素朴的。这不等于说凡柱都不加装饰与不具有多少象征意味。单是柱头的装饰，就多种多样。柱装饰，其绚烂程度从皇家、官宦到平民建筑呈递减现象。

宗教建筑的立柱也很有特色，如河南济源阳台宫大殿石柱就精雕细刻、气势不凡。

2. 立柱装饰

（1）楹联。在一些文化类、纪念类、宗教类与园林类建筑的立柱上，装饰的主要方式是楹联。它直接刻写或将刻榜悬于建筑物楹柱之上，是集书法、雕刻、诗词、建筑与园林艺术为一体的立柱装饰艺术。楹联使中国建筑的立柱形象陡增人文美感。

（2）柱础，即前面所提柱顶石。

二、斗栱

（一）斗栱概说

斗栱是中国古代木构架房屋中用在柱上的联系构件，承托斗栱和横向的梁架，用以增强柱网的稳定。斗栱是中国建筑所特有的支承构件，在现存一些大型而重要的古代建筑物上，几乎随处可见斗栱的身影，斗栱是中国建筑的一种"颜面"，它的"知名度"很高。但是，斗栱的结构又错综复杂，它直接关系到中国建筑文化的模数制度，是中国建筑文化的一个重要角色。如果说中国的古典建筑是一簇美丽的鲜花，那么这斗栱就是她的花蕊。这一组奇妙的构件，是中国古典建筑的一绝。它不但表现出一种结构上的形态美，还蕴含着力学气质深层中的逻辑美，所谓"以四两而拨千斤"在这里有充分的体现。越是古老的斗栱，便越能显现这一奥妙。

斗栱不仅有着与传统木建筑如影随形的兴衰史，而且蕴含着中国精神生活的一个侧面，意义至为深刻。无论是"建筑意"还是"诗书画意"，都在檐下斗栱处有着浓墨重彩的一笔。

斗栱是"斗"和"栱"的复合名词，是在一根短短的扁方横木端部挖成"栱"状，在栱顶装上一个"斗"，便成了斗栱。完备的斗栱组件由斗、栱、昂、枋四种构件组合，但枋只是牵连相邻两座斗栱的加固杆件。斗栱本身则是由垂直和横向的小斗栱构件加上斜昂，一层一层作十字形迭交而成，形态纤丽，是一种在技术上非常先进的空间结构。

斗栱不但用于殿堂檐柱中心线的外槽；也用于内柱中心线的内槽，在梁

端或梁中部位的支承点，也架用斗栱。许多藻井四周的连续悬挑构件也都采用斗栱构造。

(二) 斗栱发展的历史沿革

1. 起源

中国古建筑的用材以木为主，因此在建筑发展中必须解决以木头为建筑材料而产生的各种问题，如：木头怕雨淋，因此必得有一定尺寸的出檐；木头刚度小，易变形，于是难免枝枝丫丫的左右岔出前后叠置，以承担出檐的重量。对木构建筑的悉心考虑，使斗栱的形式出现了。

目前对斗栱的起源有几种说法：

● 由井干结构的交叉出头处变化而成；
● 中国古建筑所使用的木材的性能及建筑需要而出现的；
● 中国古建筑的空间造型的需要而形成的；
● 由穿出柱外的挑梁变化而成；
● 由擎檐柱演化为托挑梁的斜撑，再演化成斗栱。

2. 发展沿革及功能

(1) 西周至隋。这是斗栱发育的第一阶段，是斗栱从萌芽到基本成形的形成期。这一阶段斗栱的结构机能主要表现在：承托作用：木构架中，柱与梁、枋搭接时，柱顶搭接面是垂直木纹受压，梁、枋的搭接面是平行木纹受压；悬挑作用：木构架建筑的屋顶，当出檐较大时，檐下就需要有支撑悬挑的支点。

(2) 第二阶段：唐、宋至元。唐代，斗栱已臻成熟。大量的文字与实物都可以看出，成熟高峰期的唐宋斗栱，在结构、机能和造型艺术上都达到了近乎完美的地步，主要表现在：斗栱的承托、悬挑功能已臻完善；斗栱的形制已经完备，形成了规范化的斗栱系列；斗栱已从孤立的节点托架连结成整体的水平框架。

辽、金的建筑就实物而言，在斗栱的尺寸上沿袭了唐风。

宋朝是个以"郁郁乎文哉"而著称的朝代，建筑的整体直至细节也因此获得严谨深入的理性思考。斗栱在技巧上也有了很大的变化，变得极为复杂与精美。为了建筑的外形美观，斗栱在尺寸上减小了，数量上却增加了。在柱与柱之间还增加了一攒"平身科",即补间铺作。建筑的屋身变高,屋顶变陡,中景不再充满斗栱,而是由屋顶、屋身根据合理比例构成的。斗栱既是柱檐之间传递力的关节,也是檐下的一种点缀。宋代斗栱及建筑的秀美,均是一种实实在在,经得起考究、推敲的精美,然而斗栱至宋起,由大而小,由简而繁,由雄壮而纤巧,由真结构而渐次甚至于增加了掺假成分。

(3) 第三阶段:明清。到明、清,梁柱构架有趣味之处被删繁就简了,单体建筑日趋程式化,变得单调少趣。斗栱亦不幸成为"鸡肋"。它的结构功能随年代的推移而逐渐淡化,装饰功能逐步强化。它的比例被再次减小,补间铺作增至六七攒,排列更加丛密。内檐各节点的斗栱也逐渐减少,梁身直接置于柱上或插入柱内。斗栱不再是结构之关键、度量之单位,而是柱檐之间奢侈的装饰品,失去了原有的地位和意义。如泉州承天寺,建筑为明清风格,斗栱尺度小,排列密集,造形精巧,色彩鲜亮明丽,往往绘有彩画,装饰性很强。

这一阶段斗栱的结构机能大大衰退了,主要表现为:外檐斗栱的悬挑功能明显退化;屋顶出檐的尺度显著缩小;殿身梁架节点简化;斗栱功能走向装饰化;斗栱高度程式化;斗栱自身走向了僵化、繁缛化、虚假化,成为木构架体系晚期衰老化的突出症候。

(三) 斗栱的分件

1. 斗

为斗栱系统中承托翘、昂的方形木构件,其形如量米用的斗因此得名。按斗所在位置及功能各有不同的名称,有座斗、散斗、平盘斗等。

2. 栱

为矩形断面似弓形短木条水平安置的受剪受弯构件,用以承载建筑出跳荷载或缩短梁、枋等的净跨,是斗栱结构体系内的重要构件之一。在平面上与柱网轴线垂直、重合或平行,也有呈45°或60°夹角的。依其位置不同有不同的名称,如正心栱、正心瓜栱、抄栱、人字栱、厢栱等。

3. 昂

为位于斗栱前后中轴线上的斜置构件,断面为一材。昂有上昂和下昂之分。下昂为顺着屋面坡度,自内向外、自上而下斜置的木构件,多用于外檐,上昂是昂头向上挑。昂向下伸出部分称昂嘴，昂后部为昂尾，用以固定昂身的木栓称为昂拴。

4. 翘

在斗栱系统中，翘的形状与栱相似，但安置在纵向伸出位置并翘起，宋代称其为华栱或杪栱。有头翘、二翘、三翘之分。在角科中，位于45°斜线上的翘称斜翘，由正面伸出到侧面的翘称为搭角闹翘。根据斗栱出踩的多少，可分为单翘、重翘和多翘。

5. 耍头

在斗栱系统中，翘或昂之上与挑檐桁相交的栱材，称为耍头，出头部分一般雕成蚂蚱头形状，所以也称蚂蚱头。

6. 撑头

在斗栱系统中平行重叠安置在耍头之上并与耍头大小相同的构件。撑头与里外拽枋及正心枋成直角，其前端与挑檐枋相交。

（四）斗栱观赏

1. 结构赏析

斗栱的"斗"和"栱"，在形状和结构上具有鲜明的特征，是人们赏析的主要对象之一。从结构学来讲，斗栱悬臂承挑上不负荷，用以挑檐甚至可使出檐达400厘米以上；对于室内来说，则可以缩短梁枋的跨度，同时可以分散所承受构件节点处的剪力。就建筑学来讲，经过造型和色彩上美化加工的斗栱，很富于装饰性。在封建时代，斗栱还被赋予了意识形态上的含义，成为统治阶级的一种象征。在中国古建筑中，只有宫殿、寺庙和其他一些高级建筑才能在立柱上与内外檐的枋上安装斗栱，并以斗栱的层数来表示建筑的伦理品位。

在中国传统古建筑根据斗栱位置和形状、功能的不同，分为：柱头科斗栱、平身科斗栱、角科斗栱、溜金斗栱、藻井斗栱、襻间斗栱等。

2. 实用、装饰与象征意义的巧妙结合

斗栱作为中国古建筑的悬挑构件，不但用于外檐，而且用于内檐。大体而言，斗栱一般总是出现在檐部、楼层平座与天花藻井等处。

三、雀替

中国传统古建筑中的雀替，是安置在梁或阑额与柱交接处承托梁枋的木构件，宋代称为棹幕。其作用是用来减少梁、枋跨距增加抗剪能力，其长度一般为面阔的 1/4。按其所在位置、形式和做法有多种雀替样式：在较窄的梢间、廊子用两个雀替连在一起的为骑马雀替；在园林、民居中常用木雕纹样或用棂条组合拼接成图案的，称为花牙子雀替；在牌楼和部分门柱的雀替下部沿柱身安置云墩、麻叶头等装饰构件，这样的雀替称为龙门雀替；在柱头两侧连在一起成为整体构件安置在柱顶上的称为大雀替……

四、门

（一）说"门"

在《说文解字》中，将门解释为闻，意思是外可闻于内，内可闻于外，阐述了门对于内部和外部的"通"的作用，古人又说："一阖一辟谓之变，往来不穷谓之通。"更有了"变通"的意思，反映了中国人对于门的观念的起伏变化与循序渐进的认识。

门在中国人的观念中，代表着乾坤、阴阳，又有万物起源的含义。老子说："谷神不死，是谓玄牝。玄牝之门，是谓天地之根。"从门洞在建筑个体与群体组合中的重要地位与文化意义来看，中国建筑文化是一种门制文化，是"门"的艺术。很少有哪一种中国建筑是不辟门的。除了亭子、华表、经幢之类不设门扉外，城有城门，宫有宫门，院有院门，庙有庙门，墓有墓门……就连万里长城，也在山海关、嘉峪关等关隘处设定了座座关门。有的建筑门类，如牌坊，好像是不设门的，但实际上，牌坊一般建造在大路上，它横跨道路，人从牌坊下通行，就好比经过一道门。有的佛塔，也建造在道路上，它也横跨道路，人从下面经过，好像是人进了佛门，等于是礼佛一次，这种佛塔，称之为塔门。

门是中国建筑文化的一种十分活跃的文化因素。在文化品位上，因为它总是供人践越，似乎不及窗那般"高贵"与"典雅"，但除了明显的一般实用意义外，门的文化精神意蕴，是丰富而深邃的。古人曰："阖户谓之坤，辟户谓之乾。"乾者代表天、阳，是天下最刚健的；坤则代表地、阴，是天下最柔顺的，乾于辟时直遂不挠，坤于阖时闭藏微伏。阖即包藏万物，辟则吐生万物，显示出人们对于门变化的统一认识，也蕴含了自然人生的诸多秘密。以上是道家的观点。儒家又有不同的理解：首先是致中和的思想，在门的营建中多有体现；其次，礼的观念、秩序的观念也时刻显露出来，这从五门之制以及《礼仪》中关于门的诸多讲究中都可以看到。孔子发现"邦君树塞门，管氏亦树塞门"，就觉得管仲有僭越之嫌。释家也经常用门的不同含义来宣扬自己的宗教教义，如空门、不二法门等等。

中国古建筑中的门的意象和意义甚为广泛，例如门第之说的等级象征意义、传统习俗说中门的朝向的象征意义、匠人眼中的门的意义等等，都从多个方面表现了门的文化内涵。

（二）门的缘起与功能

1. 缘起

门的原型蕴涵在巢居与穴居的建筑方式与生活方式之中。建筑是供人居住，就要有人通过，这就产生了门的原型。可以这样说，建筑的起源，同时也是门的起源，门的文化资格几乎与整个建筑一样古老。中国古建筑基本上是一种东方土木文化，从材料角度看，中国最早的门，多以植物枝条编扎而成。柴门是古老的门，后世成为山野村夫、贫寒之士的家的象征。唐代诗人杜甫《羌村三首》之一云："柴门鸟雀噪，归客千里至。"宋人叶绍翁有诗云："应怜屐齿印苍苔，小扣柴扉久不开。"都以"门"入诗，饶有情趣。

2. 功能

古人对自然现象有诸多不解之处，而且经常遭到难以抵抗的自然灾害，因而常对所生活的这个天地充满了惶惑之情。有了室、院、城这种防卫设施，人们的心理上增加了许多安全感。但他们一旦出了这个防卫的圈子，面对茫茫的大地，仍不可避免地会产生恐惧。人们既希望得到天神的眷顾，又试图能避免恶鬼的骚扰。这时，他们注意到了门的作用。一方面，门可通风纳气，并使嘉客盈门；另一方面，又可把恶兽猛匪拒之门外。古人认为，门不仅仅可以作为人和物的通道，同时也是人和神相通的处所之一。门者，户也；户者，护也，门有"谨护闭塞"之功。

《门铭》："门之设张，为宅表会。纳善闭邪，击析妨害。"《云仙杂记》亦云："尺门以栗木为关者，可以远盗。"门关闭之时，室内外之人不能相互看见，但可以相互听见室内外的声响，故有"门，闻也"之解。门的基本功能是开与关，基本概念则是阴阳变化，由此又有了许多引申的象征意义。开与关之间，关是为了藏伏、防卫，是保守的、被动的；开是为了出入、吐纳，是开放的、主动的。门制曾发展为一种政治管理制度，这便是《周礼》所谓"五家为比，五比为闾"，"二十五家相群侣"。组成一个行政居住单位，这便是古人所谓"闾"，后来就发展为里坊制度，以唐长安为最规范，渐衰于北宋。

(三) 常见的主要门制及文化内涵

门具有一定的伦理象征意义。在古代，什么样的大门，用什么样的料，以及们的尺寸都有严格的等级区分。

1. 宫门

宫门是宫殿建筑群的开合"机关"，是其空间序列的节点。著名的故宫，世界闻名的紫禁城，其四周有围墙，形成一个独立的空间序列与环境。城墙四面各设一门，午门在南，神武门居北，东华门守东，西华门处西，太和门最雄伟。故宫内廷同样是一个门的世界，不同的"院落"有不同的门，不同的建筑也有不同的房门。不同的门有不同的装饰和不同的陪衬小品建筑。

2. 城门

中国古代城市兴起，四周筑起了城墙，城门制也就产生了。城门是城内外交通的通道。中国古代城市一般为内城外廓制，城廓之制上设城门。

中国古城的城门，在周代已趋成熟。由于历史传统、地理、地形等实际情况的不同，也由于文化观念等的变化，各朝代、各地区的城市的城门分布及建制也有所不同。以北京为例：北京古城的平面，分为内（北）、外（南）城两部分，其内城一共设立了九座城门。其方位分布与功能用途不同。例如东城墙设两门，现称得朝阳门为"粮"门，过去城中所用粮食，均由此门运入；东直门则为"营造"门，内城建筑所需土木材料均由此门进入；西城墙阜成门与西直门，前者供运煤、运柴草与炭火所需。出于实用方便考虑，门头沟有煤矿，从西部之阜成门运入，比较经济、合理；后者为"水"门，皇室所需的泉水，由著名的玉泉山经此门运来。南城墙正阳门、宣武门和崇文门，属于正中的正阳门处于全城中轴线上，为"龙"门，是专供帝王出入的；西侧宣武门为"法"门，犯人解押、发配到流放地或上刑场，均由此门经过；东侧崇文门为税物门，进贡纳赋者及其财物，由此门而入。北城墙的德胜门与安定门也有不同分工，德胜门为出兵门，出征打仗必走此门；安定门为进兵门，实际上是凯旋门，打仗归来必经此门。前者象征以"德"取"胜"，王师仁义；后者象征班师回朝，天下安定。

3. 关门

中国万里长城，是一堵无与伦比的大墙，它雄踞于中国北方，是军事防御设施工程。在这长城上，设置了许多关隘，作为军事孔道，建造座座关城与关门雄视于古今。以山海关、居庸关、嘉峪关、雁门关、娘子关闻名于天下。

4. 院门

无论是北京四合院，还是南方三合院，都有一个主要入口，这便是具有一定代表性的院门。这院门可以说是普通民居文化的一个标志。典型的如北京四合院的大门——垂花门。垂花门是四合院装饰最为讲究的一道门。在二、三进四合院落中，它是作为二门的身份而出现的。垂花门的形制多种多样，总的造型特征，是台阶踏步颇高，前檐悬臂出挑，这种"姿态"，似有亲切的"迎客邀宠"之趣。有的门梁与门柱之间有雀替、设左右两个垂柱，常以莲蒂或镂空木架为饰，并于梁坊之际铺陈彩绘、雕饰，艺术手法与风格颇为精雅。面向内院的另一面可设屏风门四扇，上面可有书法艺术。以"福、禄、寿"之类字样为多见，这是趋吉避凶求新心理的表现，如果书艺精美，也平添了一份书卷意味。

5. 山门

山门是中国佛教寺庙这一建筑群体的大门，是整座寺院空间序列的起始。它在建造观念上，相当于民居的院门或整座古城的主要城门。山门是寺庙的一个象征，原称三门。一般中国寺院大门，在一座门制上，往往设一字形并立的三个门洞，中间一门洞尺度最大，两侧各一门洞尺度较小，对中间大门洞起烘托作用，于是便称三门。这种形制，既契合中国一般建筑文化中的门

制,又蕴涵着佛教文化意味,即三门象征佛教的"三解脱门"。

6. 墓门

顾名思义,所谓墓门,就是陵墓的门户。在文化观念上,坟墓是供死者"居住"的"场所"。中国古人在某种迷信观念支配下,相信人"虽死犹生"、"鬼魂"不死,故建坟墓"事死如事生"。既然相信"鬼魂"能像活人那样起居活动,筑墓以建墓门为的是供其自由"出入"。然而实际上,尤其是一些帝王陵墓,为防盗掘,常设多重墓门,以石为材,非常沉重,密闭性能极佳,有的不能开启,暗设机关,一旦建成,不易打开。这是墓门保护墓穴、残骸及所葬文物的实用功能。广义的墓门,还可以包括地面上陵寝建筑的门。

7. 门洞与园林建筑之门

中国造门之制,自唐、宋至明、清,在基本观念及方法上几无变化。门的安装,下面用门枕,上用连楹,以安门轴。从古至今,中国建筑门制的发展韵律显得比较平和,具有渐变的文脉特色,这也是中国传统文化的特色。中国古建筑中的门,在宏观上大致稳定、一脉相承。而在微观上却十分的丰富多彩,其门的"变化"主要反映在中国古典园林的造门艺术上。

门洞是在分隔空间的墙体上根据通道的需要开设随墙的门,洞门一般不设门扇。洞门在园林中最为常见,其形式多种多样。洞门的边框用料为砖或石,在边框上常见装饰性极强的雕刻花纹。在园林中还起到框景、借景等作用。以苏州园林建筑景观为例,它的门洞样式、风格可谓千姿百态。其洞门的立面造型有圆、横长方、直长方、正八角、长六角、长八角、海棠、桃、葫芦、秋叶、汉瓶与梅花等形状。

8. 隔扇门

安装在古建筑金柱或檐柱间带格心的门,也称格门,格扇门。格扇门根据开间或进深的大小和需要可由四扇、六扇、八扇组成。每片隔扇门有外边框,门心上段为心屉,中段为绦环板,下段为裙板。裙板一般为镶素平的板,也有雕刻花卉、人物造型的。心屉的边梃内用木棍条组合成步步锦、龟背纹及各种植物图案。一般隔扇门均为活扇,可根据需要部分或全部卸下,以变换和组合空间。

9. 其他民居门制

如广亮门、如意门、馒头门、五脊门楼、牌楼门、花门与随墙门等等。

（四）门面

尽管建筑之门的造型多种多样，尤以江南园林之门构造型为丰富，然而从其立面看，一般总以方形为常式，这主要是因为方形的门建造与安装方便之故。

1. 门面的类型与造型

中国文化深受儒家思想影响，是很讲究"面子"的。所谓圣贤、君子均极爱"面子"，所以也很重视居室的"门面"。门，是中国人的建筑物的"面孔"。正因如此，多种立面造型门，表示出一张张不同的"面孔"。据宋代《营造法式》所记，宋代建筑大门主要有三种。即所谓"实心门"，有独扇与双扇之别。版门可能较早施用于中国建筑，其构造，以木板并拼成门板，背面钉以与之垂直的横木，称为"楅"（亦称"梢带"）。这是一般民居大门的做法。其正面是一块方形的平整、光滑的板，背向暴露结构，正反面不相同，为的是强调"门面"。二是软门，有所谓"牙头护缝软门"和"合版软门"两种类型。软门是版门的发展。如果说版门形式笨重，那么软门就比较轻巧，以木榫镶嵌薄板即为"软门"。三是乌头门，是一种文化品位较高的门制，伦理色彩很是强烈。

从造型来看，方形之门，有规整、严谨之感，尤其那些大型方门，气派宏大，显得体面而大方。园林建筑中的直长方门，给人以挺拔、修长之美感；横长方门显得空间阔大；圆形门洞圆融、柔美；其余各种以植物叶形、果形、花形为造型的门洞，令人联想到自然之美；瓶形与圭形之门亦显得娇柔可爱。

2. 门饰

门的功能最典型的表现在大门上。大门是一种特殊的装修。常见的清代建筑的大门，其结构，左右树立大边，上下端横安抹头，上下抹头之间有较小的抹头称穿带。大边与抹头一周的中间是门心板。门外安门拔，门里安插关。形制较大的大门伦理色彩丰富而强烈。其门拔的形式有不同的类型，门面上还有门钉。

（1）门钉：早期设置是门版结构上的需要，即以门钉固定门板与门背面之"槁"（梢带）。

(2)"铺首"：一种兼备实用功能的门的饰件，是门扇上的拉手饰件。门之拉手做成环形，门环设于基座，基座为各种兽首之形。其兽首造型的构思，颇受青铜器兽面衔环造型的影响，以小铜、鎏金甚至金为材。有的显得威怖，有的小巧，还有的比较风趣。如有的铺首做成狐狸头形，狐之鼻孔里穿挂着一个圆环，好像一个原始土著居民鼻孔中挂着一个圆环鼻饰。

(3)门簪：在中国传统古建筑的大门上方中槛位置，为了连接中槛与连楹固定门扇转轴，常安置有二或四个突出的簪头，其外观做成圆、方、六角、八角或花瓣等形状。在簪头上常刻有吉祥纹样和文字，有较强的装饰性和审美效应。

(4)门枕石、滚墩石：门枕石、滚墩石为在古建筑大门下面起承托大门和门轴转动作用的石构件。门枕石突出在门外部分刻有槛槽和门鼓石。门鼓石是门枕石突出在门外的鼓形装饰部分，其形式多样，是大门的重要装饰构件，也是古建筑的审美部件。滚墩石多用于垂花门或影壁，起稳定作用，并有装饰效应。

五、窗

窗，古时亦称为牖，在中国建筑文化中显得相当活跃。它不仅是中国建筑的采光通道与通风口，而且是组织空间、塑造建筑立面形象的重要手段。在园林建筑中，窗的技术与艺术发展得很充分，各式花窗，千姿百态，是优雅的审美形象，并且起到组景、对景、借景的重大作用。杜甫有诗云："窗含西岭千秋雪，门泊东吴万里船。"窗牖是一种尤具文化意蕴与审美魅力的建筑构件。

(一)窗的缘起与功能

陈从周《漏窗》序云："窗的起源和演变，现在尚无足够的资料，可以整理介绍于世。据长沙出土的汉明器瓦屋，已在围墙上开狭而高的小窗一列"。大致说起来，窗是伴随着建筑的起源而发明的。原始形态是巢居与穴居中已孕育了今日谓之窗的萌芽。那种经过简单绑扎和加工的巢居，从其"四壁"的通透之中，已有了窗的含义。在穴居中，为通风与采光，为驱寒与防

卫野兽的攻击，穴口多少要装备一点"屏卫"之类的东西。同时，为了便于人的出入，安置在穴口的屏障必然不是固定的，而是可以自由挪动或启闭的。这便是"门"的渊薮，同时也可以说是"窗"的滥觞。

"窗"字，从"穴"从"囱"，证明窗的文化原型是在穴居之中。这穴口及其人工屏障，既是"门"，又是"囱"，同时还是最原始的窗。从诸多关于窗的古文字的造型中，我们也可以看出中国古代建筑窗牖的历史踪迹。所以从缘起角度看，窗的起源，在于人类在居住问题上的采光、通风的生理性需要；窗也有防卫的功能。在此基础上，窗的文化艺术，才逐渐发展了一定的基于生理基础的心理性需求，比方说，窗具有开启之后供人在室内向外眺望的功能以及窗自身的审美功能。

（二）窗的类型

窗作为中国建筑的重要构件，也是一种建筑技艺，对它的分类，可以放在不同文化"坐标系"上去进行。

1. 从所处建筑的不同部位分，可有外墙窗与内墙窗之别

外墙窗即位于建筑物立面上的外窗，可一窗独开或多窗排列，类型多样，或组合灵活，或排列有序，除具通风、采光基本功能之外，还极大地丰富建筑外立面的文化艺术形象，并达到内外空间的交融与渗透。

内墙窗，顾名思义，是装设于建筑物内部壁面上的内窗，既具外墙窗的基本功能，又是建筑内部空间得以分割与延续、渗透的重要手段。

2. 从艺术性强弱角度加以划分

一般寻常百姓家的窗牖，比较素朴，建造的目的主要为了满足通风、采光的实际需要，大多不作任何装饰，或略事修饰而已，一般都欠丰富和绚丽。作为独立的审美对象，其艺术信息相对较弱。这类平常的窗户自然也可供人眺望，但一般不具有塑造丰富的空间形象和借景、对景等文化审美功能。另一类窗牖，则除了满足通风、采光的实用要求外，具有丰富而脍炙人口的艺术魅力。其形制多样，装饰华美，它不仅是中国建筑组织空间并使窗里窗外景观渗透、应对的手段与方式，而且已发育成为独立的审美对象。这类窗的高级文化形态，大多见诸宫殿建筑、官邸宅第及园林景观中的窗牖。

3. 从形制、造型分析

由于窗是嵌在墙体之际的一种框口，不影响木构架的承重功能的发挥，所以匠师们对窗的造型运作十分自由，可以说，窗是中国建筑文化中最富于创造性、最自由、类型最多样的建筑构件。

4. 从建筑装修角度看

作为建筑外檐装修窗制，有长窗、短窗、半窗、横风窗、和合窗、方窗与砖框花窗等多种。作为内檐装修者，有纱槅围屏纱窗、屏风窗等。窗洞的形状有月形、六角、八角、菱形、椭圆、瓶、桃、佛手、葫芦、蝴蝶、蝙蝠、元宝双钱等，也有做成形状套双的窗洞，其寓意为福、寿、财、喜、平安等。窗棂的形状有直棂、步步锦、拐子纹、冰裂纹、回子、万字等。一些较高级窗的心屉是用整木片雕成复杂的图案，有较高的审美价值，并蕴有丰富的文化内涵。

5. 从所用建筑材料看

可以启闭的窗以木制为多，木制者启闭时比较灵便。

6. 从结构方式看

有的窗，是一扇窗门，窗门的一边有轴，像一扇小型的门，故称窗门。打开时，只要像打开门一样以手拉开就是了。有的是双扇窗，可以双手同时关闭，或以双手同时推开。有的是拉窗，即窗框的下部有槽，可以随需要拉开或关闭。还有的称为支摘窗，支者，支起来的意思；摘者，摘下来的意思。

7. 不同类型窗的名称

（1）槛窗 安装在柱间门槛上的窗，也称隔扇窗，多在宫殿、寺庙建筑中使用，一般为四、六或八扇，窗扇的上下有转轴，可向内或向外开启，也可摘落。

（2）支摘窗 即将窗框分为二段或三段，上段窗扇可向外支起，下段窗扇可摘下的窗形。在南方称为合窗、提窗，多在民居或园林中使用。此窗有利于遮阳、采光和通风。一般上下窗扇固定，中间扇可开启，并与隔扇门相似进行雕饰，有较强的观赏性。若窗的摘扇安有木板的则称为护板窗。

（3）十锦窗，在园林的亭、廊墙或院墙上开的具有装饰性的牖窗。其外形多样，有月洞、扇形、双环、套方寿桃、梅花、海棠等形状。根据其功能又分为纯装饰性，即不通气的盲窗；安有中间纱或玻璃的夹樘什锦窗；只有窗框不设窗扇的通透窗等。

（4）楣子也称挂落，是悬在廊柱间额枋之下用木条搭接成的通透花饰，也有用整块木料雕成花饰的。其式样有万川式和藤径式两种。

（三）窗的文化含义

1. "交流"

窗的开设，加强了内外空间的交流，这种交流，是气韵的流动。人住在四合围墙与由上屋顶、下地坪所构成的封闭空间之内，自然是比较安全的，但人又必须在围墙之内实现与自然界的情感交流。于是便诞生了精神文化意义丰富的窗。虽然窗具有一定的通风、采光作用，但这不是人们在墙上开窗的全部文化原因，因为门也具有这同样的实用功能。为求通风、采光，多开几扇门即可达到目的。

人们在设门之外，须开窗。在文化功能上，门与窗不能互相替代。两者的根本区别在于，门主要供人出入，窗却不是。一般而言，"跳窗"当属一种不文明的行为。窗的"高贵"乃是令人之视线通过，它是供人眺望的"器具"。人若长期生活在暗室里面，势必导致身心的极大伤害。所以，窗的开设为的是"透气"。这种"透气"可喻之为建筑生命的"呼吸"，要加强建筑内外空间气韵的流动，窗这一中国建筑吐故纳新的"呼吸器官"，是不可缺少的。它在实墙上所形成的"虚空"，塑造了建筑内外立面虚实相谐的韵律。

2. 文化审美

窗的设置，同样表达了人类对自然的依恋与回归。人站在旷野之中欣赏自然，与站在室内通过窗户眺望外界景观，所激起的美感不尽相同。前者的审美机制，是人的身心与大自然融为一体，有一种人消融于自然，使人"合"于"天"（自然）的美好感受。在室内通过窗户远眺大自然，此时人的身心处于一定建筑物的庇护之中，在潜意识上免除了上述不自在的因素，使之化作一种令人宽松自如、从容不迫的心理感觉。窗户，是一种人工对大自然和空间的"剪裁"，它使人对自然景观的欣赏显得更"艺术"，更有选择，具有"天人合一"的另一番妙趣。

在审美上，花窗之类本身的造型、花式具有很高的审美价值。如江南文

人园林中窗的艺术，打破了大片实墙的冗长感与沉闷感，创造了园墙的通透、秀逸的氛围。漏窗本身的种种花式，具有千姿百态的均衡的美，人在游园时，视线不时穿越漏窗，步移景生，造成动观的意境，丰富了园林景观奇趣诱人的生动画面。

六、铺地

在游览中国古建筑时，人们对铺地也许不像对屋顶、屋身、斗栱甚至台基那样印象深刻，这是因为铺地处于建筑下部的缘故。这不等于说铺地的有无无关紧要，它是中国建筑及其文化的有机构成。对于一座建筑物、一个建筑环境而言，铺地的设置，人工地完善了空间的第六个面。无论在室内、室外，作为人们生活活动于其上的建筑与园林平面，铺地具有其独具的文化魅力。

（一）铺地的缘起

1. 基本概念

中国古建筑中的铺地实际是我们通常所说的建筑的地坪，是附着、铺展于地面之上的一种建筑方式。铺地的特点，一般是平展于地面，毫不掩藏。它的"开朗"性格，在整个中国建筑文化系列中是别具一格的。当一座建筑造得差不多竣工之时，铺地以及怎样建造铺地，成为"最后一幕"。

2. 缘起

当人类最原始的一座茅屋建造起来以后，人在室内的居住活动，势必会把室内的地面踩得严实、光滑起来，大概这给了原始先民一个灵感，即一个坚实、平整的地坪不仅是实用的，而且是悦目的。这里，隐藏着铺地文化起源的历史性契机。

远古之时，居住在中华大地上的古人就曾对全穴居或半穴居的穴底用火烧烤，以使其坚硬，开始也许是无意识的，不过是用炊煮食的结果。继而人们渐渐领悟到，经火烧烤的室内地面不仅土质变硬，而且由于渗水性能差，不易"泛潮"，这对改善居住条件是有利的，这种烧烤地面之法，可以看作是中国远古铺地文化的缘起。一旦由穴居、半穴居进化为地面建筑时，这种最原始的烧烤"铺地"法，就被初民有意识地采用了。

铺地往往作为建筑物或建筑环境之建造的最后一道工序，是人通过建造方式、改造自然所划上的最后一个完美的"句号"。

（二）类型与文化

1. 以材料分

（1）石灰三合土铺地，其做法简单，就是以石灰、沙子与鹅卵石三种材料搅拌铺放夯实。

（2）砖铺地，即以各种规格、素质与品格的砖为材料，在建筑环境地面上铺出各种图案与纹样，也称砖铺墁。其做法是，在地面上先虚铺灰土一层，厚度约为7寸，压实后5寸，由于建筑物品类的区别，运用等级不同的砖块，铺出不同品位的砖铺地。各种砖如长砖、方砖与金砖等施用于不同的建筑环境的地面，造成不同文化级差的铺地形象。

（3）其他材料的铺地：除三合土和砖铺地外，从材料来看，还有石板铺地和木板铺地。

2. 从场合与环境分

（1）室内铺地，是一种将自然地面用砖等材料全部遮盖起来以建造居住平面的一种建造方式。多以方砖或长砖平铺，侧放者极少见。这种铺地，称为地砖式。据考古发现，其出现于晚周时期。

（2）室外铺地，是室内铺地的延伸，但工艺要求等与室内有所不同。室外铺地按位置、方式之不同，可分"散水"、"甬铺"与"海墁"三法。

所谓"散水"，位置在屋檐（前后檐）、山墙、台基的下方、旁侧。这里的铺地是接受檐水的"器具"，里高外低，但外口不应低于室外地坪，以便散水。当然，有些"散水"以石为材，这是砖铺地的变形。

所谓"甬铺"，又称甬路。指建筑庭院的主要交通线，往往方砖铺墁，甬路砖趟力求奇数，按建筑品位之高低、庭院之大小决定甬铺的砖趟，逐次递增，为一、三、五、七、九趟。甬路平面为中部略高，两侧偏低，走向是由庭院交通方式与排水方向所决定的。甬路的艺术化、园艺化，即成为雕花甬路，指其两旁的散水墁使用雕饰方砖或镶以瓦片所构图饰，有的或以什色砾石构铺各种图式，以求美观、气派。

所谓"海墁"，即一定建筑环境中除铺甬路外，其余地方均以砖墁。所用一般为长砖，墁式一般为糙墁。从"风水"观念分析，一个建筑环境的"水口"应在东南，故水流方向以由西向东、由北向南流淌为顺，所以海墁应考虑环境内雨天排水流向，所墁之长砖应东西向顺放。

(3) 中国古典园林建筑环境中的铺地。江南园林的铺地文化十分丰富多彩，以苏州古典文人园林为代表。一般园内厅堂、楼馆多铺方砖，走廊偶铺方砖，常以侧砖铺构多种几何图案。室外铺地样式更见丰富，在道路、庭院、山坡蹬道、踏步与屋檐、山墙之下以及河岸之侧等，随处可见。所用材料除方砖、条砖外，还有条石、不规则之湖石、石板之类。由于铺地之建造，在建造房舍、园林时总是最后一道工序，所以所用材料，有时便是建筑废材、废料的利用，一些碎砖、碎瓦、废旧陶瓷片以及卵石等，都可用于铺作地纹，其纹样形式不胜枚举，色彩或素雅或绚丽。有植物纹样、动物纹样、几何纹样等，如以砖瓦为材的人字纹、八字纹、斗纹与间方；以砖瓦为图案界线，镶嵌以各色卵石及破瓷片，构成美丽的八角、六角、套六角、套八方、套六方等图式；以砖瓦、石片、卵石混合砌成的有海棠、冰裂纹、十字灯景等；还有以卵石与瓦混铺的图式等。铺地是一种具有实用性功能的对建筑与园林地面的"装修"，一般应是以铺墁方式所进行的对大地自然优美的"刺绣术"，人将情感观念编织于铺地之中，令人回味无穷。

园林铺地往往构成美丽的景观。我们游赏园林之美时，无论在皇家园林，还是江南文人园林（私家园林）中，在兴致盎然地欣赏园林建筑之美的同时，千万不要忘记注视自己的脚下，这里是铺地的"世界"，有一片别具神韵的美的风景。

七、墙

（一）墙的功能与建造

墙壁，中国建筑的围护结构，一般分为外墙与内墙两类。外墙是一般建筑物屋身的主要构成，在外墙体上开门、设窗，造成了建筑物外部屋身虚实相间的空间效果与立面韵律。内墙一般是间与间之间的分界，墙上门窗之类的有无或多少，造成了或封闭或开敞，或隔断或连续的室内空间形象。在文化上，墙壁是人类身心的自我保护，是人类占有、梳理自然空间的手段，是

一种独特的建筑审美文化。

中国历来有"墙倒屋不塌"的说法，这反映了中国木构建筑的结构特点。木构是承重构架，墙壁一般只起围护作用。因而墙壁在组织空间时是相当自由的。

不同等级古建筑的墙体做法有不同的要求，墙体做法分为混水墙和清水墙。墙体的砌筑一般分里外两层，里层墙面称为"背里"，里外层中间的空隙填碎砖称为填馅并灌浆。清水墙砌筑的方法有干摆、丝缝、淌白和粗砌，其中干摆做法的要求高，粗砌的要求低。混水墙用砖不需要加工，室外抹灰根据建筑性质需要刷红浆、黄浆、月白灰浆或青浆。

干摆墙一般称为磨砖对缝，要求墙体表面平整无灰缝，多用于台帮、博缝、戗檐或山墙下的碱以及照壁心等部位。干摆的做法是先将青砖五个面即看面和上、下面及两个丁头反复砍磨，称为"五扒皮"，将砖块按一顺一丁，三顺一丁、五顺一丁等方式干摆好墙外层，同时用小砖背面填馅、灌浆，最后打点、磨光，用水冲洗净墙面。

丝缝墙仍用"五扒皮"砖，但砍磨比干摆要求略为粗糙些，但在砖外口挂浆灰，逐层灌白灰浆、抹大麻刀灰，最后不用水冲墙面，而是用细砖蘸水磨平墙面，再用竹片耕出横平竖直、深浅一致的细小灰缝。

淌白墙用砖只磨一个看面及一条直棱，用白灰泥浆砌筑，最后用青灰浆勾缝。

粗砌墙又称糙砌墙，用不加工的砖，以月白灰砌筑，灌浆后用瓦刀耕缝。

（二）墙之用材

中国建筑之墙的用材，主要是泥土。可分生土与熟土两类。生土者，未经烧制，所谓版筑，就是将具有一定湿度与粘度的生土按人的需要夯实为墙，这是一种古老的筑墙之材与筑墙之法。为求坚固，在生土之中适当地掺入小石、植物纤维之类，如古长城的有些地段，版筑为墙，生土中掺以小石与芦苇等。熟土者，即经过窑烧而成的砖，以砖垒砌为墙，或在墙表面涂以石灰之类，或其表面不作涂染，让砖砌结构暴露在外，成清水墙。

除了土墙，自然还有以石为墙等等，不过这在中国建筑文化中不唱"主角"。

（三）墙壁装饰的功能

中国古代的墙壁之饰是颇为丰富的。或是以泥灰抹墙；或是以石灰浆粉刷；或是在墙上绘制壁画；或是在墙上悬挂字画、饰件；或是在墙的底部做出线脚、安设挡板；或是干脆是清水墙，不要任何装饰。不要任何装饰，其实也是一种别致的"装饰"。

墙壁的装饰，大致有四种功用。

1. 为居室洁净，有益于生理健康

如所谓"椒房"以胡粉与椒涂壁。又如用沉香和红粉泥壁，使室内香气弥漫，创造了一个使居者在生理上获得快感的居住环境。

2. 美化居室，满足文化审美上的需求

如以香草之类舂之为屑涂壁使其"洁白如玉"，或以滑石粉拂拭，使壁"光莹如玉"。

3. 在审美之中体现伦理品位观念

高级殿宇、府第、坛庙与陵寝建筑之类，因居者政治地位高显、豪侈而饰壁。如果说，平民百姓以石灰涂壁求其素朴的话，则"巨豪"必使墙壁绚烂之至，所谓"以麝香乳筛土和为泥"，"以金银垒为屋壁"与"峻宇雕墙"等等，都在表现这类建筑在政治伦理上的显贵。

4. 辟邪以保平安

古人中体弱多病者，往往以为有妖孽在居室作祟，迷信"硃砂"有"辟邪"之功，故以此饰壁。虽然建筑是人对盲目自然力的一种"战胜"方式，然而人类在建房造屋时，有时不免战战兢兢，在心理上总感到不安全，尤其遇到病灾之时，相信有一种与己敌对的力量作祟，于是想通过一定的建造方式以达到辟邪的目的。古人饰壁有时亦为如此，倒并不一定为了审美。

（四）墙壁与空间分割

就墙壁的基本功用来说，墙壁之饰，作为避邪也罢，美化也罢，还不是最主要的。墙壁是否实用即是否起到了围护作用，是根本的。墙壁是组织空间的一种手段，它作为建筑实体的重要构成，起了分割空间的作用。

由于中国建筑的木构架是负重的构件，墙只起围护作用而不负重，所以在营造中，砌筑一堵墙，或是推倒一堵墙，相对而言，是比较方便的。中国建筑的墙，以土墙为绝大多数，无论生土墙还是熟土墙，整个建造过程是逐步的版筑或是逐层的砌筑，不像一些石墙，石块作为构件显得比较巨大与沉重，操作不便。"墙倒屋不坍"这句话，说明了中国建筑的墙与整座屋舍之间的技术上与美学上的关系。

（五）墙壁的形制

墙壁的形制多种多样，多姿多态。其材料、位置、大小、长短、走向、装饰、功能与文化属性之类多有不同，可以从各方面、多角度加以分类与欣赏。

1. 假如以材料区分，可以分为土制墙与非土制墙两类

前者为主，后者为次。但后者之中的"风篱"之类以植物枝叶、茅草等捆扎的"篱笆墙"等等，实际是最古老的墙。中华古代所谓"茅茨不剪"，不仅指茅屋之顶，也指墙。土制墙又可分为生土墙与熟土墙。前者或版筑，或为土坯墙，后者以灰浆垒砌，是一种砖结构。除了极考究的房屋内壁做护壁板之外，一般墙体的砖结构都是暴露的。这种墙有自然、净素之趣。倘加以粉刷，则以熟石灰饰墙面者为多见。

2. 位置角度看，每座房舍的墙可分外墙与内墙两种

（1）外墙，与庑殿、歇山、悬山、硬山顶建筑的前、后檐墙相对的，是其两侧山墙。与山墙相应的，是所谓廊心墙，指山墙里皮檐柱与金柱之间的部分，要求下碱外皮与山墙里皮处于同一直线上。

后檐墙亦是外墙之一种。它有露椽子者称"露檐出"（俗称"老檐出"）与不露椽子者称"封护檐墙"两种。值得注意的是，大型建筑无论"老檐出"或山墙，凡临柱之处，应砌置一块有透雕花饰之砖，称"透风"，以便使立柱根部附近空气流通不使柱根腐蚀。

还有一种外墙是槛墙，为前檐木装修风槛下的墙体。

（2）内墙，作为室内空间的分割手段，在宫殿之类室内金柱之间亦需砌墙。与檐墙平行者，称金内扇面墙；与山墙平行者，称隔断墙，或称夹山。

3. 从空间组织角度看，凡墙壁，又可分为具有室内空间与不具有室内空间两类。

一般房舍、居室的墙壁与屋顶、梁架等构件一起，构围成一个室内空间。

但有些墙壁，虽有围护之功，则不由其构成一个室内空间。如一般院墙（北京明清四合院等除外）与城墙等。它们是庭院、建筑群、城市的区域划分或围护、防卫的障物。在古代，建筑组群不管大小与地域，一般均设以院墙或围墙。城墙是一种大型围墙，长城也是一种墙，其大无与伦比。

（1）院墙，院墙之结构分下碱、上身、墙帽（包括砖檐）三部分。其高度与宽度，以难以翻越与坚固为基本标准。有的院墙上没浅檐式屋顶。此时，墙帽必低于屋檐。有一种墙称为女儿墙，其高不过齐胸。露天、位于台上、房上或墙上之墙，多见于城墙、平台或楼台之上，其功能类似于栏杆，起护卫作用，实际是一种小型的矮墙。可以做成实体，亦可以花砖或花瓦砌就。

关于女儿墙，李渔《一家言·居室部》说："女墙者，城上小墙，一名睥睨，言于城上窥人也。予以私意释之，此名甚美。似不必定指垣，凡予以内之及肩小墙，皆可以此名之。羞女者妇人未嫁之称，不过言其纤小，若定指城上小墙，则登城御敌，岂妇人女子之事哉。至于墙上嵌花或露孔，使内外得以相视，如近时园圃所筑者，益可名为女墙，盖仿睥睨之制而成者也，其法穷奇极巧，如园圃所载诸式，殆无遗义矣。"这确是有趣的一家之言。

还有一种便是见于东南地域的马头墙，为房上之墙，堵堵低墙形成序列，似马头奔腾之势。护身墙常筑于山路、马道、楼梯两侧，其高不过齐胸，作法同于女儿墙。至于金刚墙，显然受到佛教文化的影响，"金刚"者，永远不坏之属性也。它是中国建筑物隐蔽在结构深部的墙体。如建筑物博缝砖里面数层砖所构成的墙、起脊瓦屋之瓦陇、天沟交界处，代替连檐、瓦口的数层砖筑墙体以及陵墓中被土掩埋的墙体等，均称金刚墙，它是墙文化中的特别角色。

（2）城墙，一种特殊的墙体，它规定了中国古代城市的大小。中国古城崇尚方形平面，是由壁立于四周的城墙来限定的。城墙的主要功能是用于防御来犯，所以它高大坚实、稳固森严。"固若金汤"这一成语，道出了城墙的文化性格。总之城墙给人以高不可攀、望而却步之感。《空城计》中的诸葛亮在城头安闲地抚琴，吓退司马懿大军，固然出于孔明的运筹帷幄之功，也与城墙之威武、壁垒之森严有关。

城墙正、背面具有一定的倾斜度，称为收分。就是说，城墙越往上，越往里收,一般用于防御之城墙宽度大于两辆辎重马车的宽度。一般地说,城墙内檐墙收分约为城墙高度百分之十三左右,外檐墙约在百分之二十五。太陡有利于防御而不够坚固,太倾斜又不利于防御。城墙的"基数"称为"雉"。《诗经·小雅》云:"一丈为板,五板为堵。"《春秋传》说:"五板为堵,五堵为雉。"每雉高一丈,长三丈。

城墙是战争的产物与工具,城门为通道,角楼用以瞭敌,堋、堞、楼、门以及供登城的"墁道"等构成了城墙的整体。早期城墙无疑为版筑,以后发展为砖筑,或里版筑、外包砌砖以成。石筑之城墙称"石头城",很少见。四周城墙之外侧有护城河,一般为人工挖掘,也有自然形成的,对城墙与整个城市起到防护作用。显然,长城也罢,城墙也好,在建筑观念上,它们实际上是一种围墙,是一座建筑物外墙的扩大。

(3)影壁,是一种有特殊功能的墙壁。它是宅院、园林建筑等门楼的附属部分,它的名字实由"隐避"二字衍化而来,设于门内者称"隐";设于门外者称"避",合称之为影壁。因为影壁者,往往总是一堵跨度不大,屋檐很浅的墙,白日或晴朗之月夜光影的变化往往影照于壁面,往往有素朴、雅致与层次感很丰富的美,别具情趣,这也是影壁之称的来由之一。

影壁的主要类型,有一字影壁、八字影壁、撇山影壁与座山影壁数种。前两种均以平面造型为名。影壁基座往往为砖筑或石筑须弥座。基座上静静地屹立着一堵青砖影壁。在北京四合院、江南园林的入口内,往往有影壁设立,十分讨人喜爱。它像是建筑的屏风,在白粉墙面上可静观光影变幻,实在是极富于想像力的一种建筑文化现象。中国最著名的影壁,莫过于处在北京皇城内的北海之九龙壁。

(六)墙与文化

中国古代建筑单体从来没有离开"墙"而存在,任何建筑单体都不同程度地受到"墙"的影响。纵览中国古代生存环境,不难发现,中国人对"墙"给予了极大关注,正是"墙"(而非建筑单体)构成了"院"(院墙)、城市(城墙),乃至国家(长城)的形态。西方学者福柯发出这样的感慨:"我们想到中国,便是横陈在永恒天空下面一种沟渠堤坝的文明,我们看见它展开在整整一片大陆的表面,宽广而凝固,四周都是城墙"。中国古建筑的墙壁,

成了文化蕴涵丰富的一种物质载体。

中国古代生存环境的理想状态是由"墙"构成的全封闭空间，但现实状态则是大半封闭的，这主要是由于地理环境以及人的行为等综合因素造成的。"墙"成为中国古代生存环境区别于其他生存环境的重要特征，以砖、石、土等耐久材料构成的"墙"形成了中国古代生存环境"几何化"的永恒。它呈现为方形封闭空间，一方面同中国古代的"天圆地方"说吻合，另一方面，方形平面可以使许多房间互相紧贴在一起。

综观人类建筑所体现的文化现象，一切的建筑墙体都具有围护作用，从这一点看，似乎看不出中国建筑的墙文化到底有什么特别之处。其实，墙壁之围合，是中国民族文化趋于封闭、向心、内敛与含蓄的文化心理的表现，而不仅仅是一种建筑结构问题。

中国古人热衷于长城、城墙与院墙之类的建造，除了求其实用外，还为了满足某种文化心理上的需要。对一个家族、一个聚落、一个诸侯之城来说，围墙之内，就是他或他们的"家"，一种以血缘维系的属于自己的"世界"。这个"家"与"世界"是向心的，最好是封闭的。中国古人筑城，先规划城之范围、筑起城墙，再建宫殿之类，是一种自外向内的文化构思。典型的北京四合院以房舍之外墙四边连构为院墙，除了东南隅仅设一门外，再无门窗可言，古时中国北部的长城屡废屡建，在军事上有阻挡异族南下之功。然而在明代，实际中华之版图早已远出于关外，汉人仍重修长城，这在文化心理上兼有居中、内向的特点。直到如今，人们常将一个人出国远游称之为"出国门"，有门自然有墙，可见在中国人的心灵深处，或是潜意识中，中华之国，四周是有一道无形的"围墙"的。围墙之多见，可以说是中国文化的一道风景。一个家庭、一个单位、一个社区，往往都有围墙。除了求其生理上的安全之外，主要是求其心理上的安全。

从文化审美与伦理角度看，对墙壁的美化与装饰，同样显示了中国墙文化的生命活力。

从考古看，现存的古代壁画，大多为墓室壁画、石窟与寺观壁画以及宫殿壁画等。西汉时期的洛阳墓壁画、卜千秋壁画、东汉的密县、望都墓壁画，魏晋嘉靖墓壁画以及唐代李寿、李贤、李仙蕙、李重润墓壁画等，都是献给

所谓"阴宅"主人的艺术,而表现在石窟与寺院中的壁画,更是数不胜数,其中唐代画圣吴道子是绘制壁画的高手。这无数壁画表现了佛教教义、佛本生、西方净土与涅槃境界等,成为中国传统所特有的墙文化、壁文化。

在北京紫禁城,大片红墙也是一种美化与装饰。红色热烈,为《周易》所谓"离火"之色、生命之色。在古代,墙之敷色严格地讲究伦理等级,红色为帝王专用之色,平民百姓休得染指。当然,红色也具有审美意义,中国人是很喜爱红色的。据考古发现,早在"山顶洞人"的葬制中,已有将红色的赤铁粉末洒于尸骨近旁的习俗,其观念是认同红色为鲜血之色、生命原色的缘故。

在中国民间,特别是江南的私家园林中,对墙的装饰显示了生活和生命的气息。江南园林中的云墙,造型曲柔可人,墙上开有窗洞,形成系列花饰不一的漏窗造型,云墙上还往往爬满藤蔓,让人感受到生命的气息。

第五章 中国古建筑基本门类、装饰与建筑小品

不同的建筑门类在建筑样式、布局等方面都有差异。要全面了解中国古建筑还需了解不同门类古建筑的布局、特色，再结合个体形象、装饰和建筑小品及其所包容的文化内涵，才能进一步为体验博大的中华建筑文化奠定基础。古建筑装饰及建筑小品是中国古建筑游览审美中的亮点。

第一节 中国古建筑基本门类

一、城市——古城

城市是一个综合体，是人类各种活动的中心和各类建筑汇集之地。城市的数量、职能和分布随着社会政治、经济、文化等的发展和时代的变更，不断发展和变化。据不完全统计，我国目前约有3000座古城及城址，散布于广阔的土地上，成为人们的旅游目的地和游览热点。

（一）城市的起源和发展

"城"和"市"原本是两个不同的概念。"城"是防御功能的概念，"市"是贸易、交换功能的概念。两者的结合是社会发展的产物，也是古代城市的两个最基本的功能。

经考古证实，我国早在三千多年前的殷商时代就有了城市。最早的城市是在奴隶主的封地中心——邑（农村居民点）的基础上发展起来的政治、防卫、手工业和交换中心。后期随着社会的发展与进步，城市的功能也越趋复杂。

春秋战国时期的城市，有王城和外郭的区分，反映了"筑城以卫君，造郭以守民"的要求，棋盘形格局已初步形成；城市带有围墙，内为城，外为

郭。城中有城，内城即为宫城。手工业作坊集中分布在宫城周围。市民有明确的居住区域，市场有固定的位置。这种格局一直延续到唐代。

唐代的长安城的规划，是中国古代城市的典范：城市平面为矩形，宫城居中偏北，采取严格的中轴对称、封闭式棋盘形布局。宋代形成宫城居中的三套城墙布局。北宋中叶，开始出现了较为开放的街巷制体系，形成了中国封建社会后期的城市结构形态。

（二）古城的游览与审美

1. 城市鉴赏程序

（1）从城市的选址开始——中国古代城市一般都重视城市的选址，要了解一个城市，首先要了解它的位置和城市环境。

（2）了解规划思想的体现——中国古代城市，特别是都城和地方行政中心，往往是按照一定制度进行规划和建设的。不同的城市，由于地理位置及政治、经济、军事等地位的不同，在城市规划与布局上是有差异的。

（3）分析城市布局与里坊——中国古代城市的布局特征主要以宫室为中心，中轴对称、街道呈棋盘式布局为典型。这放映了中国古代的等级观念和统治者对"秩序"的要求。棋盘式布局，主要来源于古代的里坊制。里坊制，起源于周代。在周代除天子王城外的地区，每25户人家为一基本单元，称为"闾"、"里"。这种闾里制度实际上是封建君主为方便统治而设置的。

（4）看筑城技术——古城游览审美要从城池的防御体系开始，即了解城墙。在筑城的进程中，版筑法，是我国古代筑城的主要方法。早期的版筑法，一般是用斜行夯土来顶住城墙的主体部分，用绳将木棍编成板，用两块木棍板封夹，两板中间放土，用石或杵夯实而成。宋以前的城墙主要是土城，到明朝中期以后，砖城开始普及，至清代几乎都是砖城了。

2. 古城防御体系

古城与长城的防御体系既有相同之处，亦有相异之处。相同之处是它们都以构成一套完整的严密的防御体系为前提，以能有效地保护自己和有力地打击敌人为目的，都以城墙为主体，而城墙中都有垛口、敌楼、马道之设；相异之处，是它们都根据自己城防之需而另有它设，如城池还有角楼、门楼、箭楼、瓮城、护城河、吊桥之设，而长城则有关隘、烽火台等。城防体系中

每一种建筑都有其特殊的功能：

(1) 门楼——是权力的象征，同时也是一个城的重要标志，所以一般门楼建得比较高大雄伟。门楼在平时作瞭望守卫、储备粮食武器之用，战时则是作战指挥中心和守卫要地。

(2) 角楼——位于城之四角，因为它双向迎敌，所以是城防中的薄弱点，需要努力加强防卫。战时，角楼中都集中较多的兵力和武器。

(3) 敌台——又称"马面"，敌台的防御作用是很大的，因城墙正面不便俯射，将士若探身伸头射杀敌人，容易遭到对方的射击，有了突出的城台，进逼城墙脚下的登城者，就会遭到左右敌台上的射击，而使登城无法进行。所以敌台的距离一般均在两个敌台能够控制的射程之内。

(4) 敌楼——敌楼乃骑墙而筑，高出城墙之上，有的二层，有的三层，是供储备粮草、军械、火药和士兵居住地、躲风避雨以及作战之用。一般它筑在墙下开阔平坦，便于敌骑驰骋，需要特别加强防守之墙段。

(5) 垛口——筑在城墙迎敌面的顶部，呈上下凹凸状，凸出部分称垛口。垛口中有上下两孔：其上为望眼，用以瞭望来犯之敌；下有射孔，用以射击敌人。垛口作用很大，它既能隐身防敌，又能有力射击敌人。

(6) 墙顶——城墙顶部是军队防御活动的通道，迎敌一面筑有 2 米高的垛口，另一面筑有高 1 米左右用以护身的女儿墙，墙顶通道一般较宽，可五马并骑，十人排行而走。地势陡峭处，路面筑成阶梯形的梯道。为了排除下雨时的积水，在墙顶还有排水沟等设施。在墙体内侧隔一定距离开有石砌或砖砌的拱形券门，中修磴道，直通墙顶，以便战士们上下。

(7) 瓮城——呈长方形或圆弧形加筑在迎敌的城门之外，以使城门增加一道有力的防线，其迎敌的城台上往往还筑有箭楼。

(8) 箭楼——往往雄峙在瓮城之迎敌城台上，与门楼遥遥相对，迎敌三面都开有一排排多层的箭孔，当敌人来犯时，可形成密集的射击点，给敌人以毁灭性的打击。

(9) 护城河——即紧接城墙外面深阔的城濠，它一正一负构成了双重的防御体系，在城门处往往还置吊桥。

(10) 关隘——即长城沿线的出入口，它是长城线上防守的重点部位，其防御设施极为严密。一般它都选择在地势很险峻的峡谷部位,在纵深的峡谷线上往往设置多道城墙、多道关口、多种防卫设施,以加强纵深的防御能力。

(11) 烽火台——即在长城两侧,大约每隔 10 千米左右,易于互相瞭望的制高点上所建的独立高台,它是利用烽火、烟气来传递军情的报警通讯工具。

(12) 钟鼓楼——古时,为"晨钟暮鼓"的报时以及报警之需,凡是重镇城内多建有钟鼓楼。如果四边的城门都开在中央,南、北、东、西四门相对,城内的街道便成十字形,一般钟鼓楼就坐落在这个十字路口附近,西安市内的钟鼓楼便是如此。

(三) 游览提示——著名古城及城墙

1. 平遥古城

平遥古城位于山西省中部,是一座具有 2700 多年历史的文化名城。境内有国家级文物保护单位 3 处,省级文物保护单位 6 处,县级文物保护单位 90 处。它完整地体现了 17 至 19 世纪的历史面貌,为明清建筑艺术的历史博物馆。其古建筑及文物古迹,在数量和品位上均属国内罕见,对研究中国古代城市变迁、城市建筑、人类居住形式和传统文化的发展具有极为重要的历史、艺术、科学价值。1986 年平遥古城被国务院公布为国家级历史文化名城,1997 年 12 月 3 日,列入《世界遗产名录》,联合国教科文组织对平遥古城的评价是:"平遥古城是中国汉民族城市在明清时期的杰出范例,平遥古城保存了其所有特征,而且在中国历史的发展中为人们展示了一幅非同寻常的文化、社会、经济及宗教发展的完整画卷"。这是目前我国唯一以整座古城申报世界文化遗产获得成功的古县城。

2. 南京中华门

南京中华门为南京城正南门,位于秦淮河北岸,原名聚宝门。中华门城堡是中国现存最大的城堡式瓮城,也被认为是世界上保存最完好、结构最复杂的古城堡,被中国国务院列为中国重点保护文物。

3. 西安城墙

位于西安市中心区,呈长方形,总周长 11.9 千米。有城门四座:东长乐门,西安定门,南永宁门,北安远门,每个城门都由箭楼和城楼组成。古城墙包括了护城河、吊桥、闸楼、箭楼、正楼、角楼、敌楼、女儿墙、垛口等一系列军事设施,构成严密完整的军事防御体系。现存城墙建于明洪武七年到十一年(1374~1378年),至今已有600多年历史,是我国现存最完整的一座古代城垣建筑。

二、宫殿

(一)宫殿的起源

宫殿建筑是皇权的象征,在"非壮丽无以重威"思想指导下,宫殿建筑始终以大壮之美的形象出现,以其崇高、雄伟、辉煌、灿烂、森严、肃穆为其特色,历代的宫殿建筑始终是当时最恢弘的建筑。我国宫殿建筑以北京故宫最有代表性,它是我国古典建筑艺术的最高典范。

"宫"在秦以前是中国居住建筑的通用名,从王侯到平民的居所都可称宫,秦汉以后,宫成为皇帝居所的专用名;"殿"原指大房屋,汉以后也成为帝王居所中重要建筑的专用名。此后的"宫殿"一词习惯上指秦以前王侯居所和秦代以后皇帝的居所。宫城包括礼仪行政部分和皇帝居住部分,称前朝后寝或外朝内廷。此外,还有仓库和生活服务设施。宫殿一般是国中最宏大、最豪华的建筑群,以建筑艺术手段烘托出皇权至高无上的威势。中国宫殿建筑的历史,几乎与中国古城的文化史一样悠久。

(二)宫殿的审美与游览

1. 遵循礼制

在空间观念上中国的宫殿是民居的扩大,它淡化了民居作为"家"所具有的亲情与温馨,主要强调的是政治的权威与伦理的严峻。从一定意义上讲,中国典型宫殿是规模最大、形态最复杂、等级最高的四合院。

建筑是传统礼制的一种象征与标志。与其他类型的建筑相比,宫殿建筑的象征与标志作用表现得更为明显和突出。

中国宫殿建筑的布置往往是宫廷礼仪典章制度的物化表现,在宫殿建筑中,除了安全的要求以外,总是把礼仪的要求置于重要的地位,森严的等级制度在各个方面都表现得淋漓尽致。皇宫是皇权的象征,势力强大的象征。所以宫殿建筑在设计时,首先要考虑的问题即是如何突出皇权问题。"三朝五门"为周代宫殿的布局制度。"三朝"指外朝、中朝和内朝。外朝是君王举行颁诏、受俘等大礼之所，中朝是君王日常办公之处，内朝则是君王居住之所。"五门"指皋门、库门、雉门、应门和路门。因为年代久远，其排列顺序自古就有争议。五门之名皆有含义，如"路"为"君王在此"之义。"三朝五门"制度从建筑布局上讲就是沿纵深布置层层门禁，门内为不同职能的宫殿建筑，以满足帝王大典、日常行政、起居生活、安全禁卫等需要。这种布局原则一直延续至清朝宫殿。

2. 阴阳五行、天人合一

阴阳五行是中国古代的一种世界观和宇宙观。宫殿中帝王执政的朝廷视为阳放在前面，将帝后生活起居的寝宫视为阴放在后方，这不仅适应使用功能方面的需要，也符合阴阳之说。前朝安排了三座大殿，后宫部分只有两座宫（明清故宫中是乾清和坤宁二宫，交泰殿是后期加建的），符合单数为阳，双数为阴之说。

古人认为世界是由金、木、水、火、土五种物质所组成。地上的方位分为东、西、南、北、中五方；天上的星座分为东、西、南、北、中五官；颜色分为青、黄、赤、白、黑五色；声音分作宫、商、角、徵、羽五阶。同时还把五种元素与五方、五色、五音联系起来组成有规律的关系。例如天上五官的中官居于中间，而中官又分为三垣，中垣为紫微。这中垣紫微又处于中官之中，成了宇宙中最中心的位置，为天帝居住之地。

地上的帝王自比天子，居住的宫殿也就称为紫微宫。汉朝皇帝在都城长安的未央宫别称紫微宫。明、清两代把皇帝居住的宫城禁地称为紫禁城也是事出有据。

五种颜色中，除了东青、西白、南朱、北黑以外，中央为黄色，黄为土地之色，土为万物之本，尤其在农业社会，土地更有特殊的地位，所以黄色成了五色的中心。在后期的皇宫中，几乎所有的宫殿屋顶都用黄色琉璃瓦就不奇怪了。

3. 室内外陈设与比附象征

现存的宫殿建筑中，存在很多比附象征。主要通过各种数字的巧妙安排、色彩的选择和各种装饰陈设来体现。在中国古代，至高无上的皇帝被神化为"受命于天"的天子，后来又以"龙"作为帝王神化的象征，因此在我国古代

宫殿中几乎成了龙的世界、金的世界。

4. 宫殿中建筑小品的赏析

在我国古代宫殿中，非常强调各种陈设和布置。在宫殿的庭院和殿堂内，有许多独特的陈设，这些陈设制作精美，除一部分有明确的使用功能外，绝大部分是为了烘托帝王在宫殿中的皇权气氛。在宫殿中常见的陈设及建筑小品主要有：

(1) 华表：天安门前的华表可视为是皇家建筑群的标志，并对皇家建筑群起烘托作用。具有表崇尊贵、显示隆重和强化威仪的作用。

(2) 石狮或铜狮：狮子为兽中之王，门前两侧立石狮表示守护和辟邪，并对建筑起烘托作用，使宫门更显威严。

(3) 嘉量和日晷：日晷是我国古代宫殿的一种计时器，两者列置在主要宫殿前，用来象征皇权，因为每年历书和度量衡都由皇帝钦定。它们设置在太和殿、乾清宫前。嘉量是古代标准量器，日晷是江山的象征，石又有寿石之称，所以它们含有江山永固之意。

(4) 吉祥缸：因它置于殿门前，缸的体积很大，故又把它称为"门海"，意即门前之海，门前有大海，就不怕火烧了。根据五行学说，金能生水，水能克火，所以吉祥缸一般都用金属铸造，而不是陶瓷缸。

(5) 香炉：在故宫太和殿台基上下排列有很多香炉，供朝会典礼用，每遇大朝时在香炉中燃起檀香、松柏枝，造成一种雾气腾腾的神秘景象。香炉有三种形象，主要有鼎形、龟形、鹤形。鼎在古代象征权力、江山、国家；龟、鹤象征长寿，所以三者共同象征江山永固。

(6) 轩辕镜：太和殿皇帝宝座上方的藻井含有神圣、至高无上的意思，见到它会使你感到有肃然起敬之意.但藻井下的轩辕镜应该把它看成是辟邪之物，"持此则百邪远人"，此镜之六颗小珠乃含天地四方六和之意。

(7) 象驮宝瓶：即太平有象，宝瓶内装有五谷和吉祥物。大象是吉祥之物，是和平幸福的象征，把它置在皇帝宝座旁含有社会安定、皇权稳固之意。象驮宝瓶则有世界太平、五谷丰登、吉祥如意、国泰民安之意。

(8) 角端、仙鹤：象征皇帝圣明永久。

(9) 盘龙香亭：象征天下大治、江山永固。

（10）双龙戏珠御路石：御路石是皇权的象征，其上的图案，上有宝珠和双龙，下有山石河海。宝珠乃是皇权的象征，龙中其一象征天帝，其二象征皇帝，意即皇权是神授的，所以皇权是至高无上的。山石河海几乎成了龙的世界、金的世界。这样，双龙戏珠御路石的含意就十分清楚，它含有皇权至上、江山永固之意。

5. 空间布局中的天井与庭院

（1）天井的表面功能是通风、采光和排水；深层功能是精神上的要求，是中国传统古建筑中体现敬天敬神、天人合一观念发展的特殊产物。体现了古人追求天与人、自然与社会整体和谐的思想。居屋形式上把人和天隔开，故此，古人通过天井寻找人和天通融之处，利用天井、院落把天、地、人三者契合起来，把人的生命灌注到大自然的流程中去。

（2）庭院的古建筑形势基本为建筑与院落共为一体。这个院落是家庭的组成部分，所以叫庭院。从结构上讲，庭者，"堂阶前也"，院者，"周垣也"，宫室有垣墙者称为院。中国的庭院注重空间意识，目的在于把宇宙概括为象征模式置于人的起居生活中。庭院空间的联系，不是数量的叠加，而是空间的流动和气息上的延伸、融会贯通。其室内和室外空间不是相互独立，而是内外相生、虚实对比、空灵渗透的，让人人与天的内在通融气息，体察人与世界的"参赞化育关系"。

三、坛庙

坛庙是祭祀性建筑。坛是用来祭祀自然神的，庙是用来祭祀先师、先贤的。祭天、祭祖、祭社稷为古代帝王的三大祭。它不是宗教建筑，却具有一定的民族宗教文化的崇拜意义；它不是宫殿，但又渗融着政治、伦理的丰富内容。它是遵从"礼"的要求而产生的建统类型，因此，也称为礼制建筑。同为祭祀建筑的坛和庙祠，在建筑形式上有所不同，祭祀的对象有区别，使用者也有不同。

（一）坛庙的起源及发展

1. 坛

是主要用于祭祀天地、社稷等活动的台型建筑，是在平地上以土堆筑的

高台。祭祀活动最初是在林中空地的土丘上进行，后来逐渐发展为用土筑坛。早期的坛可以用于祭祀，也可用于会盟、誓师、封禅、拜相、拜帅等重大仪式。后来逐渐成为中国封建社会最高统治者专用的祭祀建筑，规模由简而繁，体型随天、地等祭祀对象的特征而有圆有方，做法由土台演变为砖石包砌。古代对天地自然的恐惧与祈求，产生了人类早期的原始信仰。进入农业社会，祈盼风调雨顺，五谷丰收，加重了对天地自然的崇拜，随之发展为对天、地、日、月的祭祀。天、地、日、月皆属自然之神，当然适宜于在露天祭祀，为了祭祀仪式的隆重与方便，都在祭祀场所的中心，自地面上堆筑起一个高出地面的土丘，作为特定的祭祀地，这就是祭祀所用的"坛"。

坛，除社稷坛以外，其他祭坛都设在郊外，多在平地上作高台，以作祭场。由于祭祀对象不同，其布局、形状、层数以及祭祀的日期都一一不同。从具体布局来看，北京各坛的布局，均按"以南为阳，以左为上"的观点进行布局，亦即南为阳、北为阴，左为阳、右为阴，所以，北京的天坛在城之南，地坛在城之北，日坛在城之东，月坛在城之西，社稷坛则按左祖右社位于故宫之西。

从坛的形状来看，天坛为圆形（天圆地方），其他各坛皆为方形。从坛的层数来看，按等级高低，天坛、社稷坛为三层，地坛为两层，其他日、月等诸坛为一层。

2. 庙

中国最早用于供祭祖先的建筑，在早期称"名堂建筑"。主要用于供祀祖宗、圣贤、山川的屋宇建筑，庙祠，一般可以分为古代帝王皇族的家庙（太庙）、古代诸侯的祖庙（宗庙）、黎民百姓祭祀祖先的宗祠。其建制类似于宫殿，有严格的等级规定。

在中国两千年的封建社会中，宗法礼制始终是封建专制的基础。宗法礼制的主要内容是以血缘的祖宗关系来维系世人，以祖为纵向，以宗为横向，以血缘关系区分嫡庶，规定长幼尊卑的等级，形成了从上到下的重血统、敬祖先、君臣父子明晰的社会意识。无论是太庙、宗祠，还是文庙、武庙，都是提供实行宗法礼制教化的场所。庙祠祭祀既是王权统治的一个精神支柱，也是中国世俗社会"祖先崇拜"、"先圣敬重"和宗法血缘政治在建筑中的特殊体现。

(二) 坛庙的游览与审美

1. 我国古代的神谱系统

坛庙建筑是我国古代重要的祭祀性建筑，它是鬼神崇拜的产物。鬼神崇拜是人类童年时代幼稚世界观的必然产物，它早在原始时代已经萌芽，至春秋战国时代已初具规模，那时，华夏族把神谱系统分成三大类，即天神、地祇和人鬼，它们分别包括下列诸神：

天神——包括昊天上帝、日月星辰、司命、司中、风师、雨师等；

地祇——包括社稷、五祀、五岳、山林川泽、四方百物等；

人鬼——包括民族祖先、氏族祖先、杰出人物等。

地神中最重要的是土地神。至周代，把土地神一分为二，其一是代表大地的土地，称为"地"，即地母神；其二代表领土的土地称为"社"，与五谷神"稷"合称为"社稷"。祭地一般在北郊，祭社稷则在城内，左祖右社在周代已成定制。

祖先（人鬼）中共分三类：其一是民族祖先，如黄帝、炎帝等；其二是氏族祖先，包括近祖、远祖及始祖；其三是历史功臣或著名人物，如岳飞、诸葛亮等。

在我国古代，对至高无上的皇天上帝崇拜、象征国家及地母的后土社稷崇拜，以及富有民族、宗族、家族凝聚力的祖宗崇拜，在鬼神世界中成为鼎足而立的三大权威。

2. 古人对天地祖先祭祀的具体目的

(1) 消灾——消除天灾人祸。自然灾害指旱、涝、虫、风暴、地震、瘟疫等，人事灾害指战争、盗贼、政变等。

(2) 求福——祈求丰收、国泰民安、战争胜利。

(3) 报谢——不论是消灾还是求福，事过之后要再一次祭祀神灵，报谢神灵的恩施。

(三) 坛庙的鉴赏

1. 类型及基本特征

坛在古代各有所祭：天坛祭昊天上帝神，地坛祭皇地神，日坛祭大明神，月坛祭夜明神，社稷坛祭社神、稷神，祈谷坛祈祷五谷丰登、风调雨顺，先农坛祭先农、山川诸神，先蚕坛祭先蚕神，太岁坛祭太岁神，天神坛祭风云雷雨诸天神，地祇坛祭五岳、五镇、四海、四渎诸地神。各坛祭祀的日期：天坛——冬至（十二月二十二日）、地坛——夏至（六月二十一日）、日坛——春分（三月二十一日前后）、月坛——秋分（九月二十三日前后）、社稷坛——仲秋月（七、八月）。

庙分三种，即宗庙、君师庙、神庙。宗庙又称先祖庙或太庙，是历代帝王用来祭祀自己祖先的地方。中国是热衷崇拜祖宗的国家，中华先民钟爱生命，总将巨大的敬意献给生养自己的祖先，于是在建筑中就出现了"庙"这种建筑。帝王诸侯奉祀祖先的建筑称宗庙，也称太庙，庙制历代不同。君师庙又分先君庙和先师庙两类，先君庙主要用来祭祀本朝以前的历代帝王，北京阜内大街"历代帝王庙"是国内唯一留存的先君庙。它建于明嘉靖九年（1530），当时只祭伏羲、神农、黄帝、颛顼、帝喾、尧、舜、禹、汤、周武王、汉高祖、汉光武帝、唐太宗、宋太祖，清时增添元世祖及历代帝王（亡国之君除外）。先师庙主要是用来祭祀某些被尊崇或神化的历史人物，如孔庙（祭祀孔丘）、关帝庙（祭祀关羽）。至于神庙，专指祭祀山川、江湖、风雨水火之神的场所，如城隍庙、土地庙、龙王庙、财神庙及泰山的岱庙、衡山的南岳庙、济水的济渎庙等。这类神庙过去很多，大小不等，现在已留存极少。

在祭祀先贤的建筑中，除庙之外，还有祠。按封建礼仪，祠庙又有所不同，一般说来，帝王先师享用庙，公侯先贤享用祠。我国历史上有许多杰出人物，后人都建祠予以纪念，如屈原祠、武侯祠（祭诸葛亮）、苏公祠（祭苏东坡）。但是有时为了表示对先贤更加尊崇，改祠为庙的也不少，如纪念屈原的屈原祠，在湖北秭归县城东的叫屈原祠，而在秭归县城东北屈原故乡则叫屈原庙。而最为典型和分布最广的一为孔庙（又称文庙），一为关帝庙（又叫武庙）。

在中国封建社会中，儒家思想占统治地位，儒家创始人孔丘被尊为"万世师表"，在全国各省、府、县均设庙祭祀，所以旧时孔庙遍布，其中以山东曲阜孔庙为规模最大、等级最高。孔庙之正殿称"大成"殿即由此而来，"大成"即孔子思想是集古圣先贤之大成的意思。曲阜孔庙是孔庙之祖庙，所

以大成殿中供奉孔子塑像，一般孔庙中多数是供奉孔子的牌位。大成殿中除供奉孔子外，孔子两旁还有四配（即孔子的高徒颜子、曾子、于思、孟子），他们的位次分别以左为上、右为下的顺序排列。孔庙中一般有魁星阁，它是奉祀魁星的地方。古人认为它是主宰文章兴衰之神，古代文人在赴考前都要去魁星阁崇祀文曲星或魁星。孔庙中一般还多碑碣，曲阜孔庙碑林仅次西安碑林，为我国第二大碑林。

武庙即关帝庙，是崇祀三国时蜀汉大将关羽的祠庙。古时关庙林立，仅北京一地就达百处以上，究其原因有二：其一，由于关羽具有"义不负心"、"忠不顾死"的精神，所以历代帝王把他当作忠义和气节的化身，从宋朝开始不断给关羽加冠晋爵。其二，随着封建社会的逐步衰败，封建统治阶级越来越需求于此种"忠义"封建精神，关羽的地位也越来越高。

祭祀山川、神灵的庙，中国从古代起就崇拜天、地、山、川等自然物并设庙奉祀，如后土庙（祀地神）。最著名的是奉祀五岳——泰山、华山、衡山、恒山、嵩山的神庙，其中泰山的岱庙规模最大。

2. 从布局看象征

坛庙的布局表现具有礼制与象征、崇拜与审美的双重性质和内涵。

祖庙的位置应在王城中央宫城的左方，左为上、为尊，与王城中社、朝、市相比位置更为重要。"左祖右社"或"左庙右寝"之文化观念，源于《周易》后天八卦方位模式，东方为震位，认为其风水地望有雷震兴发之吉象，故在此设家庙。就算一般平民建祠堂，也取"风水"吉利之处，以地方上最精良之材料与技术建造，往往形体高大而连绵，装饰华美，成为当地村镇最醒目的建筑。

坛庙也同宫殿一样，应和阴阳五行，追求强烈的象征意义。比如建筑的形象、颜色、材料、数目，甚至植物的选择，都有很深的寓意。这些做法其实是为了顺应上天，以求天人合一，从而祈求国运昌明、子裔繁荣、血缘家族发达、生命永恒。

3. 明确祭祀主题

儒家的礼治作为一种顽强的封建政治伦理观念，清晰地反映在坛庙建筑"规矩方圆"的建筑形式和格局上。"上事天，下事地，尊先祖而隆君师，是

礼之三本也"。"天地"具神权，"先祖"具族权，"君师"具治权。儒家对天地山川、祖宗圣人、帝王先师等的礼，使天地、先祖、君师成为坛庙中等级规格最高的、最考究的、仪式最隆重的祭祀主题，也使天坛、太庙、孔庙成为坛庙建筑中的典型代表。

封建祭祀坛庙还反映了一种农业社会特有的文化主题，就是"农"。中国几千年的封建社会其实就是农耕社会，以农立国。其农业文化，在世界四大文明古国中发展较早。坛庙制度中，不管是天地分祭，还是天地合祭，都强烈地表现了崇"农"的文化主题。祭天祀地，为的是祈求风调雨顺、国泰民安，也反映了农业社会"靠天吃饭"低下的生产力水平。明清北京天坛的祈年殿，所祭祀主神即为农神。

4. 建筑特征的审美

坛庙建筑中，庙与宫殿的特征形制类似。

坛，是在平地上以土堆筑或砖石包砌的台型建筑。它的形式多以阴阳五行等学说为依据。坛既是祭祀建筑的主体，也是整组建筑群的总称。按后一含义，它应包括许多附属建筑。主体建筑四周要筑一至二重低矮的围墙，古代称为"壝"，四面开门。墙外有殿宇，收藏神位、祭器。又设宰牲亭、水井、燎炉和外墙、外门。壝墙和外墙之间，密植松柏，气氛肃穆。有的坛内设斋宫，供皇帝祭祀前斋戒之用。整个建筑群的组合，既要满足祭祀仪式的需要，又要严格遵循礼制。

四、陵寝

丧葬是灵魂观念的产物，中国灵魂观念的主题趋势是灵魂永存。人死灵魂不死，仍能福及后代，由此产生了中国丧葬的主要特征：厚葬、隆葬、祭祀。

在我国历史上，从战国开始，除三国、晋、南北朝及元朝以外，历代帝王都提倡"厚葬"，往往以大量人力物力来修建规模巨大的陵墓以及用来供奉、祭祀、朝拜的建筑。这组巨大的建筑，前者称"陵"，后者谓"寝"，合称"陵寝"。

（一）中国古代的陵寝制度沿革

据考证，我国早期的墓葬既无封土和坟丘，也无树木或标志。大约从周代起，在墓上开始出现封土坟头，到战国时代，就普遍流行坟丘式的墓葬。在封建社会里都以坟墓大小、高低来显示墓主的等级，国王是一国之主，其墓必定是最高大的。其高大之状犹如山陵，而陵又有崇高的意思，所以在战国中期以后，君王的坟墓开始称为"陵"。

根据礼书的记载，在帝王陵园中，除陵以外，还筑有"寝"，"寝"乃是为死者的灵魂饮食起居而设，当时人们迷信死者灵魂就在墓室之中。作为祭祀祖先举行典礼之用的"庙"，当时则在陵园之外的附近地方，而不在园中。根据考古资料来看，这种陵侧起"寝"、"寝"旁立"庙"的陵寝制度至少在战国中期以后就已经实行。

到了东汉，明帝对礼制做了一次重大的改革，确立了以朝拜和祭祀为主要内容的陵寝制度，对帝王陵园中的"寝"进行不断地扩大和改造，而成为现今的寝殿，以适应由帝王率领公卿百官郡吏举行隆重的"上陵礼"和"饮酎礼"之需，所以这时"寝"的性质已不同于战国时期"寝"的性质，寝的功能由原来的供墓主灵魂日常生活之处而变为朝供和祭祀之用。以后陵园附近的庙也逐渐为"太庙"所替代。

帝王陵墓在其发展过程中出现三种主要形式：

第一种叫"方上"。这是早期的一种陵墓封土形式，具体方法是挖坑筑石为墓，用黄土层层夯筑呈覆斗形而为坟，这时的陵墓之所以呈方形，乃与秦汉时以方形为贵有关。那时人们认为，帝王是大地的主宰，按天圆地方之说，所以取方形。陕西临潼的秦始皇陵和西安西郊的西汉陵都属于"方上"，据说秦始皇陵是始皇亲自参加设计的，含有永远独霸四方之意。河南巩县的宋陵，其陵台亦为方形覆斗状的土台。

第二种是以山为陵。它是利用地形，以山峰作为陵墓的坟头。像秦始皇陵那样大型封土不仅费工，而且不安全，以山为陵则可以少花人力并可利用山岳雄伟的气势来体现帝王的至高无上的权威和宏大的气魄，而且还可以防止盗挖。唐代帝陵一开始就采用了这一形式，安葬李世民的昭陵就是以位于陕西礼泉县的九嵕山为坟，在山腰开凿石洞为玄宫，从埏道至墓室深230米，前后安置五道石门，非常坚固。

第三种是宝城宝顶。帝王陵墓在秦、汉时期盛行"方上"封土，唐时

"以山为陵"，北宋又恢复了秦汉旧制。元代帝王不建陵寝。宋代陵制是中国古代陵寝制度的一个转折点，宋以前，历代帝王都各自选地建陵，一个帝王自成一个陵区。自北宋起，同一个朝代的帝陵都集中置于一个或两个陵区。明清时对陵寝制度又做了一次重大的改革。首先，陵墓的形制由秦汉两宋时期的方形改为圆形；其次，取消了秦汉两宋陵园中供奉帝王灵魂日常起居生活的下宫建筑，保留和扩建了供谒拜和祭祀的地面建筑，从而更加突出了一年三举的上陵之礼；第三，陵园的围墙由唐宋时期的方形改为长方形，陵园成为院落布局；第四，帝王陵寝的地面建筑即古代帝王陵寝的地面部分，主要是环绕陵体而形成的一套布局系统，其形制历代推演嬗变，既有因袭，亦有革新，各朝均有特点。明代起，帝王陵寝在同一个陵区还建有公共神道，陵区内长者居于众陵中央，其他各陵按辈分先后依次分列左右，尊卑等级分明。清陵有两处与明陵不同的地方：其一，清代后死的后妃一般在帝陵旁另建陵墓；其二，自雍正帝起，隔代分建于东、西两陵。

(二) 古代帝王陵寝的分布

历代帝王陵寝的分布与其建都地点有关。西安是中国封建王朝建都最早、时间最长的古都，周围拥有著名的秦始皇陵、西汉十一陵、唐十八陵。宋代迁都开封，北宋九个皇帝除徽、钦二帝被金所虏，囚死漠外以外，其余均葬河南省巩县。元代皇帝的墓葬方式与其他各代不同，墓坑上不堆土种树、放置石人石马等，而且在埋葬之后，还用万马踏平，并且派军队看守，待到来年青草长起来，在地面上找不到什么痕迹之后才撤出。所以除了成吉思汗陵之外，元朝各代帝陵不知所在。明太祖朱元璋建都南京，死后葬于南京，即今明孝陵，明成祖朱棣夺取帝位后，迁都北京，规模巨大、气象非凡的明十三陵就建在北京市昌平县。清代，其祖陵在沈阳，入关后建都于北京，清十代皇帝除溥仪未建陵外，其他九个皇帝分葬于河北遵化县的东陵和易县的西陵。

历代帝王选择陵地非常慎重，特别注重要选择在"吉壤"之地。每次外出选址，除派朝中一、二品大官外，还要吸收通晓地理、能识环境的方士参加。选好陵地后，皇帝还要亲临现场审视，认为满意，陵址才被最后确定下来。古代帝王皆信堪舆学，认为风水有好坏之分，选择好地，则子孙荫福，

选择坏地，则祸患无穷。所以帝王选择陵地必须反复踏勘，以求帝王之气永存。

（三）地面建筑景观

在我国众多的帝王陵寝中，明、清的陵园保存比较完整，其中又以明十三陵最为著名。明清时期陵寝的地面建筑主要包括：

1. 石牌坊

陵区的入口处多矗立着高大的石牌坊。它排空屹立，气势雄伟。它除了引导人们进入陵区这一目的以外，还有纪念先皇和表彰他们"功德"、象征皇威的作用。

2. 大红门

环绕陵园的围墙共设十个大门，其中正门称大红门。大红门两旁原各竖有一个"下马碑"，凡是前来祭陵的官员，都必须在此下马，然后徒步进入陵园。门外有军队驻守，戒备森严。

3. 神道

从陵区正门，通往陵寝的大道通称神道。有的神道很长，竟达数千米。在神道的起始点往往立有望柱（即华表），既为标记，又示尊贵和威仪。神道两侧立有众多两两相对的石人石兽（通称石像生）。这些神道、牌坊、华表、石像生以及青松翠柏，目的是为了造成一种肃穆威严的谒陵气氛，也含有守护、辟邪、吉祥之意，更用来表示仪仗，所以这是古建筑中非常成功之作。

4. 石像生

即侍立神道两侧的石人石兽，又称"翁仲"。其作用主要是显示墓主的身份等级地位，也有驱邪、镇墓的含义。神道两侧石像生的出现，始于东汉明帝时。当时上陵朝拜祭祀先皇已成为日常礼制。于是就在陵前开辟了便于群臣跪拜的大道，为了表示皇威和警卫，按照宫门威武的仪仗，在帝陵神道两侧用巨石雕刻了文臣和武臣，为了象征吉祥和驱魔辟邪又列置了各种神猛异兽的石雕。这样就出现了威武无比、造型生动的石像生。

5. 神功圣德碑

这是一座体积巨大的、为帝王歌功颂德的碑石，其碑座为赑屃，碑上铭刻着帝王之种种"功绩"，赑屃力大无穷，曾在海上背过仙山，以此驮碑含有功德无量之意。

6. 朝房

陵寝大门外东西各有五间朝房，东为茶膳房，是祭祀前存放茶、瓜果的地方；西为饽饽房，是祭祀前制作点心的地方。

7. 陵寝大门

有中、东、西三门。中门称神门，专供棺椁通行；东门称君门，只供帝后等人进出；西门称臣门，专供侍卫大臣出入。凡是皇帝来谒陵，都得在陵寝大门前下舆，以示孝心，只有皇太后可乘舆直至祭殿左阶旁下。陵寝大门两侧绕以红墙，设有官兵护陵值班的班房。

8. 东西配殿

陵寝大门内有东、西配殿。东配殿是祭祀之前准备祝版、祝帛的地方。祝版上书写着祭奠死者的祝文，每次举行祭祀仪式时，主祭者都要诵读祝版上的祝文。祝帛为丝织品，有赤、青、白、黑、黄五色，上面书有文字，白色无字者称素帛。西配殿是为死者超度亡灵做佛事的地方。

9. 祭殿

又称享殿、献殿、寝殿，明嘉靖后称棱恩殿，清时称隆恩殿，它是陵寝地面建筑的主体建筑，是祭祀的主要场所，殿内一般分三个暖阁，正中神龛仙楼中供奉皇帝的牌位，另两个次间，设檀香龛座，供奉皇后的牌位。

10. 石五供

又称五供奉，为明清两代陵墓建筑群中的一种小品建筑，是一具象征性的石刻，上有二花（花瓶两只）二烛（烛台两座）一香共五件供器，其中"花"含有崇敬之意，"香"和"烛"则是子孙把信心通达于祖先的媒介，将其置于陵前表示常供不息，希望祖先能永远保佑江山永固、吉祥如意。

11. 方城明楼

方城实际上是一座位于陵前高约14米左右的方形砖石台基，上建重檐歇山式的明楼，明楼四面辟门中竖有石碑一通，碑身刻有陵名，它不作祭祀行礼之用。

12. 宝城宝顶

在方城明楼之后、地宫之上有一圆形上突的大土丘即为宝顶，宝顶四周

围以圆形或长圆形（明陵多为圆形）的城墙即为宝城，宝城顶部有马道和垛口、女儿墙。

（四）地下建筑陵墓墓室使用木、砖、石三种材料，因时代不同结构形式有所变化

大型木椁墓室，是殷代开始一直到西汉时期墓室的特点。早期为井干式结构，即用大木纵横交搭构成。到西汉时又出现用大木枋密排构成的"黄肠题凑"形式，形成木构墓室的高潮，汉代一些王墓即属此制。

"黄肠题凑"是木椁玄宫建筑的顶峰。最早见于《汉书·霍光传》："赐……便房、黄肠题凑各一具。"彦师古注："以柏木黄心，致累棺外，故曰黄肠。木头皆向内，故曰题凑。"是西汉王陵寝椁室四周用柏木堆垒成的框形结构。经朝廷特赐，个别勋臣贵戚也可使用。"黄肠题凑"的基本特点是：(1) 层层平铺、叠垒，一般不用榫卯； (2) 木头皆内向，即"题凑"四壁所垒的枋木（或条木）全与同侧椁室壁板呈垂直方向。若从内侧看，四壁都只见枋木的端头，"题凑"的名称便是由此构筑方式衍生出来的。"黄肠"则因"题凑"用的木料都是剥去树皮的柏木枋（橼），以本色淡黄而得名。"黄肠题凑"皆发现于竖穴木椁墓中，但"题凑"木的长、宽尺寸及叠垒层数并不一致。

砖筑墓室，是墓室结构的重要形式，反映出早期砖结构技术的发展水平。砖筑墓室分为空心砖砌筑和型砖砌筑两类。空心砖墓室始于战国末期，型砖砌筑墓室约始于西汉中期，南北朝和隋唐时期应用渐广。墓室顶部结构有几种形式，方形墓室顶部为叠涩或拱券结构，长方形墓室顶部为筒拱结构等。例如，南京南唐钦陵墓室的前、中二室为砖砌墓室。

石筑墓室，多采用拱券结构，五代时期的前蜀王建墓的墓室是由多道半圆形拱券组成。宋陵墓室虽然是由石料构成，但顶部是由木梁承重，为木石混合结构。明清陵墓墓室全部用高级石料砌筑的拱券，与无梁殿相似。数室相互贯通，形成一组华丽的地下宫殿。

（五）陵墓的鉴赏要点

1. 了解选址的原则

2. 熟悉中国古代人们的生死观念——事死如事生的思想基础

3. 掌握陵墓的空间布局

4. 注意观察陵墓的用材和结构

5. 赏析石刻、砖刻艺术（画像石，即直接在石上雕刻的建筑石料；画像砖，即用有画面形象的木模压印在半干的黏土土坯上，然后入窑烧制而成的砖，主要运用于墓室之中。

（六）游览提示——著名的古代帝王陵墓景区

1. 秦始皇陵

秦始皇陵位于陕西省西安市以东35公里的临潼区境内，是中国历史上第一个皇帝陵园。其巨大的规模、丰富的陪葬物居历代帝王陵之首，是最大的皇帝陵。据史载，秦始皇为造此陵征集了70万个工匠，建造时间长达38年。秦陵兵马俑的发现被誉为"世界第八大奇迹"，"二十世纪考古史上的伟大发现之一"。秦俑的写实手法作为中国雕塑史上的承前启后艺术为世界瞩目。

2. 西汉九陵

分别为：阳陵、长陵、安陵、义陵、渭陵、延陵、康陵、平陵、茂陵。

3. 关中唐十八帝陵

唐代（公元618~907年）是我国封建社会的鼎盛时期，包括武则天，历经21位皇帝，除昭宗和哀宗分别葬于河南渑池和山东菏泽外，其余19位皇帝埋葬于关中渭北高原。因高宗李治与武则天合葬一墓，共十八陵。唐十八陵各自建有陵园，规模大小不一，形制也不尽相同。陵前石刻种类和数量不等，反映不同帝王时代的特征。

4. 西夏王陵

西夏王陵位于宁夏银川市西的贺兰山东麓，分布有9座王陵，陪葬墓193座。从外形上看，西夏王陵有"中国小金字塔"之称。

5. 明孝陵和明十三陵

明孝陵位于江苏南京东郊钟山南麓，是明太祖朱元璋与马皇后的陵墓。十三陵位于北京市昌平县天寿山下，为明代十三个皇帝陵的总称。

6. 清代帝王陵墓

（1）关外三陵：永陵，位于辽宁新宾县永陵镇启运山南麓，陵内葬有努尔哈赤的远祖、曾祖、祖父和父亲等清室祖先；福陵，又称东陵，位于沈阳

市东郊，为清太祖努尔哈赤的陵墓；昭陵，又称北陵，位于沈阳旧城之北，为清太宗皇太极的陵墓。

(2) 清东陵：位于河北遵化马兰峪西，是中国现存规模最大、建筑体系最为完整的古代帝王陵墓群。

(3) 清西陵：位于河北省易县城西 15 千米的永宁山下，是清朝皇室陵墓群之一。

1956~1958 年，我国考古工作者对明十三陵的定陵进行了科学的发掘，首次揭示了地下幽宫的秘密。后来，清东陵裕陵的相继发掘，进一步展示了地下宫殿的豪华与富丽。

这两座地下宫殿皆采用传统的拱券式石结构，从布局来看，其平面布局基本上仍采用"前朝后寝"的制度，极力仿效生时方式，以符合"死犹如生"之义。地下宫殿由一条墓道、四道石门、三重宽敞的殿堂联结而成，构成一个"主"字形，但定陵地宫的中殿两侧还有甬道及石门，可通向左、右配殿。前殿没有任何摆设，相当于宫前广场。中殿相当于前朝，有宝座、五供、长明灯等摆设。后殿相当于寝殿，称为"玄堂"，是地宫的主要部分，是放置棺椁的处所，也是随葬器物最集中的地方。

五、其他旅游中常见古建筑门类

（一）桥梁

在中国辽阔的大地上，山多水多桥亦多。在多姿的桥梁中，人们可以清楚而生动地看到中国人的聪明才智和精湛技艺。桥梁的作用主要是用于跨越江河湖川、峡谷海湾等天然障碍，它们作为空中坦途，起着沟通交通的作用。数千年来，我国劳动人民因地制宜，就地取材，用土石、砖、铁等建筑材料，建造了数以万计、类型众多、构造新颖的桥梁，其类型的分布尚有一定的规律：黄河两岸，物资运输多有赖于骡马、大车、手推板车，故以平坦宏伟的石拱桥和石梁桥居多；江南水乡，河流纵横，湖沼棋布，运输以船只为主，所以遍布着驼峰隆起的石拱桥；西北、西南，峰峦层叠，谷深崖陡，难以砌筑桥墩，因而多用藤、竹、木等材料建造索吊桥和伸臂木梁桥；闽中南、粤东等地，质地坚硬的花岗岩满山遍野，历代皆以建石梁桥为主；云南傣族等

地区，竹材丰富，独具一格的竹笆桥、竹梁桥、竹吊桥屡见不鲜。

按桥梁的建筑结构形式可分为：梁式桥、拱桥、悬索桥、浮桥等几种；若按建筑材料分可分为：木桥、石桥、铁桥等。

古代桥梁的主要用途和功能包括：交通运输，如赵州桥等；遮风避雨，如风雨桥等；点缀河山，如北京的卢沟桥、西湖断桥等；观景赏景；集市贸易等。

2. 中国古代桥梁建筑的游览与审美

(1) 风格上的造型美。中国古桥在造型风格方面的美，主要体现在曲线柔和、韵律协调和雄伟壮观上。如"长虹饮涧"、"新月出云"的拱桥；飞架于悬崖"横空贯索插云蹊，补天绝地真奇绝"，与群山奔湍浑成一体的索桥；飞虹卧波、横征江海浪潮、长达数里的石梁桥等等，都显示出我国古桥的造型美。著名的苏州宝带桥、河北赵州桥、北京玉带桥和卢沟桥、四川珠浦桥等，均给人一种优美多姿的感觉。而江南水乡的一些小梁细桥，则更使人联想到"小桥流水人家"的诗情画意。

(2) 桥梁的装饰美。桥梁装饰，主要体现在石构桥梁中，其部位大致在人们易于驻足观瞻的地方，如桥栏板、望柱、券面、山花墙等处。内容大多是有趋吉、避邪之意的动植物、云纹等。常见的有螭龙、凤、狮、象、犀牛，间或有兔、猴、马、狗、云朵、莲花、芳草等图案。也有少数浮雕的河神像、武士像和人物故事形象。如河北赵县永通桥山花墙上浮雕的河神头像，赵州桥栏板上浮雕的螭龙和望柱上的狮首像，北京卢沟桥望柱上的石狮子等等。这些石雕，工艺精细，往往还与民间风情、神话传说有密切的联系，如治水的蛟龙、分水的犀、降伏水怪的神兽等，从而形成我国桥梁艺术的独特风格。

我国古代桥梁建设过程中，往往在桥上或桥头上构建有许多附属建筑物。通过这些附属建筑物或小品建筑的轮廓线，以及细部装饰、装修的变化，使整个桥梁起到一种别致的艺术效果。桥上建的附属建筑有：亭、廊、楼、阁（即廊桥）、风雨桥等。实例如扬州瘦西湖公园的五亭桥、广西三江的程阳桥、云南建水的双龙桥等。桥头上建的附属建筑物，内容较丰富，主要有牌坊、亭楼、桥门屋，以及主要起装饰作用的华表、经幢、庙宇、石塔等等。如西安沪桥的木牌坊，浙江嘉兴长虹桥的石牌坊，四川芦山升恒桥的桥门屋，北

京卢沟桥的石华表，苏州宝带桥的石经幢，泉州洛阳桥的石塔、石亭、蔡襄祠、昭惠庙等。

桥上构筑建筑物，起自木桥的防腐和压基作用，后成为桥与建筑的结合物。桥头构筑建筑物，是作为桥梁出入口的标志，并兼有衬托、拱卫和装饰桥梁的作用。

(3) 大环境的协调美。中国古桥十分重视与环境的协调，由于桥的存在，增加了环境的美。北方粗犷的多孔联拱石桥，如骏马奔驰在秋风之中，气势雄壮。江南水乡的多孔、薄拱轻盈连环拱桥，桥孔本身与水石梁桥和谐统一。北京的卢沟桥、西安的古灞桥、洛阳的天津桥、西湖的白堤断桥、潮安的广济（湘子）桥等，都与自然环境浑然一体，并使人联想翩翩，勾画出"卢沟晓月"、"灞桥折柳"、"津桥晓月"、"断桥残雪"、"湘桥春涨"等一幅幅美丽的景色。

(4) 园林桥景的精巧美。中国园林中仪态万千的桥梁，融合在园景之中，或为园林添景，或为其他景物陪衬与烘托，或为借景点，或为观景点，或为变景点，浓淡入画，十分得体。宋欧阳修诗曰："波光柳色碧溟蒙，曲渚斜桥画舸通。"这是对园林桥梁的生动写照。

(5) 桥梁的科学美和技术美，亦即人们根据地质、水文、气象、建筑材料等具体情况，科学地设计出驾驭种种恶劣环境的桥型，能使这些自然因素驯服地服从人的意志。

3. 游览审美提示——中国名桥

(1) 最长的竹索桥——位于四川都江堰口上的珠浦桥，全长 340 米，8 个桥孔，其中最大孔跨径 61 米，由 24 根竹索结成，每 3 年需全部更换一次。这座桥的历史可上溯到唐代，是我国建桥史上的杰出创造。

(2) 我国保存至今最早的铁索桥——云南澜沧江上的霁虹桥，它比四川大渡河上的铁索桥——泸定桥要早建 200 多年。

(3) 我国现存的最古老的拱桥——安济桥（通称赵州桥）。

(4) 我国现存最早的梁桥——1059 年建成的福建泉州万安桥，全长 1200 米，这座桥采用"筏形基础"建筑，使全桥基础成为一个整体。这项技术在世界桥梁史上还是首创。

(5) 我国最重的石梁桥——福建漳州九龙江上的江东桥。每根石梁有 20 米左右，1 米多宽，1 米多厚，最长的一根石梁重 270 吨，长 23.7 米，宽 1.7 米，高 1.9 米。把这么重的石梁架在湍急水深的江面上，确是件了不起的事。

(6) 我国最长的古桥——安平桥，建于南宋绍兴八年，桥长超过五里，又名"五里桥"。它坐落在福建省晋江县西安海镇，跨海与南安县相连，此桥距今已有 800 多年历史。

(7) 山西省晋祠圣母殿前有一座十字形桥——鱼沼飞梁，建于宋代，距今约 900 多年。这是我国现有唯一的一座造型犹如展翅的大鸟的桥。

(8) 我国孔数最多的桥——江苏苏州宝带桥，其桥型多跨、狭长和平坦，全桥有 53 孔，总长近 317 米。

(9) 我国雕刻石狮子最多的石桥——北京卢沟桥，桥全长 265 米，桥面栏杆上刻有 485 个神态各异的大小石狮子。

(10) 最为奇妙的桥——扬州瘦西湖上的五亭桥，桥下有 12 个桥洞，满月的夜晚，竟然每个桥洞下都有一个月亮。

(二) 钟鼓楼

在古代的城市中，为报警、报时、开闭城门、开市交易，城中都设有高大的钟鼓楼，它们一般都建在城之中心十字路口，暮鼓晨钟或以铜壶滴漏定时，或用时辰香定更次。在佛教寺院的天王殿前左右两侧，也往往建有碧瓦飞檐的钟鼓楼。据《金陵志》载，六朝时有一僧人告知梁武帝，说屈死鬼每闻钟声，其苦暂息。梁武帝遂诏告天下寺院设钟，从此，凡寺皆有钟，并有"名刹不可无钟"之说。

钟在我国古代乃是一种礼乐器，周代以后，钟类乐器获得很大发展。古钟的形状以圆形、扁形为多。钟圆则声长，宜集众、报时；扁钟声短，适于演奏。古钟的钟身一般都铸文字，或经文、或颂文，颂文大都颂扬皇家的功德。自唐以后钟逐渐代替鼎，成为帝王权力和地位的象征，并且越铸越大，越铸越精。

钟鼓楼的形制有大小之别，一般设置在城之中心的钟鼓楼都比较高大，如西安市中心的钟鼓楼，由地面至楼顶均在 30 米以上，其基座为城台式，下面开有券洞门，以为交通，城台上建二层楼阁，外有游廊。

寺院中的钟鼓楼一般较小，呈2~3层塔形，大钟和大鼓一般悬在楼内顶部，底部用以供神，钟楼底部供地藏王菩萨，鼓楼底部供关帝。为应晨钟暮鼓之方位，一般钟楼建于中轴线之东，鼓楼建于中轴线之西，两两相对而立。大钟的钟钮饰"蒲牢"，撞钟的钟杵刻以鲸形，以寓钟声洪亮，广传四方。

（三）会馆

1. 缘起

会馆，也叫"公所"，它是旧中国城市中同乡同业间联络聚集的场所，它的出现与商业的发展有关。随着商业的发达和社会人口流动的增加，在古代的京城、省城及商业、手工业发达的城市，为了提供在同一城市的士、工、商民同行、同乡进行聚会、借宿或丧喜礼仪等公共活动的场所，于是就建筑了一种拥有会场、剧场、宴会厅，并且有办公和居住等多种功能的建筑群。这种建筑始于宋代，流行于明、清。

2. 建筑与功能

会馆建筑实际上是地区和行业集团活动的公共场所，他们的布局和设计也是为这一目的而安排的。从建筑来看，一般具有四个明显的特点：第一，在会馆里面或旁边有供住宿的房舍；第二，都有一个或一个以上的戏台，以供节庆或特殊庆典时演出用；第三，雕刻艺术精湛，尤其是反映民间传说和历史故事内容的木雕、砖雕和石雕等；第四，反映集资兴建的地方特点。会馆大多由住宅改建、增建而成。正规的会馆规模较大，多仿传统的礼制而筑。由于会馆的功能的差异，我们把会馆分为：

（1）同乡会馆为客居外地的同乡人提供聚会、联络和居住的处所，它一般由大型住宅改建而成，内有正厅和居室，正厅为同乡集会宴饮之所。为维系乡谊，多在正厅或专辟一室为祠堂，以供奉乡贤。正厅之外的其余房屋供同乡借居，有的大会馆内还有学塾，供同乡子弟入学之用。规模比较大的省级会馆内往往还建戏楼，以供节日演戏酬神之用。

（2）行业会馆为商业、手工业行会会商和办事的处所。行业会馆的建筑多讲究传统礼制，在中轴线上依次筑有戏楼、客厅、正厅，配以东西两厢，正房东南常建有魁星楼。建筑群一般附东西跨院，内建附属用房。少数会馆于前后院间还筑山引水，以增加园林情趣。各个行业会馆内多供有本行业的祖师和神祇。许多行业会馆，当其贸易兴隆时，为显示其经济实力，就会拿出许多的资产修建、修饰会馆，不惜巨资，精雕细刻，为我们留下了许多可供观赏游览的建筑和建筑雕刻精品。

会馆中用来演戏酬神的戏台构成会馆中重要的活动中心，观众席常设在正厅和东西廊庑或庭院中。为了加强舞台的音响效果，舞台正中顶部常筑有"鸡笼式"藻井，它可以在不用任何扩音设备的情况下，把舞台的音响传到各个角落。为夸耀本行业的兴盛富裕，以及各会馆间争妍竞丽，各地的行业会馆往往都建筑得既巍峨壮观，又艳丽多彩，更具有地方特色。一般来说，行业会馆多讲究装饰，建筑各处常施以精美至极的雕刻或作金装彩绘的装饰，使之显得十分富丽、耀眼夺目，但这些装饰以历史故事、神话故事和吉祥寓意图案为多。还必须说明，行会的建筑形制或装饰内容一般不可越级。

在游览会馆时要注意行业会馆中的供奉：刘海蟾（针线业祖师），七十二行祖师中，刘海蟾居首，在古代庙会或市集上，只有针线业开市交易，其他行业才许进行买卖，过去行会的规章就是如此规定；白衣观音（玉器作）；杜康（酿酒业）；公输般（石、木、瓦、绳匠之祖）；胡敬德（倾炼炉火业）；胡鼎（铜、锡、称匠之祖）；陈辛（打铁业之祖）；周灵王（珠宝玉石行）；陆羽（茶叶店）；欧岐佛（金银首饰，小炉匠祖师）；机神祖师（纺织）；郭公真人（烧窑业）；子路贤人（造砚作坊）；吕祖（制墨）；蒙恬（制笔业）；蔡伦（纸坊）；妃禄仙女（刺绣作）；孙膑（制鞋业）；毡彩老祖（绒毡彩线）；管号之神（当铺、库房）；韦真人（草药店）；总管河神（船家）；玄坛赵元帅（钱庄）；吴道子（油漆、扎彩）；陈七子（梳子、栉工）等。烟台的福建会馆，由于海上贸易危险较大，为了祈求海神娘娘的保佑，会馆里修有"天后圣母宫"，供奉海神娘娘的金身。

（四）书院

书院是我国古代教育史上一种独特的教育体制，它始于唐而盛行于宋。唐玄宗时的丽正书院是作为唐朝的中枢机构——中书省修书或侍讲的机构出现，其主要任务是校勘、收藏古今经籍，供皇帝参考选用。而真正作为士子研习之所的书院兴起于宋代。清代，书院的发展既是鼎盛时期（书院多达300多所，且以官办为主）又是结束时期，光绪二十七年，八国联军进攻后，

"革新学制"，书院就此被省城的大学堂，府及直州的中学堂，州、县的小学堂所取代。从建筑的角度分析，书院建筑具有以下特点：

（1）宁静雅致的环境。我国古代书院往往选择在山清水秀、文物荟萃的风景名胜区，所以其地往往以宁静、幽雅、文物众多著称。长沙岳麓书院（南宋理学家张栻、朱熹曾在此讲学）、庐山白鹿洞书院（朱熹、陆象山、王阳明都曾在此讲学）、河南商丘睢阳书院（又称应天府书院，范仲淹曾在此掌教）和河南登封的嵩阳书院（北宋程颢、程颐曾在此讲学），即为中国四大著名书院，其中又以岳麓书院和白鹿洞书院最为著名。位于广州市中山七路的陈氏书院，集广东民间建筑装饰艺术之大成，它以其建筑装饰之多姿多彩、堂皇富丽、具有鲜明的岭南特色而著称于世，被誉为我国南方建筑艺术之明珠。

（2）院落布局。我国书院的建筑一般包括"讲学"、"藏书"、"供祀"三个组成部分。讲学是书院的最基本的组成部分，因此都有讲堂、斋舍的设置，古时教与学都有其一定的学规、学则，往往是讲于堂而习于斋，如岳麓书院，建有讲堂五间，斋舍五十二间，讲堂居中，斋舍分列于东西，以便师生们讲于堂，习于斋。藏书主要备师生教学之用，所以也是书院必不可少的组成部分，凡较大的书院都有藏书楼。另外，历代帝王还有颁赐经书的做法，所以有的更有藏经阁、御书楼的建筑，以示其隆重和尊贵。

（3）祭祠和碑刻较多。供祀活动也是古时书院的一个重要组成部分，其中除供孔子和颜、曾、思、孟……七十二贤的圣殿（或圣庙）之外，还有供祀周（濂溪）、程（明道）、张（横渠）、朱（晦庵）等等专祠。为表现其道统源流、正宗体系，其祭祀往往都有一定的仪礼制度，所以其浓厚的仪礼往往具有强烈的宗教气氛。

（五）水利工程

一定意义上讲，人类社会的发展历史就是一部开发水利、防止水患的历史。在中国历史上，历代统治者都极为重视兴修水利。古人用水、治水的过程中，为我们留下了大量的古代水利工程，有的至今还在发挥着工程作用，同时，这些古人的杰作，也成为了今天人们游览观赏的对象。中国古代水利工程，从功能和作用划分，可以分为：

1. 蓄水寻流性水利工程

典型的有兴建于春秋中期由楚国著名贤相孙叔敖主持修建的，中国历史上第一个大型水利工程，位于河南固始县的期思陂；战国时期秦国蜀郡太守李冰父子修建的，位于四川成都的都江堰；秦国修建的郑国渠等。

2. 运河工程

运河是沟通不同河流、水系和海洋，连接重要城镇而由人工开凿的水道。其功能以航运为主，同时兼有灌溉、排涝、泄洪等作用。我国开凿运河的历史悠久，留下了以大运河、灵渠为代表的著名工程。

3. 石海塘

海塘是为了抵御海潮侵袭，保护沿海城市安全的一种堤防性建筑工程，主要分布于江苏、浙江、上海、福建等沿海地区，其中以浙西海塘规模最大。

4. 坎儿井

我国的一种特殊水利灌溉工程，主要分布于新疆的哈密、木垒和吐鲁番等地，其中以吐鲁番盆地分布最多，现已发现的就有1100多条。此灌溉系统由地面渠道、地下渠道、涝坝三部分组成。

第二节　中国古建筑装饰

在世界建筑发展史中，中国古代建筑以其鲜明的营造形式特点自成体系。而中国古代建筑装饰在这些以木构架为结构体系的单幢房屋、群体空间形态以及整体外观等特点中，起着重要的作用。绘画、雕刻、工艺美术的不同内容和工艺制作应用到建筑装饰中，极大地丰富和加强了古代建筑艺术的表现力。

建筑装饰是古建筑的重要组成部分，它使得房屋躯体具有了艺术的外观形象，建筑装饰使建筑艺术具有了思想内涵的表现力。中国古建中的建筑装饰是中国古建筑游览审美中的亮点，其中蕴含着丰富的文化内涵。

一、建筑装饰的源起与特点

（一）源起

建筑装饰，从某种意义上来说应该源于人类审美意识的出现。研究证实，人类通过劳动，不但产生了物质财富，同时也产生了精神财富，创造了美的造型、美的图案，发展了对色彩的认识与运用，在此过程中，人类自身也培养起了自己的审美趣味和观念。

人们在创造、发展人类的重要物质财富——建筑的过程中，不仅强调并注重它的使用与实用功能，在其发展过程中，同样产生了美的形象。在房屋的整体和各种构件的制作中，我们的祖先们都对其进行了不同程度的美饰加工，建筑装饰随之产生，同时在建筑过程中把自己的审美意识融入了建筑样式和建筑构件中，使建筑技术、建筑的装饰也变得越来越丰富，成为中国古建筑的一个重要特征。

（二）特点

中国古建筑从屋顶、屋身到基座，各部分的装饰无论是简单加工的线脚，还是造型复杂的动植物形象，都出于房屋建筑各部位构件的需要，这些不是离开建筑构件而独立存在的，它们只是一种构件的外部形式，是一种经过艺术加工后，能够起到装饰作用的建筑构件，这是中国早期古建筑装饰最基本的特点。我们可以这样说：中国古建筑装饰从其产生开始，几乎就与建筑本身的构件相结合，是对各种构件进行了美的加工而后形成为装饰的。而且表现出了明显的装饰与实用相结合的特征。

二、古建筑装饰的表现手法

为寄托人们的美好愿望，人们把福善之事、嘉庆之征绘制成图画，俗称"瑞应图"或"吉祥寓意图案"。它远在汉代即已出现，唐代已很流行，到了明代，这种题材的作品大量出现，清代则随处可见，举凡宫廷建筑、雕花木器、园林门窗、民间砖雕、琉璃影壁等等，处处都有丰富多彩的"吉祥寓意图案"。

我国古代建筑"匠人"在长期的建筑实践中，不断地总结和摸索，掌握和总结了大量的建筑装饰的表现手法

（一）象征比拟法

传统古建筑装饰中，大量借用了我国古代民间常用的，以及在诗词歌赋中常见的象征与比拟的方法，通过有限的篇幅和画面，用简练的主题形象来

表达一定的思想内涵。在具体的表现手法上又可分为：

1. 形象比拟

建筑是一种形象艺术，所以形象比拟在建筑装饰中运用最为广泛。古人把各种动物、植物等赋予了某种特定的形象，比拟特定的含义。例如龙象代表皇帝；狮子是威严和力量的象征；松竹梅代表高洁而松鹤寓意"长寿"；牡丹代表高贵与富丽，与桃子在一起表示富贵长寿等。

（1）古建筑中常见的装饰图案——"八宝"图案。"佛教八宝"它们是藏传佛教常用的象征吉祥如意的八件供器，常供于佛像前。它都有一定的含意：法螺——妙音吉祥之意；莲花——纯洁无染之意；法轮——佛法永存之意；宝瓶——福智圆满之意；宝伞——慈护众生之意；双鱼——清净解脱之意；白盖——庄严佛土之意；盘长——贯通自如之意。

"道家八宝"八仙所持的法器，称"暗八仙"。"暗八仙"象征吉祥如意、万事顺利、逢凶化吉，也象征八仙庆寿。八仙及其法器分别是：汉钟离——扇，蓝采和——花篮，吕洞宾——剑，张果老——渔鼓，铁拐李——葫芦，韩湘子——笛子，曹国舅——拍板，何仙姑——莲花。

民间八宝，即灵芝、松、鹤、龙门、荷盒、玉鱼、鼓板、磬。它们常被雕刻在门、窗、挂落、屏风及其他家用器物上，其八物各有特定的含义：

灵芝——又称"瑞芝"、"瑞草"，食之长寿，所以常被视为仙药，其意为延年益寿。

松——历来被当作长寿的象征，其寓意为"长寿"。

鹤——为羽族之长，亦称"一品鸟"，与龟同称长寿之物。由于它具有高雅、纯洁、长寿和充作仙人乘骑的职能，历来被视为祥瑞之物。

龙门——龙门乃是士人发迹之门，鲤鱼跳过龙门即化鱼成龙。所以它被视为灵物，其意为仕途顺利，功名有望。

荷盒——即指"荷盒二仙"，二仙童一个手执荷花，一个手捧六角形的盒子，欢天喜地，甜甜的笑，其意为天配良缘、百年和合。

玉鱼——即双鱼，双鱼象征夫妻恩爱，子孙兴旺和富足常乐。

鼓板——亦名拍板，是一种打拍子的乐器，它可使乐曲有节拍，有板眼，因而被喻为生活有节奏、有规律，平平安安，无灾无难。

磬——是一种古老的石制打击乐器,在《诗经》中有"既和且平,依我磬声"之句,所以其意是:合家和睦,共享天伦之乐。

民间八宝虽各有含意,但亦有近似之处:前三者意为延年益寿,飞黄腾达;后四者意为夫妻恩爱、家庭和睦、子孙兴旺、富足有余;龙门则喻为功名、前途。

2. 谐音比拟

在古建筑的装饰中,常借助主题名称的同音字来表现一定的思想内容,例如狮子、柿子(事);莲(连或年);鱼(余);蝙蝠、老虎通"福";盒(和、合);鹿(禄)、蝙蝠(福)、蝴蝶(福)、金鱼(金玉)、鲤(利)、莲(廉)、猫蝶(耄耋)、花瓶(平安)、花冠(官)、鲶鱼(年年有余)、蝠磬(福庆)、鸭(甲名)、猴(封侯)等等。这种谐音比拟是伴随着中国语言文字而产生的一种特有现象。

3. 移情比拟

如鸳鸯(恩爱)、乌龟及仙鹤(长寿)、牡丹(富贵)等;

4. 引申比拟

如石榴(多子)、鸡兔(日月)等;

5. 神话比拟

如龙、凤、麒麟、瑶池仙母等;

6. 传说比拟

如伏羲、尧、舜、禹、和合二圣等;

7. 掌故比拟

三国演义、水浒传、竹林七贤、孟母三迁等

8. 寓意比拟

如八仙(祝寿)、天官(赐福)、鲤鱼跳龙门(登科及第)等;

9. 显喻比拟

如仙桃(长寿)、松鹤(长寿)等;

10. 隐喻比拟

如羊(孝顺)、暗八仙(祝寿)、芭蕉(爽朗)、浮萍(淡泊)等。

(二) 纹样组成及表现内涵

常见的纹样包括动物纹，如四灵（龙、凤、麒麟、龟）、四兽（狮、虎、象、豹）等；植物纹，如岁寒三友（松、竹、梅）、四君子（梅、兰、竹、菊）、杏花、海棠、灵芝等；自然纹，如日月、山川、风云、岩石等；几何纹，如六角、八角、圆、回纹等；文字，如福、禄、寿、喜、人、丁、财、宝、亚、万字等；人物，如八仙、门神、四大金刚、寿星、童子等；器物，如八宝（犀角杯、蕉叶、元宝、书画、钱、灵芝、珠）、道八宝等。

相关纹样的表现方式及内含：河图洛书表示世道清明、太平有象繁荣象征；太极图为道教标志；连珠纹代表吉祥，其造型基本为相同的小圆形连接成一个大的几何圆形，圆内绘动物、花卉、植物等多种图形，其文化含义有不同的解释，有人认为是象征太阳或天空；缠枝纹，又名"万寿腾"、"转枝纹"、"连枝纹"等，是一种将藤蔓、卷草经提炼概括而成的传统吉祥纹样。其纹样形态委曲多姿，富有动感、生动优美。因其枝缠叶绕连绵不断，故具有生生不息，万代常青的吉祥寓意；柿蒂华花（宝相花）纹，一种四瓣小花，形似柿蒂；宝相花，是一种融合了牡丹、荷花、菊花、石榴等多种名花的成分，通过艺术加工，重新创造组合而成的新的花型纹样，相传它是一种寓有"宝"、"仙"之意的花。一般由某种花构成主体，中间镶嵌着形状不同，大小粗细有别的其他花叶，其花蕊和花瓣基部，用圆珠作规则排列，如同闪闪发光的宝珠，显得富贵、华丽，因此得名"宝相花"；云纹，云行天上，变幻莫测，因此，古人以云的某种形状或颜色比附人事，为吉祥之兆，同时，云为神仙乘驾的工具，也是滋润万物的雨水的来源，具有丰富的文化意义，民间自古就有"祥云瑞日"之说；喜字纹，以喜字构成的纹样，代表喜庆吉祥；如意纹，又称"搔杖"、"痒痒挠"，北方也称"老头乐"，南方称"不求人"，原为一种搔痒的工具，后成为玩赏品。其纹样为心形、芝形、云形如意头，与其他物品组成繁多的吉祥图案。

古建筑装饰中常见的"吉祥寓意图案"的组合方法：或寄寓意，或取其谐音，一般为四字一句的吉祥语，如：松、鹤——延年益寿；石榴——多子多孙；牡丹、松柏——富贵长春；金鱼、海棠——金玉满堂；莲花、鲤鱼——连年有余；牡丹、水仙——富贵平安；仙鹤、竹子、寿桃——群仙祝寿；桔、柿、柏——百事大吉；牡丹、海棠——富贵满堂；鹿、鹤、桐树——鹿鹤同春（六合同春）；猴子骑马——马上封侯；月季花——四季平安；日出时仙鹤飞翔——指日高升；荔枝、桂圆、核桃——连中三元（"三元"为状元、会元和解元，科考中连续考中）；一元宝垒在两个元宝之上——三元及第；兰、桂——兰桂齐芳（古人把子孙称为"兰桂"）；芙蓉、牡丹——荣华富贵；牡丹、猫——又称正午牡丹，乃大富大贵之意。（因猫的双瞳在正午时如一线，此时正是阳气最盛，牡丹盛开）；蝙蝠、祥云——福从天来；蝙蝠、桃、双钱——福寿双全。

（三）数字的使用及含义

数字作为装饰的内容并非指用数字组成图案，而是指在中国古建筑装饰中某一主题的多少个数所表达的意义。在古代数字具一定的含义，常见的数字有：

"一"，代表浑然一体，太一、一元，代表天地宇宙的总体。

"二"，在古代文化中指阴阳两极，两个相对称的物，世界万物变化的依据，如日月、水火等，在空间上有左右、东西等。中国传统古建筑装饰中"二"多被用来表示需要成双成对的事，如"二龙戏珠"、"双喜临门"等。

"三"为奇数的起点，是变化的数目的起点。在数量关系中，数量之"多"、体量之"大"、程度之"高"，皆常用"三"来表示。以五行中金、木、水、火、土为例：三金为鑫，形容金多；三木为森，形容树木多；三水为淼，形容水大，三火为焱，形容热度高。东汉许慎说："三，天地人之道也；王，天下所归往也。"孔子曰，"一贯三为王"，就是说能够融会贯通天、地、人"三极之道"的人方可称王。在中国古建筑中宅院建筑以左、中、右"三路"之制为最高规格，如北京故宫、曲阜孔庙、沈阳故宫皆是。北京故宫三大殿的基座、祈年殿的基座、圜丘坛的基座皆为三层，祈年殿之屋顶为"三重檐"形式。

"四"代表四季、四时，运动着的周而复始的循环。"四"这个数字，常被用来说明以四方、四季等时空取象的事物，如秦始皇设计其陵墓形式为"方上"，乃含有永远独霸四方之意。城门数量通常为四或八。

"五"，被用作世界万物的归类，即五行、五色土、五味、五岳、五脏等。

"六"，八卦中阴爻的专用名数。除了用来说明上下四方这"六合"之外，还用来表达吉祥事象，主要取其"禄"、"六六大顺"之意。如故宫太和殿皇帝宝座两旁为六根蟠龙金柱，乃含六六大顺、四方归一之意。

"八"为偶数之极，象征"地"，所以北京"地坛"中所有数字都是八或八的倍数。如坛四面的石级，每面各为八级；地坛坛面所砌的石环共为八环，从中心逐次往外每环皆为八块。因为"八"是八卦的系数，所以在我国民俗中，"八"是一个大吉大利的数字，民间有"八仙"、"八宝"、"八吉祥"等等，他们多数都象征吉祥如意。近年来，"八"更加受宠，因为"八"与广东话中的"发"谐音，所以人们对"八"倍加喜爱。

"九"，"天地之至数，始于一，而终于九"，在我国古代数字可以分为奇数和偶数两大类，古人认为奇为阳，偶为阴，而奇数之极为九。"九"象征"天"，象征"帝王"，为此，凡是同帝王有关的建筑和御用之物都含有"九"这个数字。如太和殿在清乾隆以前为面阔九间，宫门的门钉为纵横各九路，故宫总间数为九千九百九十九间，故宫的角楼为九梁、十八柱、七十二条脊（三数相加为九十九），皇帝的金龙宝座背后的七扇屏风上所雕的龙为九条，三大九龙壁每面皆为九条龙。九也象征"天"，所以天坛圜丘的坛面、台阶、栏杆和所用的石块数，都是九或九的倍数。"九"这个数字在我国还含"多"的意思：如有很多曲折的桥称"九曲桥"；颐和园乐寿堂中的"九桃重炉"，是一铜铸取暖炉，其上铸有九桃九个蝙蝠，含万寿万福之意。再有，"九"与"久"谐音，所以又含有"永久"之意。

"九五"这一数字在古代乃象征"帝王之尊"，因为"九"为阳数之极（至尊之意），"五"是阳数之中位（正中之位即皇位）。在《周易》乾卦中说，"九五：飞龙在天"。意思是说若圣人有龙德，其时运正处在兴盛时期而腾居于天位时，他就有可能跃居于帝王之位（飞龙即象征皇帝的兴起或即位）。所以，在古代建筑中，凡与帝王有关的，往往含有"九五"之数。如天安门城楼即面阔九间，进深五间，含九五之意；"九五至尊"的象征主要体现在北京故宫南北中轴线上的一些重要建筑物上，如：天安门（辟五门，重楼面阔九间）、午门（上覆重楼五座，面阔九间）、太和门（面阔九间，金水桥五座）、太和殿（面阔九间，进深五间）等，另外其它重要寺庙建筑中的正殿，如曲阜孔庙大成殿也是面阔九间，进深五。

"十八"清代常以此数象征"国家"，如太和殿台基上下共有十八个"鼎"，此殿周围共列十八口鎏金大铜缸等。因为清时共有十八个省，所以常以十八之数象征"国家"，象征"江山"。

"一百零八"为佛教的重要数字，此数字的来历一说取三十六天罡星，七十二地煞星之数；另说是一年有十二个月、二十四个节气、七十二候，几个数字相加正好是一百零八。一百零八之意主要是破除"百八烦恼"。佛教认为，人有一百零八个烦恼，念一百零八遍经，拨动一百零八颗串珠，走一百零八级台阶都可以消除烦恼。

（四）色彩及饰画的运用

1. 色彩的运用及象征

黄色在我国古代一直被认为是最尊贵色彩，这主要源于五行学说里"黄色"代表中央方位。在唐代黄色已被规定为皇室色彩，明清时期更有明文规定，只有皇帝的宫室、陵墓及奉旨兴建的坛庙等建筑才准许使用黄色琉璃瓦。所以黄色乃是帝王的专用色，意味着普天之下，唯我独尊，是皇权的象征。

红色，在我国古代被视为美满、喜庆的色彩，意味着庄严、幸福、富贵。自周代开始，宫殿建筑上普遍使用红色，随后，一直是封建帝王"至高无上"和"尊贵富有"的专用色。另外，在中国民俗中，认为红色具有破邪祟之作用。所以清时监斩官莅临刑场要披大红斗篷；旧时新娘上轿时，上下穿的亦是一色红，这除了表示喜庆外，主要还是为了破不吉，除邪恶。

青色，北京天坛的祈年殿，清乾隆十六年重修时，三重檐全改为青色，以此来象征"天"。南京中山陵的琉璃瓦色不用黄色而用青色，此乃体现孙中山先生"天下为公"的思想，因为青色象征"天"、象征"平等"。另外，青色与木、东、春等概念相匹配，这乃与五行学说有关。如北京社稷坛东坛墙上的琉璃瓦为青色琉璃瓦。

白色，我国很多佛教建筑都喜用白色，如喇嘛塔、喇嘛教经堂、一百零八塔等等，因为佛教以白色象征"洁净"，所以驮运佛经的乘骑，在印度多用白象，在中国则用白马，观音菩萨因常穿白衣而名"白衣大士"。所以，在佛教建筑中用白色含"洁净"、"无邪"、"虔诚"之意。

黑色，黑色代表水，所以故宫中的文澜阁（藏书楼）的琉璃瓦采用黑色，以寓水灭火之意。同样只要进入玄武大帝的殿堂内，其神像及所持之旗和器物一概为黑色，因为玄武大帝是水神，水为黑色（如广东佛山祖庙内即是）。

2. 彩画

在古代宫殿建筑和皇家园林中还多绚丽的彩画，彩画的主要部位是在檐内外各种木构件上，其中尤以枋为突出。根据彩画的特点、等级、大小可分三大类：和玺彩画、旋子彩画、苏式彩画。

（1）和玺彩画：清代发展起来的最高等级的彩画。色彩艳丽，用金量大，气派豪华。其构图亦是将构件等分为三份，中间一份枋心画制龙凤、花锦、西番莲等，两侧各一份画箍头与找头，找头是由呈尖角芴板式的圭线来组成，风格硬朗庄重，多用于皇家的朝寝宫室及庙堂的正殿、重要的宫门等处。可分为金龙和玺、龙凤和玺、凤和玺和龙草和玺等类型，其中的金龙和玺是中国古建筑中彩画等级最高的一种，只有宫殿中主要建筑和显赫的庙堂才能使用，其整个彩画图案以各种姿态的龙为主题，图案上各种线条也多用金色。

（2）旋子彩画：其等级次于和玺彩画，是自元代以来经常使用而逐步定型的彩画类别。其用色以青绿为主，兼用沥粉贴金。其构图是将构件等分为三份，中间一份为枋心，可用素心，也可用龙锦或花锦图案；两侧的各一份画箍头及找头，找头内画整团和半团的旋花，另加线路，可以调整找头长短，旋子彩画即以此团花图案命名。其枋心部分由龙和锦纹来填充，其"找头"部位则运用一种由花朵和旋纹组成的图案。这种彩画常用于宫殿中次要建筑和庙宇中，是彩画中用途最广的一种。旋子彩画中，本身等级的高低由用金多少、图案内容和颜色层次可分成不同的等级。典型的有旋子龙锦枋心彩画、金线大点金旋子彩画、墨线小店金旋子彩画等彩画。

（3）苏式彩画：是一种构图自然活泼的彩画，因源出江南一带，主要源于苏州而命名。苏式彩画从构图上又可分为枋心式、包袱式、海墁式三种。枋心式构图与旋子彩画类似，只是找头部分不用旋花，而改用绵纹、团花、卡子、聚绵等图案，枋心可绘宋锦、西番莲等。包袱式构图在檩垫枋三件中心部位统绘制一个倒置的半圆形画框，内画山水、人物、花卉或故事画面。海墁式构图更为自由，梁枋两端只留箍头，其他部位作为统一画面绘制卷草、黑叶子花、藤蔓花卉等纹饰。由图案和绘画两部分组成，绘画部分多集中在弧形的包袱线内，绘画包括人物故事、山水、花鸟、鱼虫等。其等级由包袱退晕层次和用金多少来区别。苏式彩画常用于皇家园林中。

3. 壁画

壁画也是中国古典建筑中的重要装饰。壁画在中国起源很早，殷代就有了以山川鬼神为题材的早期壁画。春秋战国时代，宫殿宗庙的墙面上就有"图画天地品类群生"的壁画作为室内的艺术装饰。迄今所知的最宏丽完整的组画，是楚昭王十二年（公元前504年）迁鄀偘（今湖北宜城县西南）后所建楚宗庙中的壁画。陵墓建筑中壁画最多，秦始皇陵墓室天顶绘有宇宙天象图，后世帝王贵族皆多效法。两晋，特别是南北朝时，大量地开凿石窟寺，除雕塑外壁画是主要的内容，尤以敦煌石窟的壁画（其中尤以唐画）最为富丽，成为世界佛教壁画的画廊。

三、形象的程式化

在中国古建筑中常见绘画、雕刻等，它们往往是建筑的一部分，很少独立存在，由于受制于构件的形式，它们往往被成片、成线地使用。与其他艺术存在形式相比较，用在古建筑中的绘画和雕刻，其主题形象需要简化，因此，绘画和雕刻的内容中的动植物、山水、器具等都被概括、简化而呈现出程式化的特征，比起原始状态更为精炼。

建筑装饰发展到后期，人们已不再满足于简单的个体含义的表现，人们力图通过建筑的装饰来表达出主人的意志与追求，而以往的单一或一般的复合主题所表达的内容已不能满足人们的需要，在古建筑装饰中就出现了多样性更为复杂的主题组合。例如在一些建筑的装饰中出现了具有情节故事的长篇装饰艺术，还有的把古典小说和戏剧的内容被绘或雕刻到了古建筑上，常见的有《西游记》、《三国演义》、《二十四孝图》等等。

以古建筑装饰中常见的悬鱼分析，在古建筑山墙人字形博风板正中处，往往挂有木雕的鱼形雕刻，其含义不是年年有余之意。鱼在这里象征水，它是古时的避火装饰，含有水压火之意，这与天安门城楼中的彩画，采用红地绿草花纹的原意相似。另外，在明清建筑上的鱼形雀替和鱼形月梁等则意在

退祟消灾,因为古人认为鱼具有驱鬼辟祟之功效。此外鱼还象征富裕、吉祥和美好。在古代墓葬中鱼常是导引登天之神灵。还有一种说法是:悬鱼的其他含义——"悬鱼太守":东汉时,羊续出任南阳郡太守。当时社会风气庸俗,奢靡成风,官府请客送礼、托关系办事的现象十分普遍。羊续下决心从自身做起,扭转这种坏风气。一天,郡丞送来一条鱼,他夸鱼味鲜美,还申明是自己打捞的,未花一分钱。羊续再三谢绝,郡丞还是不肯收回,羊续就只好先把鱼留下。但他并没有将鱼送进厨房,而是悬挂在房檐下,表示自己坚决不吃这条鱼。过了几天,郡丞又拎来了一条更大的鱼。羊续正色道:"你是本郡地位仅次于太守的官员,怎么能带这个头呢?"不待郡丞辩解,羊续把他带到房檐下,让他看上次送的那条鱼还挂在那里,已经僵硬发臭了。郡丞无言以对,送礼作罢。羊续悬鱼拒礼一事使那些想送礼的大小官员及财主们不得不作了缩头乌龟,羊续也被百姓称为"悬鱼太守"。

四、典型建筑装饰实用与装饰的关系

(一)木构架体系部件的加工与审美

中国古建筑是以木构架为主的建筑体系,在这个建筑体系中,其柱、梁、枋、檩、椽等主要构件几乎都是裸露的,这些构件在用原木加工的过程中,大都进行了美化加工。例如,柱子做成了上下两头略小的梭棱柱,横梁加工成为了中央向上微微拱起,整体成为富有弹性曲线的月梁,梁上的短柱也做成柱头收分,下端呈尖瓣形骑在梁上的瓜柱,短柱两旁的托木成为弯曲的扶梁,上下梁枋之间的垫木做成各种式样的驼峰,屋檐下支撑出檐的斜木多加工成为各种兽形、几何形的撑栱和牛腿,连梁枋穿过柱子的头部都加工成为菊花头、蚂蚱头、麻叶头等各种有趣的形状。这些构件的加工都是在不损坏其在建筑上所起的结构和实用作用的原则下,随着构件原有的形式而进行的。从直观审美的角度看,各个部件显得妥帖而美观。

(二)屋顶装饰

中国古建筑屋顶是整座建筑的主要部分,通常在屋顶上有许多有趣的装饰。两个屋面相交形成屋脊,为了使屋面交接稳妥且不至于漏水,在屋脊上就需要用砖、瓦封口。高出屋面的屋脊处做出的各种线脚形成了一种自然的装饰,在屋脊集中的结点处,做成动物、植物或几何图形,便成了各种式样的鸱吻和宝顶。中国古建筑是木构架体系,很容易遭受雷击而发生火灾。在古代还不能科学地认识雷击这种自然现象,更无法提出防止雷击的科学方法的情况下,只能求之于巫术迷信,于是出现了"柏梁殿灾后,越巫言,海中有鱼虬,尾似鸱,激浪及降雨,遂作其像于屋,以压火样"《汉记》的情况。至今在一些画像石和明器上还可以见到这种早期的鸱尾现象,头在下,尾朝上,嘴衔着屋脊,真像是在吐水激浪。

（三）门窗装饰

古建筑的门窗是与人接触最多的部位,在它们身上自然集中地进行了多种装饰处理。

1. 门的装饰

（1）板门。板门多用于皇宫、府第、邸宅的门屋及外门或临街门,其最富丽者当为宫殿中的大门或宫城的城门。门扇顶上有一根横枋,是为滥框的中槛,正面安有簪。门扇上还得安门钉,一般是纵横三至七路,每路主至七枚。清代规定,最高级者,纵横各九路,其次纵九横七,最少的纵横各五路。每扇门中部安兽面铺首门环（拉手）一个。常见的有宫殿、寺庙的大门上成排的门钉,中央还有一对兽面衔着的门环,门框的横面上有多角形或花瓣形的门簪,门框下面的石头上有时还雕刻着狮子等装饰。这些看似附加的装饰,其实都与大门的构造有关。

古代建筑门的材料是木板,要做成一扇门,要把多块木板拼接起来,后面需要加横向的串木,然后用铁钉将木板与横串木相连,门上成排的圆钉就是这些铁钉的钉头,门上的铺首是叩门和拉门的门环,门框上的簪是固定连楹木鱼门框的木栓头。门下的石墩是承受门下轴的基石,基石露在门外的部分可以加工成狮子或其他的一些花纹,或雕成圆鼓形,就称为抱鼓石。古代的门还设有门戟,为了显示建筑物所有者的身份和等级,门戟的多少,也有规定。

（2）门钉。在中国古建筑特别是宫殿的大门上,成排的门钉既是门结构的一部分,也是一种门上的装饰,这种门钉后来也被赋予了社会意义。而且还可以从不同门钉的数量上看出建筑的等级,以及除门钉数外,大门的颜色、

门环的材料上区分等级，如从皇帝的宫殿大门到九品官的府门，依次为红漆金铜环、绿漆锡环、黑漆锡环、黑漆铁环，从色彩上分为红、绿、黑，从材料上分为铜、锡、铁，由高至低，等级分明，这可以说是专制社会的等级制度在建筑装饰中的真实反映。此外，在古建筑上经常出现的装饰纹样有龙、虎、凤、龟四神兽和狮子、麒麟、鹿、鹤、鸳鸯等动物。龙在古代属于神兽，代表皇帝，是帝王的象征。狮子性凶猛为兽中之王，成了威武力量的象征。古代早期的阴阳五行说，天上的天宫星象与地上的五方地象相配联，使龙、虎、凤、龟不仅成了四灵兽，而且还成了代表地上东西南北四方的神兽，成为古建筑装饰中常见的主题。

早在隋朝时城门上已有门钉，其主要作用在于加固，防止木板松动，后逐渐用作装饰，门上出现了泡钉，直到明代仍无定制，一般都是纵横三至五路，每路三至五枚。

清朝时按建筑物的等级，门钉规定如下：

皇宫——纵横各九路（9×9）；

亲王府——纵九横七（9×7）；

一至三品官府——纵横各七路（7×7）；

四至五品官府——纵横各五路（5×5）；

五品以下官府——不准设门钉。

北京故宫的东华门，其门钉甚为特殊，是纵九横八，共72枚。经韩增禄教授对历史和文化的考察，认为其奥秘乃与五行学说有关。我们知道故宫的宫墙四门与正殿太和殿的关系是一个正五行方位系统，它们之间存在着一定的生克关系，就宫殿来说乃应以吉为上，这也可以说是一个最重要的基本要求。在易学原理中，东、南、西、北、中五方，东属木，西属金，南属火，北属水，中属土。而生克关系即为如下一系列关系：

木生火生金生水生木；

木克土克水克火克金克木。

在故宫东、西、南、北、中五个方位系统中，南北轴线上是一个火生土、土克水的关系，即外生内、内克外，这样，生进克出为吉宅，而东西轴线是一个木克土、土生金的关系，即外克内、内生外，这样，克进生出则呈凶宅，

而凶象中尤以木克土为根本，所以为了避凶化吉，中国古代的建筑师和风水师就运用易学原理巧妙地把木化为阴木，因为木虽能克土，然而阴木未必能克阳土。

（3）格子门。又名槅扇门或桶扇，一般作为殿堂、厅室的外檐门。一间可以是四扇、六扇或八扇，内开，可以装卸。格子门的上段叫格心，也叫槅扇窗、格心、花心、槅扇心，系由棂条交织而成的透空棂花。下段的实心板叫障水板（清代叫裙板）。有一种不用裙板而是通长格心的格子门，叫落地明造，实际上就是落地窗，玲珑剔透，喜家住宅中常用，宫殿中少见。在格扇门上，上段往往镂空雕饰，常见的有格子雕饰、"卍"字雕饰、百花雕饰以及各种表示吉祥的图案。下段常见浮雕故事。

（4）屏门。在厅堂的明间后、金柱间常用屏门，外檐檐柱间亦常用，四合院住宅的中门——垂花门外亦用。屏门平时不开，出入由屏门后两侧的摺门，只在喜丧大礼时才开。

（5）风门。也叫房门。府第住宅的房间乃朝向内院天井，常用单扇门，亦如格子门，上有格心，但宽而矮，外开，有的安在帘架框上。

（6）三关六扇。四川一带在正房或耳房的中堂间用二立柱一分为三，中间做板门供出入，左右做格子门，通风采光，叫三关六扇。

（7）抱厅门。四川地主宅院中常见以正房中堂间作为敞口厅，在前廊柱上安门窗，常装设有大扇玻璃，上部留空，实如屏风。

（8）花厅门。府第、邸宅、园林建筑中常建有花厅，厅四周满装玲珑窗棂，出入门则常为太师壁式，即在开间的左右内侧有小门出入。正中是带窗棂的壁或插屏，也有做落地罩式门中安插屏。

（9）门罩。有的寺庙祠堂在殿堂门洞的外侧顶部添加一板门罩，呈弧拱形，使门洞口有所变化。

（10）各式门洞。门洞常是有洞无门，是一种通透性的空间"遮隔"。在园林建筑或墙垣上广泛使用各式门洞，有圆、方、长方、六角、八角、梅花、瓶形、葫芦形等，宫殿建筑中的门洞常加花边。

（11）窗门。似窗而有门。有时用一排槛窗（有时装上玻璃），有时用全间大玻璃窗，有时用立柱将一间分为三档，中间为门（有时做成八角形），左右安大玻璃。

（12）临时门饰与吉祥文化。在我国民间，有在房门上作临时装饰——挂门笺、贴门神和对联。挂门笺，又称"挂笺"、"挂千"、"喜钱"、"报春条"等。一般用红剪纸刻成，呈长方形，镂空的背面为密匝的方孔钱纹，上有吉祥题额，中有吉祥图案，图案通常由"卍"字纹、元宝纹、万年青纹、龙凤图、鲤鱼跳龙门、福禄寿、丹凤朝阳、双鱼等。人们通常在除夕或元日将它挂于门楣或厅堂的檩条上。其主要功能是迎春纳福、烘托气氛。传说挂笺是为了驱穷神，以避穷而取新岁之吉。门神、对联的出现有一个复杂而漫长的演化过程。神话传说中，上古时期，人们在门上立桃人或桃板，画神荼与郁垒之像以镇鬼。桃木被称作"五木之精"或"五行之精"，被当作"压伏邪气、制百鬼"的"仙木"，由于桃树在度朔山处于鬼门之侧，故民间亦用之守门镇宅。根据史料记载，春节挂门神的习俗，在我国已流传了一千五百多年的历史。在门神的传承变化中，出现了武门神和文门神的不同系列。武门神包括神荼、郁垒、秦叔宝、尉迟敬德、赵云、马超、孙膑、庞涓、萧何、韩信、燃灯道人、赵公明等等。文门神又称"祈福门神"，包括天官、三星、和合二仙等。到后来，还衍生出了一批吉祥物为表现主题的门神，例如平安富贵、马上封侯、推车进宝、一团和气、冠（官）带（代）流传等。春联又名"对联"、"门对"、"对子"，为我国城乡民众喜闻乐见的门楣喜庆吉祥饰物，它源于古代的桃符。五代后蜀开始有人在桃符板上题写联语。宋代，撰写春联已成为文人的一种雅好。"春联"的正式命名始于明代。对联以讨吉乞祥、抒怀吟志为主，同时点画节日气氛，以迎接欢乐喜庆的瑞气。

2. 窗的装饰

古建筑的窗在没有使用玻璃之前，多用粉联纸糊裱或安装鱼鳞片等半透明的物质以遮挡风雨，因此需要较密集的窗格。对这种窗格加以美化就出现了菱纹，步步锦，各种动物、植物、人物组成的千姿百态的窗格花纹。为了保持整扇窗框的方整不变形，在窗框的横竖交接部分钉上压制极富装饰性花纹的看叶与角叶。

（1）直棂窗。用直棂条竖向排列的固定窗。敢于棂窗也是直棂，是将方楞按对角线斜剖为二，成为三角形棂条。

（2）牖。牖是一种小的窗洞。云南地区民居常用一种夹墙窗——在土墙上开个小窗洞，既可瞭望，又可射击。窗的下段常有一副窗，棂条很美丽。南方住宅常在封火墙上开小窗洞，用薄砖砌成花纹，洞边或镶以石雕。北方园林建筑中的走廊外墙或园内粉墙上常开一些疏落的异形小窗洞，如正方、五角、六角、梅花、石榴、桃形、扇面等，洞口亦有装玻璃者，夜间可以点灯，在内观赏具有景框的作用。南方苏杭一带园林的廊墙上常开三四尺见方的窗洞，用薄砖或青瓦拼成各色图案，或用约一尺见方的绿色玻璃砖嵌在窗心，这种窗叫漏明窗。有的在窗内用铁筋牵合，抹灰塑制成各种人物故事、动植物花卉等，如上海豫园。

（3）槛窗。在宫殿、寺庙或大型府第中，殿、堂、厅前后槽格子门左右侧的槛墙上安的窗叫槛窗。邸宅的正房多不用槛窗。槛窗如同格子门的格心，有的槛窗下面不用固定的槛墙暗下墙，而用木板壁——裙板，也叫提裙，可以卸除，使室内外连同一气。

（4）横披。是一种扁横的带曲折横棂或曲折直棂，可以向外推窗。可以是固定式，也可以上悬于格子门上部作为气窗。

（5）支摘窗。多在住宅中采用。北方的支摘窗是将一间分为两档，窗有两层，上下分段。上段：外层可支起，是一种上悬窗扇。内层用纱窗透风。下段：内层固定（装玻璃），可摘下，外层是棂花。南方的支摘窗是将一间分为三档，每档的窗又分为上、中、下三扇，上扇支窗甚长。此种窗又名提窗、副窗。支摘窗又可与槛窗组合，即窗的中间用扁而长的支摘窗，左右侧各用一扇槛窗。

（6）栏槛钩窗。临水的堂榭，在槛窗外侧添加落地靠背栏杆，开窗后，可倚坐凭靠，观赏外景。

（7）推窗。也叫风窗。窗有内外两层，外层窗（用一扇或两扇），能向外推起支上。北方官宦住宅常在窗内侧装一道板壁，叫"吊搭"，白天吊起，夜晚落下，以防寒防盗。

（8）拉窗。即推拉窗，可将两扇槛窗向左右推开。

（9）翻天印。在一扇方窗的左右边（窗挺）的中点安装转轴，可以上下翻转。

(10) 满间大窗。即在柱间装整扇大窗，用棂条拼成各色花纹图样，或安玻璃，周缘雕制木花边，堂皇宏丽，在宫室和大第宅中可见。

(11) 帷帐。汉画像砖、石或壁画中可见很多房子开敞，并无门窗，只在上部露出大帷帐来，这实际上是一种外檐的软围护。

(12) 敞口厅。南方的很多厅堂，多是不装设门窗的全开敞式敞口厅，有时亦用竹帘、栏杆、落地罩、天弯罩等以示遮隔，增加厅堂内外的艺术气氛。

(13) 花砖墙。在寺庙、祠、观或第宅、园林中，常用砖、瓦拼成花纹或几何图形的透空花砖墙。

(14) 楣子、挂落。如走廊上的倒挂楣子、坐凳楣子。挂落是两柱之间额枋下悬挂的用棂条组合成各种几何图纹的透空的扁横条形装饰配件。多用于住宅。在寺庙中还有用雕制各种人文、动植物纹样的实心雕版（或镂空）挂落。

装饰性较强的是花窗。花窗依据材料的不同，分为木雕、石雕和砖雕三种。木格窗上场出现符合式吉祥图案。图案多选取一些吉祥的动植物纹样进行组合，体现人们的趋吉思想。

3. 隔断类装饰

(1) 格架。实为陈设的家具兼作隔断。常见的有博古架（多章格）书架。帝王宫殿贵族府第及富宅中常用博古架布满全间或一连数间。用木板斗成各种纹样，有的还在边缘加花芽子，绮丽动人。有时在架的正中或旁开方、圆、瓶形等门洞，以供通行。

(2) 屏风与插屏。屏风是介乎隔断和家具之间的一种可以随意移动的壁障。常见的屏风有两种：不能折叠的屏风，像一面高大的镜子，可叫插屏；折叠式屏风，像书摺，有四、六、八、十二扇等，高6~8尺。此种屏风，先立骨架，后糊纸、绢，画画或题字。有的整扇皆用硬木雕成，镶嵌珍饰，或漆画，或为人物故事，山川花鸟虫鱼等。还有用玻璃作的屏风。

(3) 太师壁。每间三档，中档有固定式隔断，左右开门。在寺庙、戏台上常做一壁，左右靠墙处各开一门（戏台上为出将入相口），壁上常用窗棂斗拼，或雕刻团龙、团凤等。

(4) 罩。罩就是拢罩之意，可能由"帐"字变来。古代室内多用帷帐，后来用小木作仿帷帐遗意来做隔断，所以落地罩也就常称为落地帐。"罩"是用在内檐（室内）装修的一种半透式空间分隔，主要是在两间柱内侧和梁枋底下附加各种形式的板状或透空花饰。

（5）帐。中国古代有用布、帛、缯、锦等织物作为顶上遮盖和四周围屏装饰的习尚。从现在看就是一种软遮盖、软隔断艺术装饰，经济、灵活、华丽，常是锦绣纹彩，一派豪华气象。"帐"的类属很多，地位、功用不一，但可以借用"帐"作为软遮盖、软隔断的总代名词。

（四）壁饰

筑墙、砖墙、抉泥墙（竹或苇编心）等，这些墙都是固定的围护，里外隔绝，表面自该也有装饰。佛寺道观中常有塑壁，题材有神佛人物，仙山琼阁，云气仙灵等。江苏吴县角直镇保圣寺至今保存有唐代的塑壁十八尊罗汉，列于大殿的东西壁。住宅之内从来不设塑壁或雕塑。

常见的古建筑壁饰主要特点有：第一，墙肩（即墙裙），用磨砖对缝砌，或在砖面髹漆；第二，安须弥座式踢脚板；第三，塘面刷灰浆，有纯白、黄、棕等色调，或带金星；第四，壁周缘用彩饰或砖雕花边；第五，在粉刷后的墙面上糊墙纸。

板壁，是用木板隔断装修的一种方法。常见的有：将整间拼合成平板面，里外糊花纸，颜色花纹皆多样；将整间钉成许多方框格，框中装板、髹漆或做成镜面，寺庙、祠堂、会馆、王府、富宅中常在板壁上作画，题材多人物故事，花鸟虫鱼。大型邸宅的大厅、客厅、花厅等壁面多用本色木面，上刻字画，多为绿底白字纹。

还有一种与板壁类似的是竹壁，用竹篾、竹片编织成各种几何图纹。在一些宗教建筑的墙壁上往往还会出现龛饰，其中主要是壁藏，即壁柜。

（五）台基装饰

在古建的台基四周通常有栏杆相围，栏杆有拦板、望柱和望柱下的排水口，经加工后，栏板和望柱上附加了浮雕装饰。

（六）木柱装饰

中国古建在设计中考虑到防潮防腐，在成排的木柱下方都垫放有被雕饰得精美的、各式各样的石柱础，有简单的线脚式、莲花瓣式和复杂的各种鼓形、兽形，有从单层的雕饰到多层的立雕、透雕，造型千变万化栩栩如生，如山西运城的关帝庙等古建筑。因此，有人形容，柱础在古建筑中是艺匠表现发挥其技艺的理想用武场所。

（七）天花

清代人们通常把梁架下的密封望板叫"天花"，天花本由方格框和心板组成，心板就叫天花板。天花的装饰主要有以下几种：

1. 井字天花

宫殿庙宇的天花，有的是用印好了图纹的纸糊贴，高级天花则直接在方框格和天花板上施彩画，南方住宅中的楼房，其楼底板天花，有在枋楞底下钉附用薄板拼成的花板。

2. 藻井

在我国古建筑大殿内部，为了遮蔽梁以上的种种木构件，往往要设法铺上平整的天花板，然而往往在宫殿御座上方及寺庙佛座上方的天花常做成上凹如覆斗，有方形、八角形、圆形等形状，内绘龙纹（明以前不饰龙纹）或菱、藕等水藻纹，这种建筑装饰就称作藻井。简单的藻井一般无雕饰，只绘制龙纹、花卉。复杂的藻井，四周安斗栱和天宫楼阁，顶部雕蟠龙。在一片平平的天花板上忽然凹出个华丽的藻井来，不但打破了平淡，也把室内的主要部分突出地显现了出来，气氛顿为一变。

藻井最迟在汉朝就出现了。在天花板上为什么采用藻井作装饰呢？这有多种原因：其一，因上凹覆斗形的藻井形如华盖，所以可用此来显示帝王和佛的尊严，含有神圣、至高无上的意思；其二，雍容华贵中含有一种威严雄伟的气派；其三，它含水克火之意，用来防火。据东汉应邵的《风俗通义》记载："今殿作天井。井者，东井之象也。藻，水中之物。皆取以压火灾也"。应邵说的天井就是藻井。而东井乃指二十八宿中的井宿，井宿主水。宋人沈括在《梦溪笔谈·器用》中亦说："屋上覆橑，古人谓之绮井，亦曰藻井，又谓之覆海。"所以从其名称不难看出，此为古代的防火装饰。

明清宫殿因藻井中心部位往往雕作蟠龙，故又叫龙井。北京故宫太和殿中的藻井，总体呈上圆下方之状，装饰极为华丽，在此上部圆形的藻井中有一盘曲的巨龙，俯首下视，从龙口中还下垂一个轩辕镜。对于这一装饰，许

多有关北京故宫的导游书中都说:"轩辕镜是用来显示中国的历代皇帝都是轩辕黄帝的后裔子孙,是黄帝的正统继承者。"这一说法似乎不妥。从整个装饰来看,应该把它分成两大部分,即藻井和轩辕镜。从藻井来说,不仅含有神圣、至高无上之意,而且上圆下方的建筑造型,是对帝王顺天地、应四时,以求四季风调雨顺、年年国泰民安、世代江山永固之美好愿望的象征。同时,上圆下方含有天圆地方之意,巨龙位于藻井上部圆形部分,乃含《周易·乾卦·九五》所说的"飞龙在天"之意,即位处"君位",暗示藻井下面的宝座是皇帝的宝座。至于轩辕镜,《长物志》云:"上悬轩辕镜主要是取以辟邪。"《古镜记》云:"持此则百邪远人。"所以轩辕镜绝不是正统皇帝的象征,而是古代的辟邪之物。另有一种类型,在杭州岳王庙内岳飞像上方藻井中绘有百鹤图,则含有正气长存之意。

3. 卷棚(轩)

有时常将厅堂等的前廊天花向上弯成弧形,叫卷棚,南方叫轩。其做法是做成弧形椽干,在上钉薄板。南方有多用薄望砖者,红椽白顶,明快雅观。卷棚顶不但使室内天花有所变化,而且提高了室内的净空。

4. 彻上露明造

室内并不用天花、藻井、卷棚三类的顶部装饰,彻底明露构件,但柱、梁、枋、檩、椽等都须光洁。或有施彩画、雕刻者(南方为多)。

(八)匾、联、字画

匾额、对联属于小木作艺术,是中国古典建筑中特有的装饰,宫殿、寺庙、祠观、府第、宅邸、园林,如失去了匾联,就如同人少了眼睛。匾联具有点题示意使意境得到升华的作用。

1. 匾

匾过去也称为扁。器之薄者曰匾,匾又称牌、额,一般分为两类:一类只题殿堂、商号名称,另一类则题刻有所寄寓的思想情趣。前者形式正规,为长方形,可横可竖,可有边框也可没有,重要建筑则在匾四周设华带板,构成立体的边框(如宋代的华带牌、风字牌);后者比较自由,有册页形、秋叶形、手卷形、碑碣形等,多用于园林建筑。

署于门户之文曰匾,眉上发下曰额,故匾又称匾额。系榜于门屏之上;

或堂榭园亭所题之横额，悬于室之上端，乃称匾额，也可单称匾或额。明末李笠翁归纳了园林建筑中的匾额有六种：一是册页匾，做成册页状的长匾；二是虚面匾，将题字刻透；三、石光匾，即用泐了字的虚白匾置于山石空隙处；四、秋叶匾，形如秋叶；五、手卷额，将长方形匾做成书卷形；六、碑文额，形方如碑。

2. 联

系悬挂于楹柱上的木刻对联，亦称楹联。气氛严肃的建筑常用长条形，表面呈弧状，紧贴圆柱；园林建筑的楹联变化较多，有蕉叶联、此君联（竹节形）、雕花联等。匾联集诗文、书法、工艺美术于一身，不但本身的艺术造型丰富了建筑艺术，而且通过题写的文字，深化了建筑艺术的内容。

联有阳刻、阴刻。宫殿楹联多金地黑字，第宅中者多白地绿字。寺庙祠观在各进殿堂的内外楹柱上都悬挂，邸宅中，有的挂于二门，正厅内部，正房的室内，园林建筑中几乎四处悬挂。《笠翁偶集》中提到明代有蕉叶联，形如蕉叶；此君联，系将竹中剖刻字为联，皆用于园林。还有用木板做成整块的屏联镶于空白墙面，又是一格。

3. 字画

字画是中国古典建筑中特有的装点。无论是宫殿、府第、邸宅、园林建筑以至一般的普通住宅中，字画的装点必不可少。其厅堂、楼阁、轩榭之中皆莫不悬挂几幅名家书法和绘画，得到满室生辉的效果。

（九）家具及陈设

家具是供实用的器具，其实也可算得是室内布置与装修之组成部分，因为许多家具都是供陈设之用。秦汉以前，人们席地而坐，直到东汉末年，汉灵帝才盛用胡床、胡椅，改席地为垂足。南北朝时方废席地而坐的方式，在家具上起了重大变化，室内外都焕然改观。古代的主要家具是床、榻、案、桌、柜等。明代家具以形式简朴、尺度适宜著称于世。清宫中和园林中的室内家具都是艺术精品，讲究其配置变化有致。

1. 床榻

床是一种卧具，早已见于殷代的甲骨文。周时谓安寝之具为床，床当已普遍，但坐具也叫床，谓之匡床。"榻"是小或狭长而低矮的床，始于汉，

富家和僧道常用。

2. 几案

古代的几是带有四条矮腿的长方形木板，后世谓小案为几。古人席地而坐，进食时面前用一有四条矮腿的木盘，上放食具，就叫案。后来垂足而坐，案也升高了，长条形的桌子就叫案，如神案。唐时用桌椅者尚少见。宋代的墓室壁画中常见有桌椅，据以进食。明清时代，宫殿、府第、邸宅中，桌椅几凳多为硬木雕刻精品。

3. 柜椟

柜本作匮，是收藏衣物等的木制大匮，椟也是匮，但后来，小的耳函叫匮，就是椟。

4. 其他陈设

室内陈设主要是实用的器皿和艺术品。精美的瓷器、陶器、器、水晶、琥珀、文房四宝、景泰蓝等。

五、中国古代建筑装饰鲜明地体现出中国建筑的美学特征

（一）建筑装饰是显示建筑社会价值的重要手段

装饰的式样、色彩、质地、题材等都服从于建筑的社会功能。

（二）大多数都有实用价值，并和结构紧密结合，不是可有可无的附加物

油饰彩画是为了保护木材，屋顶吻兽是保护屋面的构件，花格窗棂是便于夹纱糊纸；而像石雕的柱础、栏杆、螭首（吐水口）、木构件的梭柱、月梁、拱瓣和麻叶头、霸王拳、菊花头等梁枋端头形式，本身就是对结构构件的艺术加工。

（三）大部分都趋向规格化，定型化，有相当严格的规矩做法，通过互相搭配取得不同的艺术效果；但也很注意细微的变化，既可远看，也可近赏

（四）艺术风格有着鲜明的时代性、地区性和民族性

例如汉代刚直浓重，唐代浑放开朗，宋代流畅活泼，明清严谨典丽。北方比较朴实，装饰只作重点处理，彩画砖雕成就较高；南方比较丰富，装饰手法细致，砖木石雕都有很高成就。藏族用色大胆，追求对比效果，镏金、

彩绘很有特色；维吾尔族在木雕、石膏花饰和琉璃面砖方面成就较大；回族则重视砖木雕刻和彩画，题材、手法有浓郁的民族特点。

六、中国古建筑装饰材料

（一）砖瓦作装饰

是对屋顶、墙面、地面、台座等砖瓦构件的艺术处理，可分为陶土砖瓦和琉璃砖瓦两大类。筒瓦檐端的瓦当是砖饰的重点，汉以前瓦当有圆形、半圆形（也包括多半圆）两种，上面模印文字（宫殿名和吉祥词）、四灵等图案；汉以后都是圆形，南北朝至唐几乎都为莲瓣纹，宋以后则有牡丹、盘龙、兽面等。檐端板瓦设滴子，元代以前多为盆唇状，以后则变为叶瓣形，并模印花纹。正脊两端设鸱尾、兽头或吻。砖的装饰主要体现在砖雕上。

（二）石材作装饰

石材作装饰主要用于对台基、栏杆、踏步和建筑小品等石构件的艺术处理。石雕手法，按宋《营造法式》规定共有4种，即剔地起突（高浮雕及圆雕）、压地隐起（浅浮雕）、减地（平面浅浮雕）和素平（平面细琢），另外在实物中还有一种平面线刻的做法；题材则有龙、凤、云、水、卷草、花卉等10余种，台基在高级建筑中多做成雕有花饰的须弥座，座上设石栏杆，栏杆下有吐水的螭首。石柱础的雕刻，宋元以前比较讲究，有莲瓣、蟠龙等，以后则多为素平"鼓镜"，但民间建筑花样很多。

（三）油漆彩画作装饰

是对木结构表面进行艺术加工的一种重要手段，有时个别砖石建筑表面也作油漆彩画。油漆只是对木结构表面作单色装饰。

明清以前对木材表面直接处理（打磨、嵌缝、刷胶），外刷油漆。清代中期以后普遍用地仗的做法，即用胶合材料（血料）加砖灰刮抹在木材外面，重要部位再加麻、布，打磨平滑后刷油漆。油漆的色彩是表示建筑等级和性格最重要的一种手段，从周朝开始即有明文规定，在艺术处理上则考虑主次搭配，如殿用红柱，廊即改为绿柱；框用红色，棂即用绿等。彩画是油饰艺术中最重要的组成部分。

七、中国古建筑中典型的装饰

（一）仙人走兽

在中国古建筑的岔脊上，都装饰有一些小兽，这些小兽排列有着严格的规定，按照建筑等级的高低而有数量的不同，最多的是故宫太和殿上的装饰（它们有一定的排列次序，其次序是：仙人、龙、凤、狮、天马、海马、狻猊、押鱼、獬豸、斗牛、行什（即猴子），共为11个），宫殿建筑中，飞檐翘角上常塑有一个个小动物，这就是"仙人走兽"。仙人在前，行什在后，在飞檐翘角上呈列队形式，这些仙人走兽在古建筑中除了装饰之外，还具有三大作用：第一，从封建等级制度来说，它们具有标志建筑物等级的作用，建筑物等级愈高，它的个数就愈多，一般为奇数，如11、9、7、5、3等。递减时由行什、斗牛、獬豸、押鱼、狻猊……依次向前递减，减后不减前，人们抬头一望其个数就能清楚地知道其等级的高低。第二，从传统思想来说，它们具有化凶为吉、灭火压邪的作用，被称为吉祥兽。仙人，意为逢凶为吉，龙、凤、天马、海马，为吉祥之物；狮、狻猊，为辟邪之物；獬豸，执法兽，象征公正；押鱼，灭火之物；斗牛，消灾之物；行什，降妖之物。第三，从建筑结构来说，它们是为了保护木栓、铁钉，防漏防锈而采取的措施。因为飞檐翘角的戗脊上都盖有瓦，但因翘角上翘很高，瓦容易滑下，所以这些瓦中都有一孔，以此用铁钉把瓦固定在戗脊上，为了防漏、防锈，于是在钉之上再压一件装饰兽。

这在中国宫殿建筑史上是独一无二的，显示了至高无上的重要地位。在其他古建筑上一般最多使用九个走兽。这里有严格的等级界限，只有金銮宝殿（太和殿）才能十样齐全。中和殿、保和殿都是九个，天安门上也是九个小兽。其他殿上的小兽按级递减。

所选小兽的含义：

1. 鸱吻

最喜欢四处眺望，常饰于屋檐上。

2. 凤

比喻有圣德之人。据《史记·日者列传》："凤凰不与燕雀为群。"这里充

分反映了封建帝王至高无上的尊贵地位。

3. 狮子

代表勇猛、威严。《传灯录》记载："……狮子吼云：'天上天下，唯我独尊'。狮子作吼，群兽慑服。"

4. 天马、海马

我国古代神话中也是吉祥的化身。

5. 狻猊

古书记载是与狮子同类的猛兽，也有说为龙的九子之一。

6. 狎鱼

是海中异兽，传说和狻猊都是兴云作雨，灭火防灾的神。

7. 獬豸

我国古代传说中的猛兽，与狮子类同。《异物志》中说"东北荒中有兽，名獬豸，性忠，见人斗则不触直者，闻人论则咋不正者。"它能辨曲直，又有神羊之称，"它是勇猛、公正的象征。"

8. 斗牛

传说中是一种虬龙，据《宸垣识略》载："西内海子中有斗牛，即虬螭（虫旁）之类，遇阴雨作云雾，常蜿蜒道路旁及金鳌玉栋坊之上。"它是一种除祸灭灾的吉祥雨镇物。

9. 行什

把这些小兽依次排列在高高的檐角处，象征着消灾灭祸，逢凶化吉，还含有剪除邪恶、主持公道之意。古人把建筑装饰上这些走兽，使古建筑更加雄伟壮观，富丽堂皇，充满艺术魅力。

（二）四灵

在宫殿装饰中，以"四灵"为最多，"四灵"即四个神灵之物——龙、凤、麟、龟，这一信仰早在秦汉已出现，一直延续至明、清。

1. 龙

龙是想像中的神灵之物，是中华民族的象征。关于它的起源，至今众说纷纭。原始龙是"水物"的观念是始终不变的，所以龙的形成，起初是现实中生活于水中蛇状长鱼，在图腾崇拜中成为夏的图腾，后来这个部落并吞了以鸟兽鱼虫等作图腾的其他部落，于是画蛇添足，以后又不断地被加工、被神化，最后而成：蛇身、牛头、鹿角、狮鼻、鱼鳞、狗牙、马鬃、鹰爪这一形象。另外，必须说明，龙在西汉是四肢三爪，至南宋才增至四肢四爪，最后到明清才完成了五爪金龙的形象。也有人说，龙原来是远古时代类似恐龙的一种巨型爬行动物，何新在《诸神的起源》中，认为龙的前身即鳄鱼；但也有人认为，龙是远古先民由霹雳雷电悟想出来的自然神。

在古代建筑上，龙纹装饰主要有，九龙壁、华表、蟠龙金柱、御路石雕、雕龙宝座、雕龙屏风、望柱下的螭首、和玺彩画、藻井……

由于龙在我国古代是镇魔驱邪、化凶为吉的祥瑞之物，人们对龙特别崇拜，但因龙象征帝王，所以人们不能任意以龙为饰，为此，在明代天顺年间（1457~1464），进士李东阳创立了"龙生九子"之说，称"龙生九子"，实际上九子都不成龙，又各有所好，于是人们就大胆地以九子形象装饰在各个有关场所了。

龙生九子古时民间有"龙生九子，不成龙，各有所好"的传说。但九子是什么，说法也不同。《中国吉祥图说》谓：九子之老大叫囚牛，喜音乐，蹲立于琴头；老二叫睚眦（ya zi），嗜杀喜斗，刻镂于刀环、剑柄吞口；老三叫嘲风，平生好险，今殿角走兽是其遗像；四子蒲牢，受击就大声吼叫，充作洪钟提梁的兽钮，助其鸣声远扬；五子狻猊（suan ni），形如狮，喜烟好坐，倚立于香炉足上，随之吞烟吐雾；六子霸下，又名赑屃（bi xi），似龟有齿，喜欢负重，碑下龟是也；七子狴犴（bi gan），形似虎好讼，狱门或官衙正堂两侧有其像；八子负质，身似龙，雅好斯文，盘绕在石碑头顶；老九螭（chi）吻，又名鸱尾或鸱（chi）吻，口润嗓粗而好吞，遂成殿脊两端的吞脊兽，取其灭火消灾。

常见的说法是：（1）好重者：赑屃（音毕喜），最喜欢背负重物，所以背上驮一块石碑；（2）好望者：螭吻（音吃吻），最喜欢四处眺望，常饰于屋檐上；（3）饕餮（音滔帖），最贪吃，能吃能喝，常饰于鼎的盖子上，因它能喝水，几乎在古代桥梁外侧正中都能见到，防止大水将桥淹没；（4）生性好杀者：睚眦（音牙自），嗜杀喜斗，常饰于兵器刀环，剑柄；（5）狴犴（音毕岸），最憎恶犯罪的人，所以常饰于监狱的门楣上；（6）好烟火者：狻猊（音

酸泥），性好烟火，常饰于香炉盖子的盖钮上；(7) 好水者：趴蝮（音八夏）位于桥边的最喜欢水，常饰于石桥栏杆顶端，造型非常优美；(8) 性情温顺者：椒图，最反感别人进入它的巢穴，常饰于大门口；(9) 好鸣者，蒲牢，最喜欢音乐和吼叫，常饰于大钟的钟钮上。

2. 凤凰

简称凤，由古代鸟图腾崇拜演变而来，是原始社会人们想像中的保护神。凤凰为百鸟之王，象征着美好、和平、吉祥。凤，原是商的图腾标记，商周时每一件青铜器上都有它的形象，此时凤已作为至高无上的权力、意志、神威的象征。在神话传说中，认为世界上只有一只凤凰，它可以整整存活五百年，临死时，凤凰采集芳香植物的树枝和香草，营造一个巢，然后点火自焚，在熊熊的烈火中获得再生。凤凰为中国传说中的瑞鸟，是至真、至善、至美的神鸟，是百鸟之王，它与龙一起，共同构成了中国特有的龙凤文化。

3. 麒麟

也是想像中的一种灵兽。其形为鹿身，龙头，头上有独角，角上长肉球，全身披鳞甲、狮尾、马足。早在周代，我国就有了它的传说，秦汉时，它和龙、凤、龟并称为"四灵"，又为"四灵"之首。它被历代皇帝尊为灵物，它的出现被视为国之奇瑞，是太平盛世降临的象征，是皇威显赫，诏示清明的结果。麒麟一直被人们视为吉祥如意的象征，民间年画中常有"麒麟送子"的题材，在宫殿中有铜麒麟，在帝王陵前常有石麒麟。

4. 龟

有福大、命大、造化大之意，在四灵中它是长寿之物。在民间俗信中，它具有卜凶吉、兆寿瑞、扬武威、镇邪恶、赐富贵等灵性。《尔雅》说，龟有十种，即神龟、灵龟、摄龟、宝龟、文龟、山龟、泽龟、水龟、火龟、筮龟。其中神龟和灵龟是天龟，寿命长达5000~10000年。四灵中的龙、凤、麟都是神话中的虚拟动物，自然界中并不存在，只有龟是唯一与人类关系密切，自然界实有的动物，因此，龟被神化，要比龙、凤、麟被神化的时间早得多，至少在殷商时期，就有神龟知人情、知吉凶和可以充当神与人之间媒介的信仰。殷时常用龟甲来进行占卜，巫师用烧红的木棍烧灼龟甲，使之发生爆裂而产生裂痕，然后据此兆象来判断祈求的凶吉。

(四) 四方之神

四方之神即青龙、白虎、朱雀、玄武，它们是四方之护卫神。四方之神的起因与"五行"学说、古天文学的发展是分不开的。最初的"五行"是指金、木、水、火、土五种自然物质，人们把它们看作是构成世界万物的本源，这还属于朴素的唯物观点，以后唯心的成分越来越大，"五行"创立者把周天二十八宿分成东、南、西、北四个区，这四个区又叫"四宫"，说是苍、赤、白、黑四帝的四座宫殿。古人认为任何事物都有一个"精"，如"火气"之精为日，"水气"之精为月，五行之精是五星，太阳之精是三足鸟，月亮之精是蟾蜍。为"四宫"配属的精就是青龙、白虎、朱雀、玄武，四方之神就这样出现了。比较"四灵"与"四方之神"后可以发现，"四方之神"中少了一个麒麟，多了一个白虎，朱雀多认为即是凤凰，玄武即是龟或龟蛇合体。

(五) 狮子

狮子古称狻猊，《穆天子传》："狻猊、野马，走五百里。"《尔雅·注》："狻猊，狮子也，出西域。"狮子原产于中亚西亚，东汉时传入中国。

石狮的造型主要是依据自然界的真狮。狮子传入中国后，经过历代艺人不断地继承和创新，其外形渐趋民族化，流传下来的狮子雕刻和实际的狮子相比已有很大变化，直到明清时期才基本完成其程式化的造型，成为现在看到的狮子形象。

就狮子的造型而言，从整体上看，狮子的组成主要包括头、躯干、四肢和尾巴。每一部分的刻画和安排都是别具匠心的。狮子的头部是体现其造型的重点。民间有"九斤狮子，十斤头"的说法，生动地夸张了狮子头部在整体造型中的重要地位。艺人们习惯比照人类的头部特征，用拟人化的表现手法来塑造狮子的头部形象。

眼睛是整只狮子的传神之处，所以对眼睛的刻画往往作艺术性的夸张处理，常见的有八字眼、倒八字眼和一字眼三种造型。八字眼向下弯曲，透出一副愁相，正应了民间"凤喜狮子愁"的说法；倒八字眼向上竖起，显得雄俊挺拔，又称丹凤眼；一字眼则是两只眼睛一字相平，显出驯和忠厚的情态，温和中含有笑意，又称笑狮眼，是应用比较普遍的一种造型。

自然界的狮子嘴巴正面呈人字形，而中国的石狮口宽而方，张口时可一直延伸到耳朵下面。"狮子大开口"的俗语从一个侧面反映了这一特点。石狮口部的造型也有三种：一种是口的两边上翘，呈现笑意；一种是两边平直，呈现温顺之态；另外一种则是口的两边向下弯曲透出怒容或愁态。

石狮的躯干主要有蹲狮和走狮两种造型。蹲狮侧面呈三角形，其下颌、胸部和前四肢部处在同一条直线上。蹲狮挺胸不驼背，胸部结实而丰满，前腿直立而后腿蹲伏，腹部一般作收缩的姿态，从而表现其昂扬的雄姿。走狮的躯体为前大后小，呈长方形或圆桶状，脊柱线和胸腹线挺括硬朗，显示了走狮动态下的力度和威武神韵。四脚是体现石狮雄健威猛的重要组成部分。石狮的前腿和后腿都饰有圆润的卷毛，骨骼随卷毛隐伏，让人透过卷毛感受到内里的筋肉的骨力。蹲狮体现的是前腿支撑有力，后腿盘曲稳固。走狮则以四肢蓄势、威武挺健为体现重点。狮爪的造型也是极尽夸张的，其锐长的趾爪像是要嵌入坚石一般，令人望而生畏。

真狮的尾巴呈茸毛球状，而石狮的尾巴却是有多种创意蕴含其中的。汉代画像石中的狮尾与真狮较为接近，到了唐代，石狮的尾巴演变为丝缕状，而明清时期的狮尾已是不拘一格，千变万化，有的似朵朵菊花，有的如片片枫叶，有的作如意盘结，有的像蕉叶翻卷，林林总总，不一而足，极富情趣和韵味。另外，在狮子的精神气度上，大狮子雄强，小狮子乖巧。大狮子不管是昂头还是低头，都是威武有神，眼神随头部的转向雄视一切，透露出一种兽中之王的霸气。小狮子的特征则是头大腿细，眼神中满含稚气，神态上显得乖巧顽皮，憨态可掬。大狮子一般是成对置放的，按建筑的方位左雄右雌。

中国石狮，脱胎于自然界的真狮，又经历代匠师之手的创造融入了中华民族的审美观念和传统文化，是我国古代优秀文化艺术中的重要组成部分。狮子是兽中之王，在宫门、官府门前设置石狮，一方面起驱魔避邪的作用，另一方面还具有象征权势和增添建筑物气势的作用，再一方面还具有表等级的作用。古时规定：七品以下门前不准放石狮；一品官门前石狮头顶上有13个卷毛；二品官门前石狮有12个卷毛；三品官门前石狮有11个卷毛；四品官门前石狮有10个卷毛，……七品官门前石狮有7个卷毛。

门前的石狮往往是成对的，一雌一雄（左雄右雌），雄者足下为绣球，象征权力，统一寰宇；雌者足下为幼狮，象征子嗣昌盛。另外，在官府门前还含有祝福官运之意。因为在古时太师、少师为最显赫的官位。太师与太傅、太保合称"三公"，是在朝中共同负责军政的最高长官。少师与少傅、少保合称"三少"，为辅导太子的官员。

第三节 中国古建筑中的建筑小品

中国古典建筑在其总体布局中十分注意建筑小品的配置，它们起到衬托主体建筑，加强主题气氛和丰富景观的作用。

一、建筑小品概述

我们看到，就一幢幢个体建筑来说，它们的体量都不大，平面形式也很简单。但是就是这些简单的单幢建筑可以组合成为功能上满足不同需要、形体上丰富多彩的大大小小的建筑群体。这些建筑群体除了有殿堂、廊屋、门楼等外，还有不少形形色色的小建筑相配列。在建筑群的内外面竖立着的牌楼、影壁、华表、石狮子、香炉、日晷、龟、鹤、石碑、经幢、各类石柱、石门和石供座以及在园林中还有各式各样的堆石。这些就是人们通常所说的建筑小品。

实际上，所谓小品建筑，只是相对大建筑而言，二者之间并没有明确的界线。在以往古代建筑的相关著作中，对整体建筑群，对宫殿、寺庙、陵墓、园林、住宅等各种类型的建筑，乃至对建筑的结构、装饰、色彩等等方面都有过专门的介绍和论述，但这类建筑小品却往往被忽略了。但是这类建筑虽小，它们也都有各自的特殊形态和特定的文化内涵，它们在我国古代建筑发展中也是相当有成就的，是古建筑景观的重要组成部分。

二、在古建筑审美游览中常见的建筑小品

（一）阙

现在全国遗存的古石阙有 23 处，主要为汉阙，宋以后，阙几乎已销声匿

迹。阙又称为两观、象魏，是一种单体或双体的高台建筑，是外大门的一种形式，与牌楼、牌坊的起源基本相同，是中国传统古建筑体系中极为重要的组成部分。阙通常建在宫室、城门、宗庙和陵墓大门外，左右各一个，形成高台，台上起楼观，上圆下方，两台子间之"缺"（阙）然为道，可以通行，所以人们称此为阙门。又因在阙楼上可以观望，所以又称为"观"。还因在阙上悬挂法典，所以称之为象魏。汉代以后门阙建筑逐渐衰落，宋代已几乎不见了。有学者认为，明清故宫的午门是阙建筑的演变。汉阙有三大功能：装饰大门、区别尊卑，门阙的高度和豪华程度与级别有关，平民百姓无权设置门阙；悬挂典章，昭示天下；朝臣觐见、补遗思缺，朝臣每路过此地，省心自问思过悔改或谏言天子帝王以效忠诚。

（二）牌坊、牌楼

牌坊或牌楼。一般多是作为一组建筑的序幕或入口标志，或以它作为一种空间的象征性分隔。牌坊的起源是很早的，古代贫苦人家的住处入口往往是在地里栽上两根木柱，顶上加一根横木连结起来，再装上简陋的门扇，这就是古代的"衡门"，衡通横，就是横木为门，这可算得是牌坊的起源。古代的牌坊是有门的，叫牌坊门。又有一说："牌"是匾额，坊是古代的"绰楔'，"绰楔"就是安在门上的旌表（表彰）牌。门的左右有高一丈二尺的白色土台子，四角涂赤色，就是最早的旌表牌坊门。唐以前的城市里坊入口都有坊门。唐、宋两代都规定，一定级别以上的贵族、大官府第入口用一种乌头门，乌头门是由华表和板门结合。宋代的乌头门在明清时称为棂星门，至今在曲阜的孔庙入口还可看到保留了乌头门风貌的带有门扇的棂星门。棂星门后来发展成为无门扇的牌坊（和牌楼），完全变成一种环境小品。

牌坊同牌楼的区别在于：牌坊是用华表柱（清代叫冲天柱）加横梁（额枋）构成，横梁上不起楼，即不加斗栱和屋檐；而牌楼的横梁上是有斗栱和屋檐的；牌楼又有冲天牌楼和非冲天牌楼之分；冲天牌楼是用华表柱出头至"楼"以上，柱头上用云罐和毗卢帽装饰，非冲天牌楼的柱不"冲天"，而在斗栱等装饰上盖上小屋顶。砖牌楼的各间常做券门，以门墩代柱。

（三）华表

华表的渊源很早。有人说，尧舜时代，常在道路交叉之处立一根木柱，

柱顶上贯穿着两根横木，成十字交叉，这可能是一种路口的指路标志，同时也可让人们在木柱上写下自己对君主的批评建议，因此也被称为"榜木"或"诽谤之木"。有人说，西周时代，在井田的阡陌相交处或各户的地界上得立上一根木头，作为界别或记上程，这叫"邮表"，也就是早期的华表。还有人说，古代的墓葬，其四角各有一个小方台子，台上有小屋，屋上竖有一根一丈多高的柱子，有一块大木板"贯柱四出"——就是有两块木板成十字交叉贯通于柱头之上，这叫做"桓表"，桓声如和，就是后来的华表。还有人认为华表是由古代氏族部落的图腾竿子演变而来的，华表的样式到了后代更为多样，兼具有标志和装饰作用。不但皇宫前有，就是寺庙、陵墓前也有。

（四）碑

在古代，宗庙、宅院的庭院中立有碑，是用作栓系祭祀用牲口的板桩或石桩，也有人说碑是用来测量日影长度以定时间的。所谓"丰碑"，是立于墓穴四角拴吊棺材绳子的桩子。后来这桩子在下棺后并不移去，而在上面铭刻死者的生平和功德等等，于是就演变成了"碑"。现在留下的汉碑多是东汉时物，形制很简朴，顶部有一个圆孔，保留了"拴牲口"的古制。早期的碑座也只不过是一块方平的石头；南北朝时，碑首开始用佛像，也有雕龙的，并垫上须弥座；唐、宋以后，碑座才多用鳌或辟楼，完全变成一种环境小品。

（五）碣

无方正棱角，形式圆浑的碑叫碣。屹然独立的巨石也叫碣，宋（法式）规定，碣比碑矮小。

（六）幢

古代的幢本是旌旗之属，又叫旌幢。佛教传入中国后，在佛寺中兴出在石柱上铭刻经文，立于庭院之中的作法，这种石柱就叫经幢，最早出现在唐初。经幢由台座、幢柱、幢顶三部分组成。幢柱为八角形，上铭刻经文，台座皆用须弥座，上下枭混刻制复莲、仰莲，束腰刻佛像、壶门，幢顶覆宝盖，上或再加短柱、屋盖、宝珠、火焰等。

（七）影壁

古代叫萧墙。"影壁"这一名称出于北宋，原是壁塑的一种。影壁在南方叫照墙或照壁，有比相对照之意。影壁是独立的环境小品，凡寺庙祠观府第邸宅的主入口大门，往往在门的对面立一堵长而高大的直壁以作分隔、遮挡，对内则隐而不露，对外则免直通一览，增加层次和空间感。影壁由台基、壁身、壁顶组成，其样式与宅主品级有关，有功名人家才可以做一高两低。最著名的影壁是曲阜孔庙的"万仞宫墙"，大同有明制九龙壁，北京故宫和北海内有清制九龙壁。

（八）其他陈设性环境小品

铜人：又叫狄、铜狄、金狄翁仲。

铜鸟、铜兽、铜鳞甲类：铜鸟，多为凤凰、鹤，在皇家苑囿中可见；铜兽，有铜麒麟、钢（铁）狮、铜牛；鳞甲类的铜龙、铜龟等。

香炉：有钢、铁铸制，也有石或琉璃作，一般多仿木建筑雕制。

鼎：在古代本是炊具、食具。

另外还有石灯，是作为高照的路灯。

香炉、鼎、石灯、石龛都是采用小物大作的手法，小中见大，精巧可事，四者都是寺观庙宇中常见的环境小品。

第六章 中国古代传统宗教建筑的审美与游览

宗教建筑是中国古建筑的重要组成部分。在中国古建筑文化的发展过程中，儒、道、佛的哲学、伦理学、美学与宗教学思想对建筑的发展具有深刻而巨大的影响。由于历史等方面的原因，至今保存完好的中国古建筑中佛教寺院和道教宫观占有较大的比例，有的成为中国古建筑遗存中的孤例。

第一节 宗教建筑特征与审美游览

中国宗教建筑，是中国传统古建筑的一个重要组成部分，是在世俗官署建筑模式基础上发展起来的形式。它从一开始就表现出与世俗社会的一致性，只不过在建筑体量、规模和装饰色彩等方面有所变化。

一、传统宗教建筑的特征

（一）多类型及组合形式的多样化

1. 庄重严肃的纪念型风格

建筑群体组合比较简单，主体形象突出，富有象征涵义，整个建筑的尺度、造型和涵义都有一些特殊的规定。例如佛教建筑中的金刚宝座、戒坛、大佛阁等。

2. 雍容华丽的宫室型风格

具体表现为序列组合丰富，主次分明，群体中各个建筑的体量大小搭配恰当，符合人的正常审美尺度。单座建筑造型比例严谨，尺度合宜，装饰华丽。

3. 亲切宜人的住宅型风格

建筑序列组合与生活密切结合，尺度宜人而不曲折，建筑内向，造型简朴，装修精致。

4. 自由委婉的园林风格

建筑群体空间变化丰富，建筑的尺度和形式不拘一格，色调淡雅，装修精致；更主要的是建筑与花木山水相结合，将自然景物融于建筑之中。

5. 建筑内涵体现中国文化特色

中国宗教建筑的文化内涵、外形具有十分明确的世俗政教意义，是中国世俗正权对宗教文化尺度的允许和规制。因此，寺观建筑无论如何显贵，其体量、规格、规模及豪华程度都受着世俗政权的严格制约，绝对不能以任何形式与形制产生对皇宫建筑所体现的皇权威严的侵犯与蔑视。

（二）明显的地域性

中国地域辽阔，自然条件差别很大，地区间的封闭性很强，所以各地方、各民族的寺观都有一些特殊的风格，大体上可以归纳为八类：北方风格，组群方整规则，风格开朗大度；西北风格，质朴淳厚；江南风格，秀丽灵巧；岭南风格，轻盈细腻；西南风格，自由灵活，其中云南南部傣族佛寺空间巨大，装饰富丽，佛塔造型与缅甸类似，民族风格非常鲜明；藏族风格，寺院多建在高地上，体量高大，色彩强烈，风格坚实厚重；蒙古族风格，源于藏族喇嘛庙原型，又吸收了邻近地区回族、汉族建筑艺术手法，既厚重又华丽；维吾尔族风格，外部朴素单调，内部灵活精致。

（三）民族性

中国是一个多民族的国家，56个民族在宗教方面有差异，宗教建筑也具有了明显的民族地域性。汉族自古对各种宗教采取兼容并蓄的态度，但外来宗教一经传入，即与中国悠久的文化传统相互影响或融合，成为具有民族特色的宗教，典型的如佛教。汉族以天命崇拜和祖先崇拜为传统民族宗教观念，佛、道的信仰在民间有较大的影响，因此在汉地宗教建筑中往往出现综合性的特点。其他民族信仰宗教各不相同，归纳起来有佛教，包括大乘佛教、小乘佛教、喇嘛教；伊斯兰教；基督教，包括天主教、东正教和基督新教；部分民族还保持着原始的自然崇拜和多神信仰，包括祖先崇拜、图腾崇拜、巫教、萨满教等。各民族宗教信仰的差异，其宗教建筑也就出现了明显的民族地域性的特点。而最能体现中国传统古建筑特点的为佛教寺院和道教宫观。

（四）建筑形式的特定性

中国传统宗教建筑，主要指佛、道寺观，是一种很成熟的艺术体系，有一整套成熟的形式美法则，其中包括有视觉心理要求的一般法则，也有民族审美心理要求的特殊法则。从现象上看，大体上有四个方面：

1. 对称与均衡

环境和组群多为立轴型的多向均衡，一般组群多为镜面型的纵轴对称，寺观园林则两者结合。

2. 序列与节奏

凡是构成序列转换的一般法则，如起承转合、通达屏障、抑扬顿挫、虚实相间等，都有所使用。节奏则单座建筑规整划一，群体变化幅度较大。

3. 对比与微差

重视造型中的对比关系，形、色、质都有对比，但对比寓于统一。很重视造型中的微差变化，如屋顶的曲线，屋身的侧脚、生起，构件端部的砍削，彩画的退晕等，都有符合视觉心理的细微差别。

4. 比例与尺度

模数化的程度很高，形式美的比例关系也很成熟，无论构图、组群序列、单体建筑以至某一构件和花饰，都力图取得整齐统一的比例数字。比例又与尺度相结合，规定出若干具体的尺寸，保证建筑形式的各部分和谐有致，符合正常的人的审美心理。

（五）时代性

由于不同时代的审美倾向差异，古代宗教建筑，特别是寺观建筑可以区分为三种主要的时代特征：秦汉风格、隋唐风格、明清风格。其风格的具体表现与不同朝代建筑风格是相吻合的，同时，又受到不同时期文化和宗教发展的影响。

（六）体现与文化的结合

1. 审美价值与政治伦理价值的统一

艺术价值高的建筑也同时发挥着维系和加强社会政治伦理制度和思想意识的作用。

2. 植根于深厚的传统文化，表现出鲜明的人文主义精神

建筑艺术的一切构成因素，如尺度、节奏、构图、形式、性格、风格等，都是从当时人的审美心理出发，为人所能欣赏和理解，没有大起大落、怪异诡谲、不可理解的形象。

(七) 总体性与综合性

古代优秀的寺观建筑作品几乎都是动员了当时可能构成建筑艺术的一切因素和手法综合而成的一个整体形象，从总体环境到单座房屋，从外部序列到内部空间，从色彩装饰到附属艺术，每一个部分都不是可有可无的，抽掉了其中一项，也就损害了整体效果。

(八) 宗教场所与园林的有机整合，寺院建筑体现世俗化特征

盛行于中国的佛、道两教，随着佛寺和道观的发展，形成了一套管理机制。寺观拥有土地，与世俗地主小农经济存在一定的相似。因此，寺观建筑形制逐渐趋同于宫廷、官邸和宅院。中国古代，重视现实、尊崇人伦的儒家思想意志占据着意识形态的主导地位，皇帝君临天下，皇权占有绝对的权威，宗教对于皇权而言始终处于从属地位。历史上各个朝代都没有明令定出"国教"，而总是以儒家为正统，儒、道、佛互补、融合为特征。因此导致中国宗教建筑（主要指佛、道两教的寺观）与时俗建筑不必有更本的区别。在历史上多有"舍家为寺"的记载。就佛教而言，到宋代末期已最终完成了寺院建筑世俗化的过程。寺观建筑在结构布局上除少数建筑外，并不表现超人性的宗教迷狂，反之却通过时俗建筑与园林化的相辅相成，更多地追求人间的赏心悦目、恬静与安逸。诸多的佛道寺观在建筑单体的运用、景物的搭配等方面，与私家园林基本一致，讲究宅院的布局、建筑的装饰、花木的搭配、小桥流水、假山叠石、亭台楼榭相得益彰。因此，历代的文人名士常喜借读于寺观之中。

二、传统宗教建筑的游览与审美

(一) 宗教常识是游览与审美的基础

宗教建筑与宗教活动有关，因此在宗教建筑的游览审美中要结合相关的宗教文化常识和宗教艺术知识。

(二) 产生要素成为游览审美的引导

1. 我国宗教场所——佛寺道观，是宗教生活和宗教哲学的产物。

2. "舍宅为寺"为寺观园林化提供了物质条件

由于寺观产权和使用权的特殊性，寺观要同时面对香客和游人，因此，中国的诸多宗教场所，除了传播宗教外，还具有某些公共园林的性质。

3. 寺观的存在和发展历史延续性不同

帝王的宫殿会因改朝换代而废毁，私家建筑因家业的衰败而败落。而寺观作为宗教场所，由于历代僧侣道士的精心管理，加之宗教的影响与作用，其建筑往往保存较好，静观古朴、古木参天，具有较稳定的延续性。一些大型著名的寺观，历代延续、扩充积累了大量的古迹、文物及大量正规的艺术品，这些都具有很高的观赏价值。

4. 中国寺观建筑具备了优越的地理环境条件

"天下名山僧占多"的选址规律加之灵活的布局和环境意蕴的融合，自然景观和人文景观相互交织，使寺观蕴含了极大的历史和文化价值。

5. 规范的布局

基本布局一般分为四个部分：前导区域、宗教活动区、僧侣道士生活区、园林游览区。不同的功能区的建筑有所不同。作为香客或游客，其活动范围主要集中在前导、宗教活动和园林游览三个区域。

第二节　佛教建筑

佛教创建于公元前六世纪。在世界各大宗教中，佛教的创立时间最早。佛教创始人乔达摩·悉达多，是古印度迦毗罗卫国净饭王的太子，佛徒们尊称其为"释迦牟尼"（意为"释迦族的圣人"）。释迦牟尼与中国孔子大约生活在同一个时代。

佛教传入中国汉族地区的年代，学术界尚无定论。历来均以西汉哀帝元寿元年（公元前2年），大月氏王使臣伊存向中国博士弟子景卢口授《浮土经》为标志，佛教开始传入中国，史称这一佛教初传历史标志为"伊存授经"。佛教在中国的发展大致经历了译传、创造和融合三个阶段。佛教的旗帜

或佛像的胸间往往有"卍"标记。此标记在唐代被女皇武则天将其定音为"万"，意为太阳光芒四射或燃烧的火。后来被作为佛教的标记，以代表吉祥万德。一般汉地佛寺管理结构及组织，根据寺院的大小，繁简不一：方丈，是全寺的最高负责人，也称住持；监院，负责处理寺院内部事物；维那，负责寺院内的宗教事物；纠察，负责执行佛教的清规戒律；知客，负责对外联系和接待过往僧侣和游客。

佛教建筑是中国古建筑中很重要的一个组成部分，是佛教徒供奉佛像的场所，是僧众居住、修行和举行各种法事的地方，也是信徒进香朝拜、参加宗教活动的中心。佛教建筑中的佛寺是佛教文化的实际载体和依托，其兴衰发展状况是佛教的缩影，在佛教文化发展中起着重要的作用。从旅游观光的角度而言，寺庙又是人们了解佛教文化，欣赏佛教艺术的重要实物资料。佛教传入中国后所建筑的佛教建筑常见的有石窟、佛寺、佛塔、经幢等。

一、石窟

石窟也称石窟寺，是佛教的早期建筑。石窟寺也和其他佛寺一样，来源于印度。我国的石窟寺大多受印度支提与毗诃罗两种形式的影响。但从布局、构造以及装饰艺术上都已中国化。印度的支提式石窟，梵文叫做 Caitya，就是在洞内刻有作为礼佛拜佛之用的"窣堵波"（佛塔）形象，其布局形式是马蹄形的平面，后部为一方形后室，在室中起塔。洞内石壁周围雕列石柱。而我国的石窟中往往把塔从后室移到中心部位，变为塔柱，而且成为石窟的巨大支柱。毗诃罗石窟寺，梵文 Vihara。其形制洞前有前廊列柱，在中国则以檐柱屋顶予以表现。

我国石窟寺始于三四世纪的东汉，北朝至唐时最盛，宋代以后渐渐衰落。现存有100多座，主要分布区域相对集中在新疆、中原北方和南方等地区，其形式大致有以下几种形式：

（一）龛形石窟

这种形式较为简单，即在崖壁上凿出一个大龛，正中雕刻或塑、绘出一个或一组佛像，既无前廊，也无前堂或后堂，只是在其四周雕刻或塑、绘小佛、菩萨、飞天、装饰花纹。洞窟的平面有椭圆形、长方形、方形等等。窟

的尺度大小也不等，山西大同云冈石窟第17窟主佛像高达15.6米，是龛形大窟的代表。

（二）中心柱形石窟

中心柱形窟的特点是在窟的中心雕凿成塔柱或其他形式的柱子，形成回廊，并在柱子四周和回廊四壁雕刻或塑、绘佛像、佛传故事、飞天、动植物及各种图案花纹。窟顶做成穹隆形、覆斗形或方形、长方形的平基（即天花），天花也布满各种图案。其中心柱也有不作塔形的，甚至出现如云冈石窟第1号窟把中心柱雕成三层楼阁式塔。我国现存最早的石窟——新疆的克孜尔石窟（开凿于3世纪末或者4世纪初），窟的形状保留了印度的文提窟的样子，窟中央有一塔柱，窟中的壁画上所绘佛像也有明显的印度风格。

（三）前廊列柱形石窟

这种窟形的特点是在洞窟的门口有一排前廊，有的单间双柱或三间双柱，有的为多间多柱，气势甚是壮观。如麦积山石窟第4窟七佛阁，前面为八根巨柱，构成雄伟的前廊，后为七间佛阁，顶上覆盖巨大的庑殿顶，望之宛如七间大殿，雄踞高崖之上，甚为壮观。有的柱子上面还置有斗栱、"阑额"、枋子等。

（四）前堂后室形石窟

该窟形在我国石窟中占有较多的数量。其特点是在洞窟的前半部有一个开阔的空间，犹如房屋的前厅，后半部设佛坛或其他巨形雕塑。其形制可能受到中国古建筑传统的前堂后室、前朝后寝布局的影响。如敦煌莫高窟、云冈石窟都有该形石窟。

（五）大厅式石窟

在大型佛像、群像以及大幅壁画发展的同时，为了满足僧侣佛徒们参拜、瞻仰的方便，原来的小型龛室已不能满足需要，于是出现了仿佛寺大殿的大厅式窟形。如敦煌莫高窟中的大幅西方极乐世界、大幅经变图以及大型塑像、多幅贯联的礼佛图、出行图等多采用此种窟形。

（六）摩崖造像

摩崖造像是佛教石窟的一种类型，是佛教石窟寺的发展。由于受到石窟内洞规模的限制，充分利用巨大山崖陡壁的有利条件，于是在室外开凿大型摩崖大佛。目前世界上最高的摩崖大佛当属乐山大佛，高达62米。除了摩崖大佛之外，还有许多摩崖小龛、小像佛传故事等等。有不少摩崖造像群，同时也有不少摩崖石窟，许多石窟群中也有不少摩崖造像。一般以其数量之多少为定名依据。摩崖造像与石窟的主要区别在于有没有与崖壁相连的窟顶和窟门。我国著名的摩崖造像还有：洛阳龙门石窟造像（其中的卢舍纳佛为石窟雕塑中的精品）、四川广元皇泽寺摩崖造像、千佛崖摩崖造像、大足北山摩崖造像、宝顶山摩崖造像、云南剑川石钟山石窟造像、山东历城神通寺千佛崖、浙江杭州灵隐寺飞来峰摩崖造像等等。

二、佛塔与塔寺

（一）地位的变化

佛塔简称塔，起源于印度，印度把佛塔称为"窣堵波"（Stupa）或"浮屠"，本来用于保存释迦牟尼的遗骸"舍利"，后来也用于保存佛教经典和高僧的骨骸。其样式最初是一个半圆形土冢，称为"覆钵式"，与坟冢样式差不多。后来从这种坟冢样式演变出了具有印度特色的覆钵式塔。公元一世纪前后，印度的"窣堵波"随着佛教传入中国，"塔"字也应运而生（塔字既象形，又涵盖了stupa的音与义，从"土"旁，含有封土之下埋有尸骨或"舍利"之意）。塔，民间俗称宝塔；塔寺，最早也叫做"浮图寺"，这是因为最初的塔叫"浮图"、"浮屠"或"佛图"等，是供奉佛陀的殿阁。塔寺是寺中必有塔，塔建立在寺院的中心。

印度最初的佛塔有支提式塔和舍利塔。后来印度佛教密宗兴起，又出现了金刚宝座式塔。公元1世纪前后，随佛教的传入，塔也传入中国内地。

中国早期的佛寺建筑沿袭印度式样，以塔为中心建寺。一般都是前塔后寺的布局。在中国人眼里，佛也具有人性，佛所居住的塔也被赋予世俗生活的内容。往往寺与塔建在一起，有塔便有寺。古老宫殿式的寺庙平面展开，既是供奉佛祖的神殿，又可居可游。孤高耸天的佛塔，以它巨大超人的空间体量，打破传统古典建筑平缓坦然的空间序列，既是佛陀"涅槃"神圣的象征，又成了风景胜地的标志。

大约在东晋南北朝时期，汉式佛寺布局已基本定型，基本上是采用中国传统建筑的院落式格局，院落重重，常至数十院，层层深入。北朝时王公大臣施舍邸为佛寺成为时尚，这些寺院原系私人住宅，很少重新再造塔，而以正厅佛像供奉代替佛塔。隋唐时代，佛寺建筑逐渐改变过去以佛塔为主体的布局，取之以殿为中心。许多寺院无塔，"塔寺"二字也就不再连用。即使建塔，也另辟塔院，置于寺前、后或两侧。宋、辽、金时，已不是每寺都建塔。元代，大多数寺院中只建殿而不建塔，塔的宗教意义开始发生变化。

（二）功能的变化

塔传入中国后，随着时间的变化，其功能也不仅是作为"坟冢"，而是更趋多样化。颇具意味的变化是，中国人把印度窣堵波那种指向神秘苍穹的象征形象，只是作为一种标记而束之高阁，塔刹以下楼阁则被赋予现实人生、清醒实用的理性内容。所以中国的佛塔是"人"的建筑，而不是"神"的灵境。"雁塔题名"历代文人登临咏怀的风流雅事；钱塘江边的六和塔，成了江船夜行的航标；河北开元寺的料敌塔使佛塔兼有军事作用；居庸关过街塔，下面不仅车马行人可以穿行，凡人经过即是对佛进行一次顶礼；有的地方甚至建塔镇妖以免除灾难，于是佛塔又变成风水塔。

（三）塔的形制

塔的原始造型，初为方基、覆钵、尖顶，分别象征佛的方袍、佛钵和锡杖。后来渐渐演变为由台基（四方）、覆钵、平头（或称宝箧、方箱形、祭坛）、竿、伞（也称相轮、露盘、轮、盖、刹）等部分组成。

1. 层数与平面形状

在千姿百态的中国佛塔中，不论是密檐塔，还是楼阁塔，风水塔还是文峰塔，细细观察的人总会发现，塔的层数皆为奇数，单层、三层、五层……十三层、十五层、十七层，偶数层的塔极罕见，连塔刹相轮也不例外。现存最典型的偶数层塔为云南大理三塔中的千寻塔。而塔的平面几乎都为偶数边形，如四角、六角、八角、十二角塔等，绝对没有奇数边的平面形式。除了构造上的原因外，有学者认为其构思乃出于中国阴阳对立统一的宇宙观。数字在中国除了它的运算功能外，还被赋予哲学的意义。数字有奇有偶，有阴有阳。天数奇数，为阳数，生数；地数偶数，为阴数，成数。天在上，是圆的，向高发展要用天奇数；地在下，是方的，平面展开要用地偶数，这是中国人对数的讲究。天覆地载,高天厚地,天地合一,"所以成变化而行鬼神",方才有"博厚配天,高明配地,悠久无疆"崇高境界的追求。佛教自己的解释是:塔的四边,象征四圣谛;六边象征六道轮回;八边即是八相成道;十二边指十二因缘等等,而塔的奇数层在佛教中则表示清白与崇高,"七级浮屠"之说亦为常人所知。不管怎样,印度窣堵波在与中国楼阁的结合过程中,前者已被后者大大地同化了。佛塔的中国化正是基于中国人的哲学观与人生观而发展的。

2. 塔的构成

佛教传入中国后与中国文化相融合,古老的印度佛塔也和中国古典的楼阁台榭结合起来,成为在多层的楼阁顶加上一个有奇数层相轮的塔刹,即原来的窣堵波。塔刹既具有宗教意义,同时也起到了装饰的作用。和中国人一样,印度人也认为天是圆的,地是方的,所以那半圆形的窣堵波代表了佛教的宇宙观。传入中国后的佛塔,中国人却把原来坐落在地上的"天"真正高高举到了天上,下面便以方形平面的楼阁来支撑,这是中国人"天圆地方"宇宙观的体现。

古塔的建筑构造,因所使用的建筑材料不同,有着不同的结构方法。造塔的材料起初是用木材,但很难防火。后来用砖石或砖石与木材相结合建造,少数用金属铸造。木塔用传统的抬梁式或穿斗式结构方法进行营造,由房架、椽飞、望板、檐子、房顶等部分组成。砖石塔用垒砌、发券、叠涩等方法修建。铜铁金属塔用雕模制范的方法铸造。无论用哪种材料,我国古塔的共同建筑构造有地宫、塔基、塔身和塔刹四部分组成:

(1)地宫。我国古塔地面下方总建有地宫,这是由于塔原是埋藏供奉舍利的地方。塔传入中国后,与中国传统的深葬制度相结合,便产生了不同于宫殿、坛庙、楼阁等建筑的地宫这一形式。地宫又称"龙宫"或"龙窟",宫内安放的主要是石函和陪葬器物。石函内有层层的函匣相套,内层即为安放舍利之处。

(2)塔基。塔基是塔的下部基础,覆盖在地宫上。早期的塔基一般都比较低矮,仅有几十厘米。至唐代,为使塔更加高耸突出,开始建造高大的塔基,且明显地分成基台和基座两部分。基台就是早期塔下比较低矮的塔基。

塔基上部专门承托塔身的座子便是基座。

随时代的发展，基座日趋富丽，成为整个塔中雕饰最为华丽的部分。辽金以后，基座大都作须弥座式。另外，覆钵式塔（喇嘛塔）、金刚宝座塔的基座更是占了塔的很大部分比例，金刚宝座塔基座甚至超过其上部的小塔。

(3) 塔身。塔身是塔结构的主体。塔身的外部造型有楼阁式、密檐式、亭阁式、覆钵式、金刚宝座式、过街式、塔门式等多种造型。而塔身的内部结构有实心和中空两种。实心塔内部一般用砖石满铺砌成或用土夯实填满，结构较为简单。中空塔有木楼层塔身、空筒式塔身、木中心柱塔身、砖木混砌塔身、砖石塔心柱塔身、高台塔身等之分。

木楼层塔身是木造楼阁式塔的结构形式。塔身四周立柱，每面三间，立柱上安设梁枋、斗栱，承托上部楼层，每层都有挑出的平座和栏杆游廊，每层还有挑出的塔檐。山西应县木塔是该型木塔的典范。

空筒式塔身即砖壁木楼层塔身。为我国早期楼阁式和密檐式砖塔所采用。内部的楼层拟据楼层高度和门窗的位置安设，楼梯多是紧靠塔壁盘旋上下的；木中心柱塔身，其结构方法是以巨大的木柱，自塔顶贯通全塔，直入地内。我国现存实物中，仅河北正定天宁寺木塔尚存这一结构。

砖木混砌塔身，即塔身用砖砌，塔檐、平座、栏杆等部分均为木结构。塔的砌壁内也砌入木梁、木枋，并挑出角梁和塔檐。上海松江方塔、杭州六和塔、苏州北寺塔等均为这种结构。

砖石塔则完全摆脱了以木材作为辅助构件的结构方法，塔身全部用砖砌造，塔的中心是一个自顶到底的大砖石柱子。河南开封枯国寺塔、四川乐山凌云塔、河北定县开元寺料敌塔等是该结构塔的典型例子。

金刚宝座塔则是高台塔身，从高台的内部砌砖石梯子盘旋登上。

喇嘛塔的塔身是一个圆形覆钵，明清时在圆形塔肚子的正面设置焰光门，形如小龛。有的圆形覆钵内还加砌木结构。

(4) 塔刹。塔刹实际上是一个小塔，有刹座、刹身、刹顶三部分组成，内用刹杆直贯串联，安置在塔身的最上部。刹座形状大多砌作须弥座或仰莲座。刹身主要的形象特征是套贯在刹杆上的圆环，称为相轮，也称金盘、承露盘。原本相轮的大小和数目的多少，代表塔的等级和高低，《十三因缘经》

中曾有记载，但并非全部如此，如喇嘛塔大多采用十三个相轮。刹顶一般由圆光、仰月、宝盖、宝珠等组成。

（三）常见的塔的式样

从其结构和外观分类，佛塔主要有以下这些样式：

1. 楼阁式塔

这种样式的塔像中国传统建筑里的楼阁，故名楼阁式。这种样式的塔是中国古塔中历史最悠久、形体最高大、保存数量最多的一种。塔的每层之间有明显的距离，层高大致相当于一层楼阁。各层塔的每一面都有门或宙，门宙上有塔槽伸出。游客可以进入塔内，登临每一层塔楼，凭栏远眺各处风光。隋唐以前，楼阁式塔大多是木结构，容易被火焚毁，保存下来的仅有山西应县木塔。隋唐以后，楼阁式塔大多改为砖石结构，故保存下来的比较多。中国目前保存的塔大多是楼阁式塔，保存数量居各类塔的首位。楼阁式塔的主要特征有：每层之间的距离较大，明显地表现出塔的一层相当于楼阁一层的高度。每层塔身均以砖石制作出与木构楼阁相同的门、窗、柱子、额枋、斗栱等部分，其形制与木构相仿。塔檐大都仿木结构塔檐。塔内均有楼层，可供登临伫立或远眺。典型可以登临的大型楼阁式塔的有陕西西安的慈恩寺大雁塔、兴教寺玄奘舍利塔、江苏苏州虎丘塔、浙江杭州六和塔等，还有一些小型的楼阁式佛塔，包括砖石制造和金属铸造，这类塔不能进入登临，只能从外部观赏，但也是具有同样宗教含义和旅游文物价值的佛塔，如杭州灵隐寺双石塔、江苏镇江甘露寺铁塔、湖北当阳玉泉寺铁塔等。

2. 密檐式塔

由多层构成的塔，梯形与楼阁式塔差不多，但除了第一层塔身特别高以外，每层之间距离很小。塔檐较短，紧密重叠，难以分辨楼层，故称为密檐式。第一层塔身以上，各层檐子之间没有门窗、柱子等楼阁结构，辽、金时代以后许多塔甚至还是实心。因此，密檐式佛塔除个别例外，游客一般不能进入塔内登高远眺，只能欣赏其外观。辽代以后，密檐式塔下面增加了一个高大的须弥座，座上雕刻有华丽的佛像、菩萨、伎乐、动物等图案作为装饰。密檐式塔的保存数量仅次于楼阁式塔。著名的有北京的天宁寺塔，云南大理千寻塔，西安小雁塔，河南登封嵩岳寺塔（中国现存最早的砖塔）等等。

第六章 中国古代传统宗教建筑的审判与游览

3. 覆钵式塔（喇嘛塔）

元代从尼泊尔传入的一种佛塔样式，因喇嘛教常建造这种样式的塔，因此又把它称为喇嘛塔。这种塔实际上是继承了古代印度最早的墓塔的样式。最主要的特征就是中间的塔身宛如一只例扣过来的大钵，故名覆钵式，覆钵基本上保持着古代坟冢的形式。承受覆钵的塔基是一个高大的须弥座，覆钵的上面是长大的塔刹，塔刹上环绕金属相轮。这种塔往往用来保存高僧、（大和尚）和喇嘛的骨灰，因而俗称和尚坟。这种样式的塔在中国许多地方都可见到，人们最熟悉的是北京北海的白塔。此外，比较出名的还有北京妙应寺白塔，五台山塔院寺白塔，江苏扬州瘦西湖白塔，西藏江孜贝根曲登塔，青海涅中塔尔寺如意宝塔等等。

4. 金刚宝座式塔

这是一种造型奇特的密宗佛塔。最早的金刚宝座塔是印度最著名佛教圣地菩提伽耶的"佛陀伽耶塔"，公元3世纪由印度阿育王建造，就像四座小金字塔围绕一座大金字塔。中国的金刚宝座塔就是仿照佛陀伽耶塔兴建，但有一些变化。中国典型的金刚宝座塔的塔基是一座内部空心的四方形高台，人能从正面拱门进去。里边设有楼梯可登上高台上面，上面建造了五座小塔，中央座略高，四只角上的四座塔稍低，象征着须弥山五形，即布择天高居山顶中央，四大天王住在稍低一些的四面山腰。塔身表面还雕刻着秀丽的图案和文字，这些图案主要是金刚宝座式塔供奉的金刚界五部主要佛的浮雕。在进入高台的拱门上方两座小塔间，往往还修建一座中国特色的琉璃瓦小亭。这种样式的塔在中国保存不多，比较典型的如建于清朝雍正年间（1723~1735年）的内蒙古呼和浩待慈灯寺（五塔召）金刚宝座塔，寺已毁，塔却保存完好。北京真觉寺、碧云寺，山西五台山圆照寺，云南昆明的官渡妙湛寺，湖北襄樊广德寺等寺庙保存的金刚宝座舍利塔。

5. 花式塔

因为在塔身的上半部装饰着各种繁复的装饰物，远看像一大束花，故叫花式塔，简称花塔。这些装饰物包括各种雕塑在小神龛里的小佛像、菩萨、金刚、天王力士等神像，狮子、大象、龙等动物以及莲花瓣等。现存这种样式的塔仅有约10余处，比较著名的如河北正定县城南门内的广惠寺花塔，建

于唐代，塔内供奉释迦佛和多宝佛像各 1 尊，佛座上铭刻唐朝贞观二年造像题记。

6. 亭阁式塔

又称墓塔，类似于通常看到的亭子上面加了塔刹。这是最简单的一种佛塔，民间用来放置佛像或坟墓主人的塑像。一般仅有一层，个别在顶上加建一小阁。塔的平面既有方形，也有六角形、八角形或图形，有的仅一面开门，有的几面皆开门。中国著名的亭阁式塔有位于山东济南历城区柳埠镇青龙山麓神通寺遗址东的"四门塔"。

7. 宝匣经式塔

匣是装书的箱子，由于这种塔的方形塔身与匣相似，里面又保存了佛经，故叫宝匣印经式塔。又因这种塔很多是金属铸造，外表涂上黄金，故称为"金涂塔"。这种塔一般很小，原来是设置在寺庙内存放舍利。较典型者如广东潮州开元寺塔，浙江普陀山普济寺多宝塔等。

8. 过街式塔

塔的基座很高大，下面开门洞，行人车马均可通过。由于塔在门洞之上，人们只要从塔下的门洞穿过，就算是拜了一次佛，这无疑使佛教朝拜活动世俗化了。这种样式的塔是元代才开始出现，由于元朝统治者大力推崇喇嘛教，塔多为喇嘛塔（覆钵式）。这种样式的塔较为著名的有河北承德的普宁寺塔，江苏镇江云台山过街塔，河北承德小布达拉宫等。

9. 笋塔

这是南传上座部佛教最典型的塔：接近圆形的塔基很大，周边由许多花瓣连接组成；塔身呈葫芦状，越向上越细，整座塔宛如破土而出的大竹笋。这种样式的塔在中国最典型的是云南西双版纳的曼飞龙塔，云南瑞丽遮勒大金塔。瑞丽大金塔是国内笋式塔中最高大雄伟者。

10. 单塔

南传上座部佛教的又一种样式的塔。塔基呈方形，塔身为砖砌实心，平面为折角亚字形，由 3 层逐层收小减低的须弥座重叠而成。塔刹如覆置的喇叭，上有环状线脚和多个金属相轮。这种塔在中国较典型的是云南景洪的曼苏满寺塔等。

11. 塔林

许多聚集在一起的佛塔，远望就像树林，这就是塔林。塔林通常是建在寺庙外作为本寺庙和尚的墓塔。历史悠久的寺庙外往往有不同时代建造的塔林，其类型和风格都各有特点，非常具有观赏价值。著名的塔林有河南登封少林寺塔林，山西五台山佛光寺塔林，山东长清灵岩寺墓塔林等。

除了上述这几种主要的样式外，还有一些较为少见的塔式，如球形、钟形、圆筒式、高台式、九顶式……另外，许多佛塔并不是单一的样式，而是两种或几种样式的组合形式，如云南大姚白塔等。

三、佛寺

（一）汉地佛寺——主要分布于汉族聚居区，这类佛寺数量多、分布广

1. 缘起及发展

（1）佛教寺院的缘起：在印度，早期佛教并无寺院。佛教徒按照佛陀制定的"外乞食以养色身，内乞法以养慧命"的制度，白天到村镇说法，晚上回到山林，坐在树下，专修禅定。后来摩揭陀国的频毗沙罗王，布施迦蓝陀竹园，印度佛僧才有了第一个寺院。印度人称佛寺院为"僧伽蓝摩"，简称"僧伽"。古老的印度佛寺主要有两种形式，一是精舍式，一是支提式。精舍式设有殿堂、佛塔，殿堂内供奉佛像，周围建有僧房。支提式是依山开凿的石窟，内有佛塔和僧侣居住处。这两种式样的僧伽，先后传入了我国。并很快与我国传统的宫殿建筑形式相结合，成为具有中国建筑风格的佛教建筑。魏晋南北朝时期，佛寺已采用中国传统的院落式格局，院落重重，层层深入。到了隋唐时期，供奉佛像的佛殿，成为寺院的主体，塔被移到殿后或另建塔院，这与印度以塔为中心的佛寺，已有很大的不同。

（2）"寺"——名称的来历及含义。"寺"在中国最初并不是指佛教寺庙。"寺"从秦代以来通常将官舍称为寺，在汉代则是朝廷所属政府机关的名称。汉代许慎的《说文解字》中讲"寺，廷也"，段玉裁《注》说"廷，朝中也。《汉书》注曰：凡府庭所在，皆谓之寺。"《广韵》："寺者，司也，官之所止，有九寺"。寺的本义是指宫廷中的侍卫人员，如《礼记》中讲"深宫固门，寺人守之。男不入，女不出"《古文观止》收录的《左传》"寺人

披见文公"中的"披"一类的皇室待从就是"寺"或"寺人"。

"寺"成为佛教的专用术语是佛教传入中国以后的事情。东汉永平十年，两位印度高僧迦叶摩腾和竺法兰以白马驮经来到中国，最先入住的是鸿胪寺（汉代九卿中有鸿胪卿，其官署即叫"鸿胪卿寺"或"鸿胪寺"，其分职为布达皇命，应对宾客，大致上相当于今天的外交部和礼宾司。）《释事通鉴》亦云："汉明帝于西郊外别立一寺，以白马驮经而来，遂名"白马寺"。洛阳白马寺是第一座用中国官署名称建立的佛教建筑。中国佛教界尊其为佛教的"祖庭"和"释源"，僧人十分注重皇帝恩赐的荣誉以弘扬佛法，后世相沿以"寺"为佛教建筑的通称。我国佛教宗派繁多，寺庙林立，但都公认白马寺在中国佛教史上的特殊地位。"南朝四百八十寺，多少楼台烟雨中"，"三百六十寺，幽寻遂穷年"，中国究竟有多少佛教寺院可能已无法统计了。

唐朝中期曾规定"官赐额者为寺，私造者为招提兰若"，即在国家注册或经政府批准建的寺院才能称"寺"。"寺"的地产可免除征税，未在国家注册或未经政府认可而私营的佛教寺院一律称为"招提兰若"或"兰若"。"招提兰若"、"兰若"的寺院地产与民间土地等同，同样征税。"兰若"出自佛经中"一牛鸣地，可置兰若"，其原义指远离尘嚣处的教徒修炼处。北宋以后，佛教的世俗化日趋严重，佛教对民间影响日益加深，所以封建政权又充分利用佛教来巩固和加强封建统治。封建帝王经常给稍有名气的寺院题匾题额。而其所题又往往是"xx禅院"或"xx禅寺"。宋代"禅院"或"禅寺"为国家一级寺院专用已为定制，所以也成为鉴定寺院历史的基本规律。

从洛阳白马寺的诞生到现在，中国佛教建筑——佛寺的历史已历经两千多年了。随着佛教发展，教与中国本土文化的融合，形成了具有中国特色的佛教，佛寺也经历了其发展、变化、本土成熟化的过程。

汉地佛教根据兴建该寺的教派又有不同的称呼：天台宗的寺院称为"讲寺"，如天台山的国清讲寺、南京的鸡鸣讲寺等；禅宗的寺院称为"禅寺"，如杭州的云林禅寺（灵隐寺）、武汉的归元禅寺、昆明的筇竹禅寺等；净土宗的寺称为"净寺"，如南京的三昧净寺等。

2. 寺的别名

寺，到后来有了一些别名如刹、香刹、精舍、庵、院、林（丛林）、庙

218

等。寺庙的名称是民间最常见的。丛林，本指禅宗寺院，又称"禅林"，后世其他一些宗派，有的也仿照禅林制度称寺院为"丛林"。丛林意指众多僧人居住一处，犹如树木之丛集为林。也是借喻草木生长有序，用来象征僧众有完整的法度和严格的规矩。"庵"原是隐遁者所居住的茅屋，不知何时与出家人有了缘分，出家人聚集的小寺庙被称为"庵寺"，后来庵多指尼姑居住修行之处，俗称"尼姑庵"。

我国有句俗语"跑得了和尚跑不了庙"，严格说"庙"并不是佛教建筑，佛教僧人很少借庙居住，而"寺"才是佛教建筑的专名词。寺、庙、祠同属宗教建筑的专名，但是"寺"专门用作佛教建筑，"庙"一般用于地域性神祇和国家敕封的伟人祭祀屋舍，而"祠"又是由地方申报中央批准建立的死人纪念堂。

3. 布局——汉地佛寺布局类型及形势

中国佛教寺院的规模大小不一，布局也不一样，有的是四进七殿，有的是三殿，有的一门一殿，有的进门就是殿。中国佛寺布局经历了三种形式：一是廊院式，是前期以塔寺为代表的佛教寺庙布局形式，通常以一座佛塔或佛殿为中心，四周环绕廊屋、庑殿，形成一个院落，大的寺院可由多个院落构成；二是纵轴式，是将各主要殿堂按一定次序（通常是由南向北）排列在一条纵轴线上，每座殿堂左右各建一所配殿，形成三台院或四合院形式，各组院落中主体建筑的造型、体制，都结合所供奉主尊在佛教中的地位而呈现不同变化，一些大型寺院可以并排有两条或三条轴线，在侧轴线上可以兴建禅房、僧房、塔院、花园等设施；三是自由式，石窟寺实际上就是最早的自由式布局的佛寺。

唐宋时代，禅宗兴起后，提倡"七堂伽蓝"制，即建有七种不同用途的建筑物。到了明代以后，七堂伽蓝已有定式：即以南北向中轴线为主，自南向北依次为山门、天王殿、大雄宝殿、法堂和藏经楼。东西配殿则为伽蓝殿、祖师殿、观音殿、药师殿等。寺院的东侧为僧人生活区，包括僧房、香积厨（厨房）、斋堂（食堂）、茶堂（接待室）、职事堂（库房）等。西侧主要是云会堂（禅堂），以接待四海云游僧人居住。

常见的佛寺主要为两组建筑：山门和天王殿为一组，合称"前殿"，大雄宝殿为一组，为佛寺主体建筑。有了这两组建筑，方可称为"寺"。庭院布局

以四合院最为典型，从表面看，四合院是一个封闭性较强的建筑空间，但实际上，宽大的庭院，使用中灵活多变，适应性很强。所以宫殿、衙署、佛寺、住宅等建筑，都普遍采用这种布局形式。具体布局见下图——中国佛教寺院基本殿宇及供奉对象：

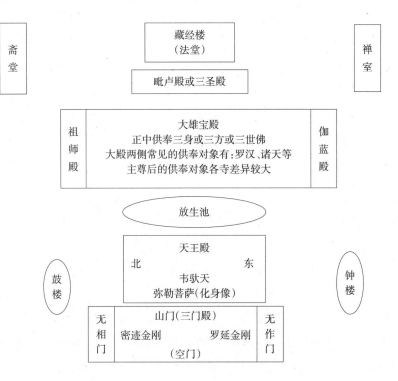

在游览佛寺品赏宗教建筑时，还应注意佛教的礼仪、礼俗。主要的内容包括：出家人的称谓、服饰、课诵、理佛、祭品、节日礼俗、法器、跪拜形式等。

从外观上看，汉地佛寺多是殿宇式建筑，与居民住房、官府衙门、祭祀祠庙和帝王宫殿类似。大体形式是屋顶从侧面看去呈三角形，庙宇两边封闭、正面和后面的屋檐下面用木料开门窗，要进入庙中须先上台阶，跨过较高的门槛。寺庙通常坐北朝南修建，也有一些是依山势而建。佛教寺院的布局及神像供奉，还暗含了一惊、二吓、三皈依的心理暗示。

4. 汉地佛寺建筑的特点

佛寺采用传统宫殿建筑形式。寺院一般以殿堂（又称正殿、大殿或大雄宝殿）为主体。殿堂建筑集中地体现了我国传统建筑风格和特点。殿堂的屋顶，较多地采用庑殿、歇山、重檐、悬山、硬山、卷棚等样式，大殿一般采用梁柱结构。

5. 汉地佛寺游览审美程序

（1）山门。寺院的大门一般皆为三门并立，较大的寺院建有三门殿。三门称为空门、无相门、无作门，合称三门，象征"三解脱"，也称"三解脱门"。中国佛寺大多建在山林静僻之处，所以又称山门。三门包括：

无相门：佛教认为，要解脱人生诸般痛苦，就要绝众相（"色、声、香、味、触、男、女、住"等皆有相）。"观诸法之相，本无差别"，最终都归结为"空"。懂得了这一点，也就懂得了"空"，所以，无相门又称作绝众相解脱门。

无作门：佛教认为，人间诸般痛苦，如生、老、病、死、爱、别离、求之不得等均是人自己造作之果。自作自受，共作共受，先作而后受，不作不受。要获得解脱，清静自在，就得无作。"观生死可厌而不作"，故称无作门。

空门，又叫不二法门。所谓不二，是指超脱于现实世界矛盾之外的佛说之门，即不问世事，专心潜修。禅宗把"不二法门"作为一种处世态度。从另一个角度看，"不二"也指万事万物皆因缘和合而生，因缘一旦解体，事物就不复存在，一切都是虚无，都是空。这一"绝对真理"是唯一不二的。

每一个寺院都有自己的寺名，对寺名的诠释，有助于游客了解寺院的历史及所属宗派，有的还包含了神奇的传说和典故，寺名就悬挂于山门之上。山门两侧往往悬有描写风光并暗含禅机的对联。人们在游览中国古代寺院时，应仔细品读山门之匾题及楹联，可借其了解寺院的历史及主题。

（2）天王殿。天王殿为佛寺的第一重殿，因殿内正中供奉弥勒菩萨，又称弥勒殿。弥勒像后供奉的是寺院的守护神韦陀。韦陀手持宝杵，与大雄宝殿中的释迦牟尼像正对。天王殿的两侧供奉有四大天王像。天王殿有显正却邪之意，四大天王视察众生的善恶和保护佛、法、僧三宝，韦陀手持宝杵，意为镇压魔军，护持佛法。

（3）放生池——放生池在佛教寺院中，主要有三大功能：

①实用功能，蓄水以防火；②调节环境，突出宗教园林特色；③宗教功能，为香客提供"放生"场所。

(4) 钟楼与鼓楼。钟楼，位于天王殿左前侧。钟楼下供奉着地藏菩萨，也有的在地藏菩萨两旁侍立一比丘、一长老像的，即闵长者和他的儿子道明和尚。因为钟楼供奉地藏菩萨，所以也有称之为地藏殿的。

鼓楼，位于天王殿右前侧，楼上挂大鼓。佛寺有"晨钟暮鼓"之说。鼓楼中有的供奉关羽，有的供奉观音。鼓楼和钟楼建筑造型相同，呈对称状。

(5) 大雄宝殿。大雄宝殿也称正殿、大殿，是寺内的主体建筑。建筑形式高大雄伟，气势非凡。其建筑式样、典型部件、色彩、结构、门窗、装饰图案最为典型，是游览审美重点。其建筑从台基到屋顶，基本运用中国高等级建筑的结构和建筑规范。

供奉的佛像有一佛、三佛、五佛、七佛四种，最常见的是供奉三佛。

大雄，是对佛祖释迦牟尼的尊称，意为大智大勇能镇伏邪魔。大殿前有香鼎，左右两侧有石幢。大雄宝殿供奉的佛像前往往挂有长明灯、幢、幡等，正中佛像头顶处为藻井。大殿两侧常塑有十八罗汉、二十诸天或五百罗汉等。大殿正中佛像背后往往塑有菩萨像，常见的是观音菩萨。

(6) 伽蓝殿与祖师殿。伽蓝殿，一般位于大殿东边，属配殿；祖师殿，位于大殿的西侧，以禅宗寺院最为常见。

(7) 藏经楼。藏经楼是寺庙收藏佛经和文物的地方，又称藏经阁，是佛寺中珍藏佛像、经籍的地方，一般安置在中轴线的最后一进，一般又两层，下层为千佛阁，楼上主要贮藏经书。佛教的经籍经书类别多。大乘和小乘佛教的经典包括经藏，即释迦牟尼说法的言论汇集；律藏，即佛教戒律和规章制度的汇集；论藏，即释迦牟尼弟子们对其理论、思想的阐述汇集。合称经、律、论三藏经，也称"大藏经"。藏传佛教的大藏经称为《甘珠尔》和《丹珠尔》。《甘珠尔》意为佛语，《丹珠尔》意为论部。

(8) 佛寺中的其他建筑。由于佛寺规模、建造时间、分布地域及宗派的差异，有些佛寺还有其他一些殿宇：

① 法堂：法堂是宣讲佛法和传戒集会的场所，又称讲堂，其建筑规模仅次于大雄宝殿。堂内也供奉一些佛像，但堂中设法座，也称"狮子座"，供名

僧大德宣讲佛法。② 三圣殿，有的寺院在大雄宝殿之后，通过大天井，进入第三重殿，就是三圣殿。殿中供奉阿弥陀佛，两侧为观音菩萨和大势至菩萨，这一佛两菩萨合称西方三圣，是净土宗供奉的主要佛像。殿中三圣皆在莲花座上，殿中所挂幢幡皆有莲花图案。③ 药师殿，俗名药王殿，所供奉的是"药师三尊"，即"东方三圣"。正中为药师佛，两位协侍为日光菩萨和月光菩萨。④ 观音殿，又名大悲殿，主要供奉观音菩萨像，像的造型最为丰富，多姿多彩。⑤ 罗汉堂，有的寺院设有罗汉堂，堂内塑有五百罗汉像。现今成都新都宝光寺、北京碧云寺、武汉归元寺、苏州西园戒幢律寺、昆明筇竹寺等处都设置有罗汉堂。罗汉堂内的罗汉造像造型千姿百态，生动有趣。⑥ 戒堂殿，通常设置于寺院东侧的僧众生活区，为教徒传戒受戒之场所。里面供奉多尊佛像。

除上述殿堂外，佛教寺院一般还有方丈室、斋堂、如意寮（医疗场所）、佛学苑、念佛堂等建筑，各个寺庙的情况不尽相同。

（三）藏传佛教寺庙

1. 类型划分

藏传佛寺一般都称为喇嘛庙。这类佛寺又可以分为三种：

第一种，汉式建筑的喇嘛庙，如北京的雍和宫、青海乐都的瞿昙寺、山西五台山的罗㬋寺等，它们的总体布局与汉传佛教寺庙没有两样；第二种，汉藏建筑结合式，如河北承德普宁寺、普乐寺等，寺的前部为典型的汉族建筑形式，寺的后部为典型的藏族建筑形式；第三种，为藏式建筑，多选在依山傍水、风景秀丽的吉祥宝地建寺。如拉萨布达拉宫、日喀则扎什伦布寺、青海塔尔寺等，这类寺庙虽属藏式建筑，但其中也融入了数量不等的汉族建筑形式，比如采用汉族形式的屋顶，上覆琉璃瓦，屋顶的斗栱结构也是汉族的典型式样。

2. 藏传佛教寺院

主要分布在西藏自治区和内蒙古自治区以及青海、甘肃、四川、云南等省。

（1）布局。藏式喇嘛庙一般都依山就势建造，寺内有大殿、扎仓、拉康、囊谦（活佛的公署）、辩经坛、转经道（廊）、塔（藏经塔或纪念塔）以及大量喇嘛住宅建筑。各个扎仓和囊谦相对集中，没有明显的整体规划。殿堂高低错落，布局灵活，主要的佛殿、扎仓等位置突出，其他殿宇环列周围，远远望去，给人以屋包山的感觉。寺庙周围，环以高大的围墙，状似城堡。西藏寺庙有一种坚固、宏伟、鲜明、浓烈的特殊风格。

扎仓就是经学院，是喇嘛们研修佛经和学习其他知识的场所。按喇嘛教规，大型寺院实行"四学"制，设四"扎仓"（经学院），分别修习显宗、密宗、历算和医药。各扎仓都是大型经堂建筑，其中修习显宗的扎仓为僧人与喇嘛共用，规模特大，称为"都纲"（大经堂）。喇嘛庙的等级、规模不同，扎仓的数目也不同，而且差别很大。少的一两个，多的可达五六个。

（2）建筑特色。藏式喇嘛庙中的殿堂一般都为密梁平顶构架，部分使用汉族形式的木构架屋顶。虽然使用不同，体型不一，但寺院建筑在外形上还是有着许多共同的特点。墙很厚，有很大的收分，窗很小，因而显得雄壮坚实。檐口和墙身上大量的横向饰带，给人以多层的感觉，艺术地增加了建筑的尺度感。教义规定，经堂和塔要刷成白色，佛寺刷红色，白墙面上用黑色窗框、红色木门廊及棕色饰带，红墙面上则用白色及棕色饰带，屋顶部分及饰带上重点点缀镏金装饰，或用镏金屋顶。这些装饰和色彩上的强烈对比，有助于突出宗教建筑的重要性。

藏传佛教还特别注重渲染藏传佛教的神秘色彩，一般寺庙佛殿高而进深浅，挂满彩色的幡帷，殿柱上饰以彩色毡毯，光线幽暗，神秘压抑。在寺庙外观上注重色彩对比，寺墙刷红色，红墙面上用白色及棕色饰带，经堂和塔刷白色。白墙面上用黑色窗框，这种色彩的对比突出建筑的神秘感是很有效的。

藏传佛教特别注重修法仪轨，修法、受戒、驱妖时要筑曼荼罗。曼荼罗即法坛，又名坛城、阁城，基本上是十字轴线对称、方圆相间、"井"字分隔的空间。在"井"字分隔成的9个空间或相间隔的5个空间里，按各种曼荼罗的要求布置佛菩萨，再现佛经中描述的世界构成形式。曼荼罗运用到建筑上，有的成为寺庙总体布局的构图，如西藏桑耶寺、承德普宁寺后部、普乐寺后部等；有的成为佛殿的造型式样，如北京雍和宫的法轮殿、承德普宁寺的大乘之阁等。

藏传佛教为显、密双修，加之受到藏族原始宗教的影响，其佛教造像与汉地佛寺多有不同。在藏传佛教的寺院中，除供奉佛祖释迦牟尼和一般的显宗佛、菩萨、罗汉外，还供奉一些特有的神与佛——即显、密结合的藏传佛教在弘扬"佛的至高无上，法德无所不能"的过程中，在崇信显宗原有的神佛外，又为自己创造出的许多独自信奉的神灵。

（四）缅寺——南传上座部佛教寺院

主要分布于云南省西双版纳傣族自治州、德宏傣族景颇族自治州和保山、临沧等地。

南传上座部佛教传入初期，佛经的传布只是通过耳听口传，没有建立寺庙。直至16世纪明朝隆庆时期，由缅甸国王派来的僧团才带来佛经与佛像，在景洪地区开始造寺、塔，并将佛教进而传至德宏、孟连等地，使上座部佛教得以盛行于傣族地区，并发展到人人信教，村村有寺，寨寨有塔的局面。佛寺殿堂内外装饰华丽，色彩鲜艳夺目。在蓝天、白云和绿树的掩映下，造型灵巧美观的南传上座部佛教寺庙，给人以超凡脱俗之感。

南传上座部佛教（小乘教）寺庙，深受汉族建筑、泰缅建筑和傣族民居建筑的影响，有宫殿式、干栏式和宫殿干栏结合式三种。因为小乘教只认释迦牟尼为佛，寺庙建筑便以佛塔和释迦牟尼佛像为中心，因此，大殿或塔是寺的中心。佛殿供奉着高大的佛像，所以这些佛殿的屋顶都很高耸，体态庞大。为了减轻这些屋顶的笨拙感，当地工匠对它们进行了多方面的处理。首先是把庞大的屋顶上下分作几层，左右又分作若干段，让中央部分突出，使硕大的屋顶变成一座多屋顶的组合体；其次又在屋顶的几乎所有屋脊上都布满了小装饰，动物小兽，植物卷草，一个挨一个，中央还点缀着高起的尖刹，使这些不同方向、不同高低的正脊、垂脊、戗脊仿佛成了空中的彩带。佛寺四周有经堂、僧舍等环列，它们之间没有中轴对称的关系，布局灵活，只在寺门与佛殿之间有小廊相连。所以这里的佛寺不论在总体布置还是个体建筑的形象上，都表现出傣族地区建筑群体布局灵活自由和形象轻巧灵透的特殊风格。

我国主要的三种佛教寺院，虽然各有特色，但是，它们都是宗教建筑，是佛教院校建筑和生活建筑的结合体，在我国古代建筑的众多类型中独树一帜。

四、经幢

在游览佛教圣地时，人们会看到一种类似于佛塔的小型佛教建筑，这就是经幢。经幢是刻有佛经、佛号或佛咒等内容的石柱（或石碑），是一种带有宣传性和纪念性的佛教建筑。幢原为一种丝帛制成的伞盖状物，顶装摩尼珠，悬于长杆，供于佛前。据《佛顶尊胜陀罗尼经》，此经书写幢上，幢影映于人身，则可不为罪垢污染。初唐时，开始用石头模仿丝帛经幢，称陀罗尼经幢，经过五代到北宋，经幢发展到高峰，之后又少见了。

经幢一般由基座、幢身和幢顶三部分组成。现在人们看到的经幢实际上是八角石柱，中间实心，造型像塔，但比一般的塔小得多。起初幢的表面铭刻着佛的名字和佛经、"咒语"，故称为经幢或石幢，用来"镇魔驱邪"。但发展到宋代以后，经幢的造型日趋华丽，表面的内容也越来越丰富，除了经咒之外，还雕刻了各种佛陀、菩萨、金刚和世俗人物的生动形象。经幢成了旅游者乐于观赏、耐人寻味的艺术品。典型的如：上海松江经幢、昆明大理国经幢。

五、佛教建筑中的佛教雕塑和绘画艺术

佛教建筑的宗教意义，往往通过佛教建筑中的雕刻、绘画艺术来表现，他们成为佛教建筑中不可缺少的部分，同时也是佛寺游览与审美的主要对象和内容。

印度早期佛教是没有佛的形象的，即使偶尔有一幅佛的画像，也是凡人形象。当时佛教一般是用画出的宝座、法轮、伞盖、菩提树等来象征佛。直接运用雕刻艺术表现佛的形象，是公元1世纪贵霜帝国的犍陀罗艺术。贵霜帝国是中国西部的大月氏人西迁后建立的国家。公元1世纪该国统治的犍陀罗地区（今巴基斯坦白沙瓦和阿富汗东部）开始兴起这种佛教雕刻艺术，称为犍陀罗艺术。从此以后，佛教便有了佛像雕刻艺术，佛、菩萨、罗汉等便有了自己的形象。此后不久，佛教的壁画艺术也随之兴起。这些佛教雕塑和壁画作品，成为人类的艺术珍品。

(一) 佛寺内的佛教造像

佛教的雕塑有泥塑、石雕、木雕和金属铸造等几种形式，在寺庙内的佛教雕塑大多是泥塑，其次是石雕，少量是金属铸造和木雕。它们表现的是各种各样的佛教传说中的创教人物和神鬼，包括佛、菩萨、罗汉、诸天（天王、金刚、力士）、各宗派祖师等，与佛教崇拜的庞大神灵系统基本吻合。

1. 佛陀造像，即旅游者通常说的"佛像"

佛像是一种广义的概念，指的是所有的佛教造像。实际上真正的佛像是专指佛陀造像。佛是大乘佛教认为的最高修行果位，故塑造的佛像的表情一般比较庄重、安详，反映出佛的"法力无边"以及至高无上的地位和尊严。佛寺里的佛像，按规矩是安放在正殿即大雄宝殿内。由于大乘佛教认为佛有多种化身，因而塑造的佛像也是多种多样，所以游客在大雄宝殿内往往看到不止一尊佛像。

佛像一般有波浪状头发和肉髻，身披袈裟，右肩和臂袒露，分站姿、坐姿和卧姿。如果是坐姿，则必然是结迦趺坐，坐在莲花形宝座上。卧佛塑像通常比较大，都是侧卧，象征佛陀的涅槃。表面看来，佛陀的造像非常朴素、简单，但实际上有严格、繁琐的规定。按佛教教义的理解，佛陀的形象有"三十相"、"八十种好"，合称相好。"相"就是指佛陀不同凡俗的表面特征，如皮肤细腻，双肩圆满，牙齿整齐雪白，睫毛长美，眉间有白色毫毛，头上有肉髻等。"好"就是不容易察觉的一些较隐蔽的身体特征，如胸部有"卍"字（吉祥海云相），以及口、耳、鼻、眼、足等细微特征。同时，佛像的各个部位都要在全身中占规定的比例。佛陀造像中大日如来的形象比较特殊，他头戴发喜天冠，身披轻纱妙衣，佩戴理珞（珠宝串成的项链）环创等装饰品。表现出密宗崇拜的特点。

佛像的象征意义一般方法是通过佛像结的"手印"来表现的。结手印又称为结"印契"，就是佛像的手做的各种不同含义的姿势。最常见的手印常见有5种：

（1）"施无畏印"。右手竖在胸前。掌心向前，舒展四指，拇指弯曲，或无名指和小指弯曲，伸展其余三指，表示向众生施舍无所畏惧的精神，使众生安心生活。

(2)"施愿印",右手向下、伸向右膝,掌心向外,指端下垂,表示满足众生愿望。

(3)"触地印",右手盖膝,手指触地,表示佛已成道,所有大地之神皆可作证。

(4)"说法印",分双手与单手两种。多数是双手,即双手放在胸前,左掌向内,弯曲拇指、中指、无名指,食指、小指竖起,右手向外,弯曲拇指和食指。少数是单手,即右手抬起,拇指与食指作环状,其余3指微微伸出。表示佛正在对众生讲述佛法。

(5)"掸定印",双手放在膝盖上,掌心向上,左手在右手上。表示佛的禅定。

佛一般手中都不拿物品,也有个别例外,如药师佛手中常持药壶。

佛像的坐台一般有金刚座(方形,佛陀专用)、莲花座、狮子座、孔雀座、马座等。释迦牟尼的造像坐、立、卧3种姿势和5种常用手印都有;佛像后面常常有光环出现,头顶的光环称为"头光",身后的光环称为"背光",全身发出的光焰称为"身光"。

(1)释迦牟尼佛。亦称"世尊"、"如来"等,是佛教寺院的大雄宝殿必须供奉的佛像。

(2)过去七佛。即毗婆尸佛(胜观佛)、尸弃佛(最上佛)、毗舍婆佛(一切有佛)、拘楼孙佛(成就美妙佛)、拘那舍佛(金寂佛)、迦叶佛(饮光佛)和释迦牟尼佛。

(3)三方佛(又名横三世佛)。"三世"是佛教的说法,即过去、现在、未来三世,也说前世、现世、来世或前生、今生和来生等。横三世佛是指东方净琉璃世界的药师佛、娑婆世界的释迦牟尼佛、西方极乐世界的阿弥陀佛。三尊塑像的排列一般是释迦牟尼佛居中,药师佛居其左侧,阿弥陀佛居其右侧。

(4)三世佛(亦称竖三世佛),是代表过去(前世、前生)、现在(现世、现生)、未来(来世、来生)三种时间世界的佛。即这三种佛在时间上是上下相连续的,故称为竖三世佛,即现在佛释迦牟尼,一般居中间,过去佛燃灯佛一般居左侧,未来佛弥勒佛一般居右侧。

(5) 东方三圣。药师佛、日光佛和月光佛合称"东方三圣"或"药师三尊"。

(6) 西方三圣。西方三圣指西方极乐世界的三位大圣人：教主阿弥陀佛，其左胁侍观音菩萨，右胁侍大势至菩萨。西方三圣又称阿弥陀三尊。阿弥陀是"无量"的意思，所以阿弥陀佛又叫"无量佛"。

(7) 三身佛。指释迦牟尼的三种佛身，即三种不同的像。三身指的法身、报身和应身，又叫自性身、受用身、变化身。"身"除了体貌外还有"聚积"的含义，即由觉悟合聚积功德而成就佛体。法身佛是毗卢遮那佛，报身佛是卢舍那佛，应身佛是释迦牟尼佛，又称化身佛。在佛殿里一般是法身佛居中，报身佛居左侧，应身佛居右侧。

(8) 五方佛。五方佛即中央毗卢遮那佛，即大日如来，代表法界体性智；东方香积世界阿閦佛，代表大圆镜智（金刚智）；南方欢喜世界宝生佛，代表平等性智（灌顶智）；西方极乐世界阿弥陀佛，代表妙观察智（莲花智）；北方莲花世界不空成就佛，代表成所作智。密宗寺庙的大雄宝殿往往供奉这五位主尊佛。

(9) 欢喜佛。欢喜佛是佛家密宗的本尊神，即佛教中的"欲天"、"爱神"，多作男女二人裸身相抱状。密宗认为女性是供奉养物，她们是佛、菩萨等化身而来，用色欲调伏那些阻碍修法的魔障和无明，然后将其引渡到佛国。欢喜佛双身裸体，象征无牵无挂、一尘不染、脱离了尘垢凡界。双体拥抱，男者代表智慧，女者代表禅定。他的造像，一方面脚下踩着仰卧的小人，并用许多人头或颅骨作装饰品，表示征服了邪恶并杀了人；另一方面左右各有8只手，中间两只手紧紧拥抱着一个爱恋的裸体女性（明妃），其余各手都持有敬搂做的器具。在佛教名胜中，欢喜佛是比较奇特的旅游观赏文物。

我国著名的佛像造像有：最大的石刻佛像是四川乐山的乐山大佛。1996年与峨眉山一起作为"世界自然、文化双重遗产"列入《世界遗产名录》。最早的石刻佛像是江苏省连云港市孔望山上的摩崖石刻佛像。据专家考证，这批石刻佛像刻造于东汉时期，比敦煌石刻早200年。最大的木雕弥勒像是北京雍和宫供奉的檀木大佛，整尊佛像有一棵完整的白檀香木雕制而成，是我国最大的一尊独木雕佛。最高的青铜大佛是位于香港大屿山木鱼峰上的释迦

牟尼坐像。最大的铸铜卧佛是北京海淀区卧佛寺的释迦牟尼涅槃像。最大的石刻卧佛是四川潼南县马龙山的石刻卧佛。最大的玉佛是上海静安寺的玉佛像。

2. 菩萨造像

菩萨是指既能自觉又能觉他者，即"上求菩提（觉悟），下化有请（众生）"之人。菩萨的职责是帮助佛，用佛教的宗旨和教义解救在苦海中苦苦挣扎的众生，将他们"度"到极乐世界，了却一切烦恼。菩萨的衣饰要求庄重而华美。一般都戴有不同类型的天冠（帽子）或头饰，身披璎珞，手戴环别，衣裙飘逸。菩萨一般手中部持有物品，如莲花、经筐、如意钩、净水瓶、佛珠、拐杖等。许多菩萨的形象被女性化，而且不同时代的菩萨造型有不同的特点，如南北朝的菩萨显得清痉飘逸，隋唐时期的菩萨丰满端庄，两宋的菩萨朴实自然，明清的菩萨体态俊秀。菩萨的坐台，有莲花座、各种动物形象座、如狮子、马、孔雀、牛、羊、大象等。

佛寺中常见菩萨像有：

（1）"弥勒佛"，有三种造像，即佛像、菩萨像和化身像。

（2）文殊菩萨，通常是头顶五髻冠，象征5种佛智具足。左手持莲花，右手持宝剑，表示智慧锐利；常骑一头狮子，象征威猛。还有一种文殊像，即"千手千钵文殊"，头顶五富冠，身上伸出许多只手（千手一种大约数），每只手上托着一只钵。这两种是在许多寺庙中都可以参观到的文殊形象。

（3）普贤菩萨，造像的主要标志是骑着一头六牙白象，这头自然界中不存在的特殊动物代表菩萨修行的"六度"。

文殊、普贤两菩萨常常作为佛陀的胁侍被供奉于大雄宝殿释迦牟尼像两侧，这时他们不一定骑狮子或大象。但也有许多单独被供奉的，往往骑着狮、象。

（4）观音菩萨，是人们最熟悉、变化最多、造型最多的菩萨。传说她有33种化身。在众多的观音化身中，最基本的是"圣观音"造像，一头二臂头戴镶有阿弥陀佛的天冠，结跏趺坐于莲花座上，手中持莲花或成一定手印。莲花表示一切事物自身都有洁净的本性，现在需要观音像打开莲花一样把这种本性开启出来。观音菩萨作为阿弥陀佛的左胁侍，其造像往往与大势至一起被供奉于阿弥陀佛两旁。当然作为大菩萨之一，观音造像很多时候也是单独被供奉。随着对观音崇拜的普及化，观音造像越来越多，其造型之丰富多彩.是其他菩萨望尘莫及的。佛教艺术家和能工巧匠们塑造了大量形态各异的观音形象。其中，旅游者印象比较深刻的，是千手观音。即在本来的两手之外，左右各伸出20只手，共40只手，再乘以25（众生生存的25种环境），共千手。若在每只手上塑造一只眼睛，就成了千手千眼观音。当然，真正雕到了上千只手的观音造像，有重庆大足石刻的千手观音像。其他比较特殊的有11面观音，一躯观音身体上被塑造出11张脸。

（5）大势至菩萨，阿弥陀佛的右胁侍。其造像一般是头戴现有宝瓶的天冠，身穿菩萨装，左手持莲花，右手平举胸前。

（6）地藏菩萨，造像一般为结跏趺坐，头戴天冠，身披袈裟，左手持如意宝珠，表示能满足众生一切愿望，右手持锡杖，表示持戒严谨。地藏菩萨造像旁往往有闵长者和闵长者的儿子道明和尚的塑像，闵长者是供养地藏菩萨的老人，道明是跟随地藏出家者。

除了单独供奉的菩萨造像外，还有将菩萨集体供奉于殿堂内的，称为"十二圆觉"或"十二缘觉"，前者意思是圆满的觉性，后者意思是观十二因缘而觉悟。一种情况是供奉于大雄宝殿内佛像的东西两壁，两边各六位结跏趺坐的菩萨，东西对称。另一种情况是供奉在大型卧佛旁边，表示释迦牟尼涅槃时，他的12名弟子守候在他身旁。

菩萨还以另外的"变相"被塑造，这就是明王造像。密宗的5大明王造像各有特点，但一般都比较威猛，令人看了感到恐惧，与菩萨的本来造像形成了鲜明对照。如不动明王的造像结跏趺坐于磐石上，左臂弯曲，左掌向上，手指持绳索，右手持刀竖立。降三世明王造像一般是脸上有3只眼睛，一愤怒相，身旁有火焰，3面8臂，左边3只手拿着弓、绳索、三股朗；右边3只手拿着箭、剑、三股铃；中间2手结印于胸前。

3. 罗汉造像

从五代和宋朝以后，由于中国社会崇拜罗汉之风盛行。各地著名寺庙纷纷塑立罗汉像。罗汉一般不单独供奉，总是以群像的形式出现在佛教寺庙中，有时出现在大雄宝殿内，有时出现在专门的罗汉堂里，比较常见的有四大罗汉、十六罗汉、十八罗汉、五百罗汉等。五百罗汉集中供奉的寺庙称为罗汉寺。如成都新都宝光寺、北京碧云寺、上海龙华寺、苏州西园寺、武汉归元

寺、昆明筇竹寺等都设有著名的罗汉堂。

罗汉因为修行只到"自觉"这个等级，比菩萨还低一等，故基本上没有"相好"的规定。其造像更为随意，不像佛像那样庄重，而是呈现出丰富多彩的表情和姿态，显得更加生动有趣。虽然表现的是佛教神话题材，但却充分反映了世俗社会人们的喜怒哀乐。罗汉造像的共同特征，就是光头，既无发髻，又没戴帽，一副出家和尚的形象。

4. 天神造像

佛教中的天神因为来自世俗神，除了一定的比例之外，其造像没有严格的"相好"规定，体形、姿态、穿着、手持物品、坐骑等呈现出千姿百态、五花八门的状况。这些天神造像也有一定的规律，如男性通常体形彪悍，威武勇猛，面目狰狞，神态凶恶，一副随时准备战斗的姿势，令人感到惧怕；女性一般都神态端庄，贤淑典雅，表情慈悲，使人感到亲近。常见的天神造像有"哼哈二将"，实际上佛教对他们的称呼是"密迹金刚"或"执金刚"，是佛陀的500名随从侍卫的首领；四大天王及韦陀：四大天王是佛教里名气最大的神将，它们四位在天王殿中享受供奉。其名称和形象分别是：东方持国天王，身白色，穿甲胄，手持琵琶；南方增长天王，身青色，穿甲胄，手握宝剑；西方广目天王，身红色，穿甲胄，手中缠一龙；北方多闻天王，名毗沙门，身绿色，穿甲胄，右手持宝伞，左手握神鼠——银鼠，北方多闻天王在印度神话中又是财富之神，故其在四大天王中信徒最多。四位天王若按照南、东、北、西的顺序排列，就代表了中国老百姓最希望的"风调雨顺"。四大天王的姿势都不相同，但为了显示威严，他们的表情通常都狰狞可怖。

5. 二十诸天

二十天，又叫二十诸天，为佛教护法神。它们的名称是：大梵天王、帝释尊天、多闻天王、持国天王、增长天王、广目天王、金刚天王、摩醯首罗、散脂大将、大辩才天、大功德天、韦驮天神、坚牢地神、菩提树神、鬼子母神、摩利支天、日宫天子、月宫天子、娑竭龙王、阎摩罗王。二十诸天是它们的总称。

6. 护法天神之天龙八部。

又叫"龙神八部"，是佛教故事中常说的鬼神的总称。即：天众、龙众、

夜叉、乾闼婆、阿修罗、迦楼罗、紧那罗、摩睺罗迦。其中天众和龙众最为重要，所以统称天龙八部。

天龙八部亦为佛国保护神，不但形态各异，而且寺庙中不一定齐全，往往只有其中一部分。常见的有：乾闼婆，又称香神或乐神；夜叉，其造像通常是卷发往后梳，一副怒发冲冠的模样，脖颈上戴有项圈，上半身裸露，德带飞扬，下半身穿牛鼻裤；迦楼罗又名金翅鸟，其造像往往出现在密宗寺庙里，人身，鸟头，带翅膀；紧那罗被告为歌神，又称"人非人"，其造像有男女两性，男性为马头人身，头上有角，女性则美丽端庄；摩睺罗迦又名大蟒神，其造像为人身蛇首。

7. 天女造像

宝藏天女的造像为头戴花冠，身穿黄袍，脚蹬金带乌靴，左手持如意宝珠，右手持莲花。伎艺天女身穿天衣，颈配璎珞，腕戴环钏，左手捧一束鲜花向上，右手向下捻裙。两位天女都是浑身白色，象征纯洁无瑕。

8. 恶鬼造像

罗刹的形象是肉红色，右手举刀，左手拇指押中小二指，骑一头白狮。左右二天女手执罗刹鬼三股戟侍奉两边。

9. 祖师、伽蓝神造像

伽蓝殿，常见的供奉是波斯匿王，他是印度中部拘萨罗国王，佛教的支持者和信徒，与释迦牟尼同年生死；左边是波斯匿王的太子抵陀，右边是波斯匿王的大臣给孤独长者，意思是经常向孤独的贫贱者给予施舍的老人。

祖师殿，用来供奉本宗派的奠基者或本宗派有突出功劳的祖师。禅宗寺院中供奉祖师达摩，左右往往供奉慧能、马祖、百丈等人的塑像。

在寺庙以外的佛教雕塑艺术品主要表现在石窟艺术和摩崖艺术中。

（二）绚丽多彩的佛教壁画

佛教艺术的另一大表现形式就是壁画，这是佛教艺术家们在寺庙和石窟的墙壁上、天花板上所绘的图画，也是历史最悠久的绘画形式之一。佛教壁画大都采用凹凸绘画手法，人物有立体感，形象逼真。这些壁画的绘制技术大约是这样：先把轧碎的纤维（如麦草、麻筋等物）和进泥里。再把这些泥涂在墙壁上，待泥稍干后再涂一层很薄的石灰在上面，并将墙面磨光滑作为

"画布"。绘画时先用不透明的粉质颜料（红褐色或黑色）打底线，然后一层层涂绘，最后再用彩色线或墨线描绘一次。从内容上看，佛教壁画大致有这么几类：

（1）佛本生故事，这是根据《本生经》的记载而传说的故事。《本生经》是用巴利文撰写的小乘佛教经典中的一部，其内容是叙述释迦牟尼成佛前的寓言故事。

（2）佛教尊像即佛陀、菩萨、罗汉、天王、神将、侍从、天女、高僧和曼荼罗等。

（3）经变故事，又称为"经变相"或"变相"，即把佛经中记载的故事变成图像，即绘制成图画，用直观、生动、富于感染力的图画来讲解含义深奥的佛教经典，使广大百姓更容易理解佛教教义。这种类型的绘画从南北朝就开始出现，唐代以来特别流行，逐渐取代了佛本生故事而成为佛教壁画的主流。

（4）供养人像，供养人就是出资兴建寺庙、开凿石窟、塑立佛像的人，既包括出家的僧、尼，在家的男女居士，也包括世俗的统治者和老百姓。因此，在佛教绘画中，就有专门表现这些积了"功德"的供养人的内容。一般是男女排成行列，有的穿着僧侣服装，有的则是世俗装扮。如敦煌莫高窟壁画中出现的于阗（古国）国王、公主像，"张议潮统军图"、"宋国夫人出行图"等一些具有文物观赏和历史研究价值的壁画，其人物都是非宗教装束，显然是供养人。

（5）藻井和装饰图案，这些壁画往往是绘在寺庙或石窟的天花板上。

（6）社会生活场面，在佛教洞窟中也会出现一些世俗社会生活场景的壁画。

六、耐人寻味的佛教匾额、楹联

（一）微言大义的匾额

佛教匾额常在极少的文字中，阐明书写者想要表达的微言大义。浙江杭州西湖西北的飞来峰前有座著名的"灵隐寺"，近代人题"灵鹫飞来"匾额，既说明了寺庙的位置在飞来峰前，又通过暗示印度佛教在释迦牟尼修行过的

灵鹫山结集的大事，巧妙喻示了灵隐寺是印度僧人所建和佛教是从印度"飞来"的史实。

（二）寓意深刻的楹联

佛教楹联的字数比匾额多，更能深刻表达佛教的人生哲理和佛教寺庙的环境位置。北京最古老的寺庙潭柘寺的弥勒佛两边有这样一副对联：大肚能容，容天下难容之事；开口便笑，笑世间可笑之人。对联不仅描绘了弥勒的塑像特点，而且阐述了佛教看破"红尘"，超然处世的人生观。四川新都宝光禅寺天王殿也有一副与潭柘寺对联有异曲同工之妙的楹联：开口便笑，笑古笑今，凡事付之一笑；大肚能容，容天容地，于人无所不容。

有的楹联通过描述寺庙的地理环境，透露出佛教僧侣返璞归真和悠然自得的心理状态。

七、佛教的书法、服饰、法器、道具和收藏文物

（一）佛教的书法艺术

佛教的书法艺术也是旅游者很感兴趣的高品位的佛教文物。佛教书法既有寺庙内的，也有寺庙以外的。寺庙内的书法艺术形式主要是匾额、楹联、碑铭、摹刻、卷轴、条幅，寺庙外的主要是摹刻。这些书法作品大多是楷书，也有篆书、隶书、行书、草书等其他字体。它们有的雄浑有力，有的瘦削刚劲，还有的清新秀丽。书法的内容多种多样。匾额和楹联的内容已如前述。碑铭在唐代最兴盛，其内容既有赞颂佛教寺庙、宝塔等建筑物的，也有抒发作者对佛理的感受和认识的。著名的碑铭书法作品有唐代褚遂良的《伊阙佛龛碑》、《雁塔圣教序》，颜真卿的《多宝塔碑》、欧阳询的《化度寺碑》，宋代苏轼的《齐州舍利塔铭》等。

（二）佛教寺中重要的法器、道具

1. 法器

钟——用来召集僧众作法事的，以钟声为信号。僧众上堂按规定程序进行法事。

鼓——有两种，法堂东北角的称为"法鼓"，西北角的称为"茶鼓"。当寺庙住持上堂说法，或说法完毕回寝室时，要按规矩击鼓。具体规矩是，住

持上堂时，击鼓三通，小参（简略说法）一通，普说（正式说法）五下，回寝室三下，这些都必须缓慢敲击。统一喝茶时长击一通，吃斋饭三通，普请（集合劳动）长击一通，报时的更鼓早晚各击三通。如果新任住持入寺，钟鼓一起敲响。

木鱼——分为两种，一种是圆形，上面刻有鱼鳞，用于诵读经典时叩击，以调节音节。另一种为长形，又称为"梆"，吊在库堂前面，早晨、中午吃斋饭时敲击，召集僧众进入食堂。

"引磬"——又称为"小手磬"，是一个铜制小钟，类似碗状，隆起部分顶端有钮，附有木柄，便于手拿。佛教僧侣作法事的时候，鸣响这种乐器，以引起憎众注意。

铜钹——与一般打击乐用的铙钹类似，是佛教法会乐器。

铃——有两种，一是作法事的乐器，有手柄与舌，摇动发声。另一种是悬挂在殿堂檐下的铃，称为风铃或"金铎"。

石制扁磬——悬挂于方丈室走廊外，当有客人要见方丈时，知客敲3下扁磬表示通报。

香炉——是烧香用的器皿，有大小两种。游客常看到置放于佛像前的就是大香炉，包括泥土制的土香炉，金属制的金香炉，双层的"火舍香炉"。另有一种是和尚手中拿的小香炉，因有手柄又称"柄香炉"。

2. 佛寺中具德庄严宝饰物

（1）宝盖，又称"天盖"或"华盖"。在佛殿中悬空挂在佛像头部上空的圆形饰品，主要用途是防止灰尘蒙落到佛像上。

（2）幡，又称"胜幡"。长条形丝织或棉织物，悬挂于佛殿两侧或前方、或四周，表示对佛、菩萨的敬意。幡有不同的颜色，上面常绘有狮、龙或莲花等图案，或书写对佛、菩萨敬意的文字。

（3）欢门，佛像前如对称打开的窗帘一样的大幔帐，上面绣有表示吉祥的花草、禽兽等图案。

（4）长明灯，亦称"续明灯"、"无尽灯"。常当空悬挂于佛像前或大殿中央的琉璃灯；也置于庭院中间四面围以玻璃框，常年添油，昼夜不息。

（5）光背，大雄宝殿主尊像背后常置华丽的屏风状"光背"。因释迦牟尼

三十二像中有一"丈光相",即佛身光照四方各一丈远,所以造像时以后面光背表示。

(6) 供具,也称"供物"。为寺中供养佛、菩萨所用的物品。供具的多少由殿堂的大小和所作的法事的大小决定,多者达二十一种,少的三种。一般有六种:花、涂香、水、烧香、饭食和灯明,用以表示布施、持戒、忍辱、禅定、智慧等"六度"。最简单的三种为:香炉、花瓶和烛台。

(三) 佛教收藏文物

还有一类佛教文物也可给旅游者带来意想不到的无穷乐趣,这就是佛教寺府中的各种收藏物。它们包括各种金、银、铜、玉,镶上珠宝的佛像和神像,表现佛教故事的图画和画册,写在卷轴和条幅上的书法作品,以及有舍利、佛牙、袈裟等圣物,石刻和木刻佛教经版,佛灯、宝鼎、钟鼓等法器,皇帝御赐牌匾、御墨、琉璃宝塔、古印,著名人物用过的衣、带、鞋等。

第三节 道教宫观建筑

一、道教宫观概述

道教是我国土生土长的宗教,现在普遍认为道教正式产生于距今 1800 多年前的东汉末年,以张道陵创立的"五斗米教"作为道教正式创立的标志。道教从本质上说,是一种以"道"为最高信仰,以古代巫术和鬼神崇拜为基础、吸收黄老道、阴阳五行家和儒家谶纬学说,同时带有浓厚的万物有灵和泛神论色彩的宗教。道教作为中国本土宗教,是中国传统文化直接孕育的产物,同中国传统文化的许多领域有着密切的联系,是我国整个思想文化体系的一个有机组成部分,与其他宗教相比,有很大的差异,它更多地表现出中华民族的传统信仰的特质。

道教的标记为八卦太极图。道教的经籍——《道藏》,是道教经籍的总集,是中国古代文化遗产的重要组成部分。唐玄宗时中国编纂了道教史上的第一部《道藏》。明代《正统道藏》和《万历续道藏》共 5486 卷,是中国现存最早的《道藏》,分三洞、三辅、十二类,除道教经书外还收集了诸子百家和医学、化学、生物、体育、保健以及天文地理等方面的其他论著。

道教神仙体系：尊神：三清、四御、三官（指天官、地官、水官）。道教称，天官赐福，民间视为"福神"，近代又将天官、员外郎和南极仙翁合在一起，称福、禄、寿三星；地官赦罪；水官解厄。"老而不死曰仙"，仙又有人仙、地仙、天仙和神仙之分。道教的神仙队伍十分庞大。最常见的神仙有：真武大帝、文昌帝君（民间俗称文曲星）、魁星、八仙、天妃娘娘（妈祖）。护法神将：关圣帝君、王灵官等。俗神系列"四大财神"：关羽、赵公明、比干、范蠡；城隍，城隍神是道教神灵中守卫城邦、匡扶正义的地方神，民间信仰极为普遍。城隍最初的职责主要是守卫城池、保障治安。道教将其纳入神系以后，将其职责进一步扩大，城隍不但要担负护国安邦的重任，还要负责扶贫济世、除恶扬善、调和风雨、管理亡魂等诸多事宜。各级地方官员赴任，都会到城隍庙宣誓，以求得城隍的庇佑。灶君：中国的食文化世界有名。在古代有人家的地方就有炉灶。而古代人普遍认为用来生火的炉灶中存在仙人即所谓灶神，他时刻监视着每家人的行为并向天神报告。所以从很早就开始流行灶神信仰。灶神最初的功能只是管理一家的饮食，但后来逐渐演变成记录一家人的功过善恶，报告天庭以作为赐福降祸的依据，进而变为掌握一家的寿夭祸福。魁星：在封建时代，我国几乎每个城镇都有魁星阁或魁星楼，魁星神的形象是青面獠牙、赤发怒目，一般站立在鳌头之上，一手捧斗、一手执笔，一只脚向后高高翘起，好像一只大弯钩。传说他手中的那只笔专门用来点取科举考生的名字，一旦被点中，就会文运亨通，从此飞黄腾达，跳入龙门。所以魁星的形象虽然张牙舞爪，毫无读书人儒雅斯文的气质，但是众多寒窗苦读的读书人却一直将魁星奉若神明。

道教文化是中国旅游文化的重要组成部分，对中国旅游文化的发展起了重要的促进作用。道教以成仙得道、返璞归真为宗旨，认为高山是神仙所居，于是上山采药、炼丹、修身养性，以求羽化成仙。因此，许多旅游风景区（点）都得益于道教的传播而名扬天下，如古代道教有修道成仙之说或传说神仙居住之地的十大洞天、三十六小洞天、七十二福地等胜景都在风光雄奇秀丽的名山之中。

二、道教宫观的形成、类型及分布

(一) 形成

古人认为"神仙也是人,神仙也可学",所以人间的名山大川也就成为修道升仙的好地方,于是,出现了所谓的"洞天福地"。中国道教把供奉神像和进行宗教活动的庙宇通常称为宫、观。道教创立之初及其后较长一段时间都以山区野地作道士修真地。至南北朝,道教取得统治者的信奉,宗教形态趋于完备,有了新的发展,当时道教的活动场所称为"仙馆"。北周武帝时改为"观",取观星望气之意。宫,原为封建社会帝王的居住场所。唐朝奉老子李耳为先祖,上尊号为"太上玄元皇帝",俗称"太上老君",成为与佛教释迦牟尼地位同等的天神,既然朝廷所用房屋被称为宫,祭祀其先祖老子的道教建筑也便堂而皇之地以"宫"命名了。至此,道教宫观供奉的内容得以和佛教寺院相匹敌,道教的庙宇随着道教的发展壮大其规模也越来越大,功能也越来越齐全。

(二) 类型及分布

道教建筑的宫、观根据其布局及结构形式可以分为:

1. 均衡对称式道观

按中轴线前后递进、左右均衡对称展开的传统建筑手法建成,以道教正一派祖庭上清宫和全真派祖庭白云观为代表。山门以内,正面设主殿,两旁设灵宫、文昌殿;沿中轴线上,设规模大小不等的玉皇殿或三清、四御殿。一般在西北角设会仙福地。有的宫观还充分利用地形地势的特点,造成前低后高、突出主殿威严的效果。膳堂和房舍等一类附属建筑则安排在中轴线的两侧或后部。

2. 五行八卦式道观

按五行八卦方位确定主要建筑位置,然后再围绕八卦方位放射展开,具有神秘色彩的建筑手法,以江西省三清山丹鼎派建筑为代表。三清山的道教建筑雷神庙、天一水池、龙虎殿、涵星池、王枯墓、詹碧云墓、演教殿、飞仙台八大建筑都围绕着中间的丹井和丹炉,周边按八卦方位一一对应排列。这是由道教内丹学派取人体小宇宙对应于自然大宇宙,同步协调修炼"精气神"思想在建筑上的反映。

3. 自然景观式道观

建筑在风景名胜点的道观大都利用奇异的地形地貌，巧妙地构建楼、阁、亭、榭、塔、坊、游廊等，造成以自然景观为主的园林系统，配置壁画、雕塑和碑文、诗词题刻等，供人观赏。这些建筑充分体现了道家"王法地，地法天，天法道，道法自然"的思想，"或以林掩其幽，或以山壮其势，或以水秀其姿"，形成了自然山水与建筑自然结合的独特风格。山林道观多结合奇秀险怪的山形地势建造，不仅本身空间灵活，造型优美，而且构成了大面积的环境艺术。

宫观遍布全国各地，唐宋以前的古建筑已很少见，现存的木构建和石构建道教宫观大多修建于明清，分布在各名山大川、风景名胜，这主要和道教的得道成仙的思想相关联。道教宫观不仅是祖国文化遗产中的宝贵财富，也是当今旅游业中宝贵的资源。

三、道教宫观的游览与审美

（一）布局审美

道教宫观的建筑形式与佛教相似，主要建筑——神殿布局于中轴线上，客堂、斋堂、厨库等生活设施都布局于中轴线两侧，在建筑群附近还建有园林。宫观庭院一般分为三个部分：前庭、中庭、寮房。前庭：包括山门、幡杆、华表、钟楼、鼓楼等象征性设施，以显示宫观威仪和区别于俗界；寮房属生活区，除生活必需设施外，往往还有一些亭台楼阁，以供道众心游方外，翘想云衢，潜心修炼，焚香诵经；中庭为宫观的主要部分，包括主殿、陪殿、厢房、经堂各个部分，宫观的影响和声望很大程度上取决殿堂的大小和内容。中庭：中庭殿堂的设置，基本上分为两类。一类以天尊殿为主殿，陪祀其他仙真。天尊殿一般不出三清、玉皇、四御，三官、斗姆这些道教共同尊崇的神祇范围，陪祀除王灵官比较固定外，其余各各有别，有的陪祀圣母之君，有的陪祀慈航、救苦天尊，也有的配祀祖师真圣。有些宫观的主殿奉祀真武大帝、东华帝君、梓潼帝君等道教中的专司神，也应归入这一类型。这是宫观的基本类型。另一类以祖师殿为中心，配祀三清、玉皇等大神，道派和地方色彩较浓。这里的祖师，当然也就并非专指一人，或者是重阳祖师、长春真人及全真其他师尊；或者是纯阳祖师或者八仙中其他真圣；也或者是真人：张三丰、许旌阳，也或者是天师张道陵、药王孙思邈。这类宫观往往保留有祖师的圣迹和得道度人的故事，内容更为丰富，比如陕西周至楼观台等。

（二）宫观名称

看宫观，先要看懂名称，一般宫观命名的方式有：

佛教建筑与道教建筑的相应殿堂

佛　　教	道　　教
山门	山门
天王殿	灵官殿（或龙虎殿）
大雄宝殿	三清殿（或天尊殿、祖师殿）
后殿	纯阳殿（或重阳殿）
藏经阁	三清阁

1. 以道教术语或教理命名

如玉清宫、太清宫、上清宫就是以三清来命名的，玄妙观或元妙观则是以教理命名，取自《道德经》"玄之又玄，众妙之门"一句。

2. 有的宫观命名与教派活动有关

如楼观台、天宝观、重阳宫、白云观等。

3. 有些宫观则以道教史上著名人物和神话人物命名

如长春宫、八仙宫、太虚观等。

（三）体制

道教宫观也可以按照住持的产生方式分为十方丛林（也称十方常住）、子孙庙和介于二者间的子孙丛林三种形式。

十方丛林，也叫十方常住，规模一般说来都比较宏大。这是一种仿照佛教寺庙建立的宫观。这类宫观的产业属教众或某一教派所有，凡道士均有权力要求在此挂单居住，宫观方面对道士统一管理。十方丛林的首领称方丈，

由道众推荐选举。十方丛林不能收徒，只能传戒。比起子孙庙来，十方丛林要气派得多，人多，法事多，产业也大。丛林一般都悬挂钟板，以钟板声为日常作息号令。钟板声一响，悠悠扬扬，道众随息随止，井然有序。

子孙庙，是宫观的基本体制，大部分中小宫观都属于这种体制。子孙庙庙产为本庙公有，师父称当家，实际上也管理着这个大家庭。师父可以收徒，师徒代代相传，徒弟继承师父的法嗣，也继承师父的产业。子孙庙的规模一般不大，一般不接受"挂单"，也就是不接受外来道士。管理组织也很简单，大都是当家住持做主决定。

子孙庙兴旺后，便开始接受挂单，称子孙丛林。

（三）游览与审美对象

1. 道观建筑的特点

由于道教与我国传统文化有密切的关系，反映在建筑上，比佛教寺院更具有民族风格和民俗特色。总的来看，我国的道教建筑主要有四个特征：

（1）以木为建筑材料。古代建筑木结构体系的形成同古代阴阳五行学说有关。《左传》中说"天生五材，民并用之，废一不可"，所谓五材，即指金、木、水、火、土五种物质。古人认为，这五种物质相生相克，共同构成世界的万物。砖石不屑五材之列，所以不能用砖石作为建筑的主要结构材料。另外，道教主张"崇尚自然"，以"自然为美"，认为树木是大自然中富有生命的物质，因此，木结构能深刻地反映出人对自然的情感。人生活在木结构的房屋里，就意味着同生生不息的大自然时时进行着信息交流，以企达到"物我合一"的目的。道教的宫观布局也吸收了阴阳五行学说，根据乾南坤北、天南地北的方位，以子午线为中轴，坐南朝北，讲究对称，两侧月东日西，取坎离对称之意，选址重风水，以便于"聚气迎神"。

（2）注重建筑物与自然环境的联系。为了体现"以自然为美"的"自然之道"，道教宫观建筑十分注重与大自然的联系。许多宫观建在依山傍水的山峦之中，楼台池榭、山石林苑与自然环境融合为一，以达到人与自然和谐相处的"天人合一"的最高境界。

（3）运用数的等差关系造型。中国传统建筑几乎都存在着有规律的数字等差关系，这是道教观念影响所致。道教对数的观念是在《周易》基础上形成的。《周易》有"阳卦奇,阴卦偶"之说,其中"九"是天数,是阳数之极,为最大。因此,古代建筑房屋间数则以九间为最大,依次递减为7、5、3、1,表现出古人崇尚"九"的文化主题。

(4) 建造反翘的曲线屋顶。道教"崇尚自然"、"师法自然"的审美思想对中国传统建筑艺术的影响是不言而喻的,它以对人与大自然关系的独特认识和理解开辟了审美意识的新天地,使中国传统建筑艺术在世界建筑史上占有重要的一席之地。

2. 主要殿堂赏析

(1) 山门:由山门殿及幡杆,华表,棂星门,钟鼓楼等附属设施组成。幡杆、华表、棂星门属于中国宫殿式建筑传统的装饰,有些宫观取来增加威严和作为标志,一般华表以外属俗界,华表以内属仙界。供奉门神、土地等。

(2) 灵宫殿,供奉王灵官、四元帅、青龙白虎、四值功曹等。

(3) 三清殿,供奉道教最高神三清,相当于佛教的大雄宝殿。"三清"指的是道教的三位超级天尊,他们是化育万物之神,即:

上清灵宝天尊(手持阴阳镜)　玉清元始天尊(手持宝珠)　太清道德天尊(持扇)
　　　(居左)　　　　　　　　　　(居中)　　　　　　　　　(居右)

天地万物都由他们化育而来。其三种姿态表明了宇宙由最原始的混沌一气,转向阴阳两仪、天地人三才,向万物化育的过程。道教认为天有三十六重,分为大罗天,三清境有三重天,四梵三界三十二天,各天都有神统治者,其中最崇高的神是三清,即玉清元始天尊住清微天之玉清宫,上清灵宝天尊住禹余天之上清宫,太清道德天尊(即太上老君)则无世不在,无世不存,统称"三清"。

(4) 玉皇阁,主要供奉玉皇大帝,有的供奉四御:玉皇大帝,又称昊天金阙至尊上帝,为总持天道之神,如人间之皇帝;紫微北极大帝,全称"紫微中天北极太皇大帝",他协助玉皇大帝执掌天地经纬、日月星辰和四时气候;勾陈南极大帝,全称"勾才陈上宫南极天皇大帝"他协助玉皇大帝执掌南北极和天地人三才,统御众星,并主持人间兵革之事;后土皇地祇(女神),全称"承天效法厚德光大后土皇地祇",她执掌地道、阴阳生育、万物之美与大地山河之秀(故有人称之为"大地母亲"),与执掌天道的玉皇大帝

相配套。

（5）三宫殿，供奉天地水三宫。道教认为，一切众生，皆由天、地、水三宫所统摄，他们是主宰人间祸福之神，向三宫祈祷，就可以祛病、消灾、避祸、降福。所以三宫殿里往往香火甚旺。

（6）其它供奉殿。由于地区、宗派等方面的差异，道教本身的泛神论，不同地区的道教宫观的供奉殿也存在差异，以下是在不同的宫观中常见的供奉殿：

圣母殿、斗姥殿、碧霞元君殿、天妃妈祖供奉殿、九天玄女供奉殿等。

真武殿，真武大帝又称玄天大帝，是道教神系中赫赫有名的天界尊神。起源于古代星辰信仰，即二十八星宿中的北方七宿玄武神。武当山是真武大帝的祖庭。

文昌殿（宫）常供奉梓潼帝君——张亚子、天聋地哑、魁星等。

祖师殿，常见的供奉对象为：张道陵、许旌阳、萨守坚、孙思邈、八仙、王重阳、丘处机、张三丰等。

纯阳殿，吕洞宾是八仙中的核心人物，他在道教中地位极高，全真道奉他为纯阳祖师，故亦称吕祖。道教八仙指的是李铁拐、钟离权、张果老、吕洞宾、何仙姑、蓝采和、韩湘子、曹国舅等八位神仙。八仙之中，有的是传说中的神仙，而有的确实是历史人物，如吕洞宾、张果老。由于八仙具有老、幼、男、女、贫、富、贵、贱等不同特征，因此现实生活中几乎任何人都可以从中得到做人成仙的启示。所以八仙对中国民间信仰和文化生活具有非常巨大的渗透力和影响力。自明清以来，民间流传有众多关于八仙的故事，其中尤以"八仙过海"、"八仙庆寿"最为有名。

3. 道教建筑中的藻饰

道教建筑中之藻饰，鲜明地反映道教追求吉祥如意、长生不老、羽化登仙等思想。

● 太极八卦图——道家的标记，又具镇妖降魔之功能。

太极图中两条互相环抱的黑、白鱼，分别代表正反相对的阴阳二气，两者首尾相接，表示阴阳相互依存，相互消长，同时又可相互转化；白鱼中有黑眼睛和黑鱼中有白眼睛代表阴中有阳，阳中有阴，阴阳互为根本。

● 其他藻饰及象征意义,如松柏、灵芝、龟鹤——象征长寿;山、水、岩石——象征坚固永生等。

4. 匾额楹联的深层审美体验

道教宫观与佛教寺院一样,受中国传统文化的影响,在其建筑上往往都悬挂寓意深刻的匾额楹。

第七章 古镇村落及居民的游览与审美

古镇村落与民居是广大人民群众及各阶层人士栖息居住与进行各种社会活动的场所,是最能反映历史文化的、实实在在的载体。民居的发展与人们的生产、生活密切相关,是最能代表民族文化特性的载体,是了解一个地方风土民情的最佳窗口。古镇、村落和民居是中国各地特色文化旅游资源的重要组成部分。早在《周礼》中就有了"民居"一词,这是一个对应于统治阶级居住的宫廷建筑而言的概念。

第一节 古镇村落游览与审美

一、古镇村落的起源

村镇是中国村落的最普遍的名称,全国各地多有各种称谓。华北称村、庄;东北称屯、村、店;山东山区称峪、崮,胶东称疃;江南水网地区称港、浜;西南少数民族地区称寨;江西、浙江林区称坑;西北地区注重防御的村庄称堡,两湖贵州山区称坪、垭、湾、冲、圩等,不同的称谓代表着村庄形成过程中的人文或地理因素。在城镇形成过程中,有时并不是单一因素起作用。现存的许多城镇是农商并举,或商运并重,甚至有些农村为了防卫的需要,亦增加了城墙、望楼等项设施。

从聚落形成过程来考察中国传统的古镇、村落,可分为两类,一类为官建,即按照某种政治需要及防卫和经济要求而建的城镇,如首都、府州县城、卫所、港埠等。一类为民建,即散布在全国各地的村镇,它们大多是按实际需要(农耕、渔业、集贸、驿路、宗族集聚、头人居地、宗教圣地)而发展起来的。

二、发展沿革

村镇缘自于古聚居地。随着人们逐渐学会盖房子，一些地理位置较好、气候较适宜的地方慢慢成为聚居地，形成原始的古村落。从发展进程看，中国古镇的发展主要经历了民居——村落——城镇的过程。从远古时期的巢居到新石器时代的穴居与半穴居，再到西周的地上住宅，民居建筑形制逐渐形成，而后与祠堂、寺庙、牌坊、桥、戏台、街楼、塔等等结合，在漫长的历史长河中渐渐地形成了古代聚居地、古村落以及古镇。总的来说，可以分成这样几个阶段：

（一）民居的初显形制、古镇的萌芽期

先秦时院落式的民居建筑形态已基本形成，建筑技术也渐趋规范，到了汉代则渐渐定型。

（二）发展定型期

随着封建社会商品经济的发展，古代市镇从六朝发展到两宋也已基本定型。

（三）成熟辉煌期

宋代的《营造法式》使人们有了更系统的建筑理论基础，再加上封建社会后期多民族文化的融合发展使中国文化表现得更为丰富，所以我国古代的集镇到了明清可以说是达到了成熟辉煌期，而且现在保存下来的基本上就是明代的一小部分和晚清的大量古镇及古镇民居建筑物。这个时期，中国广大的地域上涌现出了丰富多彩、各具民族文化特色的民居和古镇，如北京的四合院、皖南的民居、福建的土楼、江南的古镇等都是堪称世界级的景观。

三、古镇村落的文化属性及类型

（一）文化属性

从文化性质来考察，封建社会时期可分成庙堂文化、士大夫文化、市井文化、乡土文化等几类文化，实际上是代表了政治统治、文化教育、商贸经济及农耕田作等内涵在上层建筑的反映。而绝大部分村镇所代表的文化内涵

可归属于乡土文化范畴,虽然其中也夹杂了市井文化、士大夫文化、庙堂文化的因素。村镇的建筑内容中除了民居、作坊、仓储、道桥之外,也包括有祠堂、书院、庙宇、集市等项建筑,在少数民族村寨中还包括有特定的文化建筑内容。自宋代理学家提倡宗族制度以来,为了加强宗族内部的凝聚力,以抵抗天灾及社会的压力,农村居民多为同姓同族聚居在一起。形成王家村,李家寨、赵家庄等以姓氏命名的农村居民点。聚族而居的村寨,自然在宗法制度上更为完备,婚丧庆典、祭祀仪式、道德教化、奖惩制度、村寨防卫等方面皆有规定,由族长领导全村各项事务。相应的祠堂、书院、牌坊、文风塔等建筑设施亦建造不少。族居现象南方胜于北方,这可能是历史上北方战乱多于南方,导致村落凋敝,各方移民重建新村而形成的现象。

由于明代以前的民居古镇建筑物几乎很少留存下来,再加上几千年来中国古建筑有着"改朝换代,结构不变",所以如今游客所见到的古村落与古镇的特点基本上就以明清时期的为主。

(二) 类型

古镇类型多样,分布极广,人们可以从不同的角度对古镇进行划分。从旅游活动的目的来分析,人们选择古镇作为旅游目的地,主要考虑的是古镇的人文、历史背景,同时注意景观类型和建筑群落。

根据有关资料记载,目前我国保存的特色经典古镇有190个之多。这些古镇传承历史文化,沿袭民间习俗,蕴藏着深厚悠久的民族文化和精美绝伦的艺术珍宝。以人文内涵、文化背景和历史、地理区域来划分古镇村落,一般可分为七类:

1. 富贵大气的北方古镇村落——大院建筑群

其特色是气势威严,高大华贵,粗犷中不失细腻,代表了典型的北方院落建筑群体,典型的如山西平遥古城,民居建筑布局严谨,轴线明确,左右对称,主次分明,轮廓起伏,外观封闭,大院深深。精巧的木雕、砖雕和石雕配以浓重乡土气息的剪纸窗花,惟妙惟肖,栩栩如生,是迄今汉民族地区保存最完整的古代居民群落。

2. 朴实无华的西北古镇村落

主要以陕西为代表。院落的封闭性很强,屋身低矮,屋顶坡度低缓,有相当的建筑使用平顶。很少使用砖瓦，多用土坯或夯土墙，木装修很简单，一些地区还有窑洞建筑。一看就能感觉到当地的民风淳朴敦厚。

3. 大家风范的徽派古村落

主要分布于安徽、江西等省。其建筑依地势而建，自然大方，与大自然保持和谐，不矫揉造作，隐僻而典雅。其中以西递、宏村为代表的皖南古村落已被列入《世界遗产名录》。

4. 小巧精致的江南水乡古镇

主要分布于浙江、江苏省和上海市。这些地方有利的地质和气候条件提供了众多可供选择的建筑材质，木、石等都被广泛使用。风格典雅灵秀，朴素恬淡，崇尚借景为虚、造景为实的建筑风格，强调空间的开敞明晰和充实的文化气氛，在布局装饰上极为讲究，道路、书院、牌坊、祠堂、楼阁等规模不大但布局得当，力求完善的环境和优美的境界。著名的如江苏的同里、周庄和浙江的乌镇，已成为古镇中的典范。

5. 个性鲜明的岭南古村落

主要分布于福建、广东省。这里住有特色鲜明的客家人群，他们独特的文化氛围使得其居住的村落、民居也独树一帜，尤其是福建的土楼群堪称建筑艺术的瑰宝。从中原来到偏僻的岭南山区的客家人们不断向外开拓，把各地的文化精华带到自己的家乡。他们的建筑群除了注重实用功能外，更注重其自身的空间形式、艺术风格、民族传统以及与周围环境的协调。

6. 浪漫、轻巧的西南村落古镇

主要位于重庆市和四川、云南省。巴蜀地区的古集镇多因地制宜，或沿丘陵山地而建，或沿曲折河流而建，各具特色。由于其文化深厚，又具有多民族的浪漫奔放的气息，使得依山傍水的建筑与当地的少数民族风俗紧密联系，显露出豪迈、轻巧的特色。

7. 别具特色的少数民族古村落群

中国少数民族众多，傣族的干栏式建筑群、苗族的吊脚楼群、南诏大理的"一颗印"建筑群等等在建筑风格与装饰上与中原地区有着很大的区别，它们的建筑形制也大多因地制宜，与自然紧密结合，极富地理特征和民族风俗。而由特色民居组合而成的村落古镇更具有浓郁的地方民族特色。

四、中国古镇村落的特点

（一）注重的是地理位置和生活环境，追求与自然和谐

古代人们喜欢把茅屋竹篱建造在林木之中、小河旁边，就像是自然山水的一部分。古镇村落的形成过程中，河流、井泉起到了很大的作用，如成形于清代的江南古镇同里、周庄、乌镇、西塘等，都是小桥流水、水渠绕户、广栽树木，自然环境幽静，呈现"九里湾头放棹行，绿柳红杏带啼莺"的秀丽景观。

形成这种特点的原因首先在于古代人们在科学不发达的情况下只能被动地顺应自然，为了在少耗费物资、人力的前提下能有更好的采光、通风条件，人们就根据有利的地形、气候等来建造屋舍，如寻找温润的地方依山沿河而建等。又如农耕社会需要水、土、树、光等自然条件，"背山面水"就可以充分利用自然资源。

（二）从古至今的建筑越来越呈现群体性，并富于变化

与西方单体高大建筑不同，中国古代建筑物单体不大，但群体性很强，古村落、古镇的建筑物大都以典雅、和谐的群体美、整合美取胜。如古代传统民居以院落式为主，除门、堂外还有厢房、附属建筑等，发展到明清时四合院，大部分为多重层进（多进式），甚至还有数条中轴线并列而多进的，俨然是宫殿建筑的缩影。北京的四合院能被列入世界文化遗产，其中一个很重要的原因是其具有群体效应产生的古典、壮美感。

江南的古镇，临河两边的民居白墙青瓦、错落整齐，店铺鳞次栉比，小巷穿梭其中，石桥贯穿河上，又点缀有牌坊、阁楼、戏台等建筑物，构成了鲜明、和谐、古朴的水乡古镇，为世人所瞩目、留恋。

（三）注重布局和装饰

古村落、古镇在布局方面十分讲究。整个居民区在布局上讲究整体效果，民房、街道、祠堂、庙宇、巷道的布局要求都有一定的规范。不同功能的住房，在建筑式样和装饰手段和效果上都有差异。典型建筑和普通民居的装饰上体现出浓郁的民族性和地方性。

(四)类型多样,极富地方和民族文化特色

我国地域广大,民族众多,文化丰富,古镇村落建筑考究,而且种类多样。不同的古镇村落具有不同的民族文化特色。北方的村落古镇文化厚实、庄重、气势威严,巷道皆比较宽阔;江南的小桥流水人家,精巧雅致;四川的村落古镇具有浪漫奔放,豪迈而轻巧的特色;云南一些少数民族民风淳朴,村落古镇显得自由、小巧。

全民信仰宗教的民族(如藏、回、维吾尔等族)的村寨中往往宗教成为聚居的重要因素。例如藏民信奉藏传佛教,一般自然村亦以寺庙为中心形成聚落。有的大寺庙中的喇嘛僧人甚多,众多的僧房围绕着佛寺建造,亦可形成一个大聚落。信仰南传佛教的云南傣族,其村寨亦围绕佛寺而建。同样,信仰伊斯兰教的回族、维吾尔族的村寨亦多围绕清真寺(礼拜寺)而建。一个村子即是一个教区,由阿訇负责教务,村民每日作宗教礼拜于寺中。甘肃临夏南关回族聚居区即按八个清真寺的位置划分为八个教坊俗称"八坊"。广西侗族能歌善舞,群众集会的鼓楼歌坪即成为村寨的中心。

五、古镇村落的建筑组成

在中国广大的土地上,古镇面貌是丰富多彩的,但我们还是可以发现它们在布局和结构方面的共同点。一般的古镇,其建筑组成除了普通民居之外大体还包括:

(一)祠堂

即家庙,是祭祀祖先、达到敬宗收族的目的的场所。根据《礼记》记载,只有帝王、诸侯、大夫才能自设宗庙祭祀祖宗,平民只能在家中祭祖。直到明朝才开始允许老百姓建造祭祖的家庙。祠堂是封建社会中最基层的礼制建筑,是广大农村,尤其是同姓村中不可缺少的建筑。在乡村,祠堂一般同时也是私塾学堂及家族聚集议事、进行娱乐庆典的地方。到清代,民间祠堂开始大量出现,几乎村村设祠堂,有的村设置有家祠、宗祠、神祠等几个不同的祠堂。祠堂一般是村镇中最高大华丽的建筑。由于宗族的繁衍,支系的分化,在一些地方还出现总祠、支祠多座祠堂共存的情况,或者数系祠堂并存的例子。

祠堂建筑布局是有定格的。按照"视死如生"的思想，祠堂就是祖先的住宅，依然是"前堂后寝"制，所以其布局基本是前设门屋，中为下堂（亦称拜厅），后为上堂（亦称寝厅），形成三栋房屋两进院落的中轴线式建筑。当然具体建筑还因地区和家族财力、势力的不同而有所区别。

祠堂是村镇中最高级的建筑，因此其体量及装修、装饰的质量皆为上乘。同时为了显示其尊贵性，在造型上同样是花样翻新，形式各异。可以说，全国各地各村、各寨几乎没有相同的祠堂建筑。因此在进行古镇村落的游览中，参观祠堂是了解地区古建筑和当地民风民俗的主要途径。

与宗祠礼制建筑相联系的建筑还有三项，即书院、文昌祠和牌坊。

1. 书院

是供族人子弟读书及学者讲学之处，其建筑形制并无定格，多数依照当代大宅院形制而建，一般由厅、堂、廊庑组成，有的大型书院还兼有文庙的作用。

2. 文昌祠（或魁星阁）及文风塔（文峰塔）

这是根据文昌主文运、魁星点斗、文笔点状元的传说而建。此类建筑在古镇村落中建得较多，结合风水观念，此类建筑一般选址在风景构图的要冲之处。

3. 牌坊

也称牌楼，是封建社会时期传播礼制思想的重要纪念性建筑。其源于古代对有贡献的人家采用"旌表门闾"的办法。在古村镇，牌坊一般多被安放在古村口前面或村镇中央，常常用以旌表和纪念某人或某事。牌坊同时也可以是标志性建筑，或仅仅用来当作大门、装饰。用于造牌坊的材料在民间通常是石料或木料，其规模和大小都是以牌坊的间数、柱数和屋顶楼数的多少为标志。四柱三间的牌坊最为常见，六柱五间以上的就算大型牌坊了。徽州地区的民间牌坊无论是规模还是做工都比别处更胜一筹。常见的牌坊有功名坊、功德坊、节孝坊及寿坊等类型。一些地方还有过街楼等，它们共同组成一个和谐而又丰富的古镇景观。

（二）宗教建筑

民间自建的寺宇不同于早期的官庙，多建于古镇乡村，由于不同地方宗

教信仰方面的一些差异，在宗教建筑方面有明显的地方性。在村落古镇中不仅有佛寺、道观，还包括大量供奉各路神仙的庙堂和神龛。一般村镇宗教建筑规模都较小，或供佛祖、观音或拜土地、龙王，也有各种祭祀行业宗神的寺庙。在我国少数民族地区主要供奉本民族的神，如白族的本主庙、彝族的土主庙等。

（三）塔

在供奉佛像的大殿取代了塔的中心位置后，佛塔被移到寺后或寺旁作为寺庙的标志性建筑，其价值和作用在民间发生了转化，一般古村镇周围所建的塔通常是用以调节风水的"风水塔"，起减灾避邪的作用，或仅仅是单纯的风景塔、名人纪念塔。

（四）戏台

供演戏或用于典礼仪式。常设于步行街闹市口或村口，台前有小广场或较空场地。戏台建筑一般独立高耸而玲珑，一面或三面开敞，屋角大多向四面挑起，有飞扬般轻盈之感。大多雕梁画栋，雕栏雕砖，显得颇为华丽而热闹。造型与生活情趣相和谐，是此类建筑的一大特色。

（五）桥

古村镇大多倚水而建，桥梁自不可少，江南一带古村镇多建有形态各异的石桥，山地古镇则常见造型奇特的木桥。多雨地区的廊桥有遮风避雨的作用，常成为当地人聚会做买卖之地。桥的作用在古村镇不仅是联系两岸的通道，有时还是调节风水的重要建筑。

（六）场院，即古镇村落中的空地

在古代这是农业生产所必需的。

（七）庭院和街道

中国的古镇和民居在结构上有一个特点——占地不大，但极能利用空间变化，给人以幽深、充实之感。如模仿四合院的皖南民居平面方正、紧凑，占地小，有效使用面积大，周围建有高大的围墙，大门入口是一天井，然后是半开敞的堂屋，后有楼梯、厨房，左右有厢房，楼分两层，一般是三开间或五开间，上楼有一圈廊，外墙是马头山墙，层层递落，富有韵味。比较大的住宅一般有两个、三个或更多个庭院，院中有水池，堂前屋后种植着花草盆景，各处的梁柱和栏板上雕刻着精美的图案。座座小楼，深深庭院，就像一个个精巧的艺术世界。再如福建土楼，里面分为数层，房间数目多得令人惊叹，可达几百间。幽深、充实的民居庭院中最典型的要数北京的多进式四合院。

（八）各具特色的装饰物

古代民居的装饰不像皇家建筑，必须遵循严格的等级制度，不得随心所欲。虽然如此，聪明而富有灵感的中国人还是创造出了丰富的民居装饰。由于各民族民俗的不同，有些地方的民居装饰较为简约，如西南少数民族地区等，但基本上也有木雕、石雕、砖雕、壁画等这些类型，也都很富有民族特色。另外，古镇其他建筑物如牌坊、塔、石桥等也有相应的木雕、石雕等装饰，大多显得栩栩如生，堪称中华民间艺术的瑰宝。其中木雕使用最为广泛，中国古建筑中的木雕，雕刻技艺精湛，不油漆，不上色，显露着木材的质感和自然，透露着真实的刀法技巧，亲切平易，质朴随和，非常耐看。另外，木雕装饰题材丰富，技巧多变，而且寓教于乐，对空间环境气氛的渲染、烘托、陪衬，对空间环境素质的提高，有积极的意义。而且因部位不同而区别技法和题材，有的放矢，合情合理，如梁架上多用线雕，以图案为主；马腿上用圆雕，题材多变，强调形象美；门窗由于视距较近，因此多用浮浅雕，形态精细，多刻戏剧故事。

（九）其他建筑

1. 商业建筑

一般在大型的集镇才有连片的商业建筑。古镇村落的商业建筑多与民居相连，或直接与住宅混为一体。

2. 防御性建筑

例如寨门、碉楼、鼓楼等。

3. 水井及水源保护建筑

六、古镇村落的游览审美途径

（一）古镇村落建筑环境及概貌的赏析

1. 从整体着眼，注意与周围环境的和谐性

古人对村落、家园、民居的选址极其注意符合"枕山、环水、面屏"的风水理论，体现一种或以山为本或以水为本的山水田园特色，这就决定了我们首先一定要注意景观与周围环境的和谐统一性。可以想象，对于江南古镇，如果我们只取其中的一间民居，就很难体会到一种意境美；只有当一排民居沿河而立，并和石桥、古街道、古井等组合在一起，才成就了一道妙不可言的风景。鉴赏古镇民居景观必须充分体会其所在的地理位置和周围环境，这样才能得到一种理想、完整的美的享受。

2. 注意结合民族文化

小中见大，平淡中见神奇，去体会文化意蕴。很多古镇民居的一砖一瓦、一桥一阁，包括许多装饰物虽然随着岁月的流逝和环境的变化渐渐地变得很不起眼，但其实里面蕴藏着丰富的历史内涵和深刻的民族文化。只有当我们了解了相关的历史文化和人文背景之后，才会在鉴赏时觉得很值得回味。古镇民居是古代人们栖息、活动的场所，是表现其社会意识形态、民族精神的最直接、最集中的载体之一，所以哪怕是一座不大的牌坊、一种简单的图案，都包含着说不尽、道不完的意蕴。我们必须小中见大，平淡中见神奇，体会其中的意蕴。

如绍兴市安昌古镇的乌篷船，读过鲁迅描绘乌篷船的文章的人，通过乌篷船，了解了绍兴人淳朴、敦厚的性格和头脑聪明、讲究实用的特点。看到头戴毡帽的船老大呷着浓香的黄酒、摇着乌篷船缓缓驶过河面，人们会得到一种对绍兴历史文化的深层次的体会，就会在看似平淡的景观中发现许多值得回味的东西。再如北京四合院的入口大多在东南角上，有些人觉得这很普通或者根本不会去注意，但其实这里面却有着深厚的中华文化蕴含，如东南边采光条件好，符合"天人合一"的思想，寄托着"紫气东来"、"寿比南山"的愿望，等等。

3. 挑选最佳鉴赏时间，以期最佳审美效应

我们现在能够鉴赏到的、历史文化价值较高的古镇民居大多始建于一百多年前，随着时光流逝，很多已陈旧破落，修缮它们时又必须保持原味原貌，所以展现在我们面前的是一种古老质朴的淡色调的美，白色或灰色的墙、青色或黑色的瓦、苍劲的石桥、素雅的雕刻，无一不是一种与富丽堂皇的宫殿

建筑有着不同风格和味道的景观。这样，我们就应选择最能体现其风味的游览时间。如福建的土楼，每到黄昏时分，高高低低错落于崇山峻岭之上，犹如庄严宏大的城堡，在袅袅的炊烟中显得极其壮观神奇，正如《中国古镇游》福建篇里所说的："生土夯筑的墙壁被彩霞染成了金黄色，极富于质感；黑瓦盖成的土楼顶上，条条瓦棱被光线勾勒出层次感特强的光影线条，煞是好看。"

再如欣赏江南的古镇，雨天是绝佳的时间。走在古镇的青石板路上，便会油然生出一种戴望舒在《雨巷》中所描写的优美意境。而且不少古镇都有很多条相通的弄堂，建有廊棚，幽深奇妙，弯曲自如，"雨天不湿鞋，照样走人家"的趣味。

（二）内在意蕴鉴赏

1. "天人合一"哲学观的民间化

古代民居、村落如何与地理位置、周围环境融合成为一体，丘陵、山地的住宅如何根据地形的高低决定屋身、屋顶以及撑架的高度，还有人们在各种石雕、木雕中大多选择花、鸟、山、水等图案，等等，这些都是"天人合一"哲学观民间化的表现。人们徜徉在古色古香的小镇街道欣赏着临水背山的建筑物时，或驻足于古朴淡雅的民居前、欣赏着点缀有花草的庭院或栩栩如生的雕刻时，便会感受到自然美和人工美结合得如此和谐，深深被古人追求的"天人合一"境界的精神震撼。

2. 深远的文学意蕴

游览古镇民居后最容易产生的便是对山水田园文学作品的深层体会，并从中真正获得一种意境美的享受和情操的陶冶。看到江南的水乡，会让人联想到马致远的《天净沙·秋思》，从而体会"小桥，流水，人家"的独特韵味；身临古村落依山傍水的自然风貌和静谧环境，便会想起"日出而作，日落而息"这样的句子所体现的社会理想，勾起心灵深处对宁静安逸的生活的向往；看到了古镇上林立的店铺、熙攘的人群，便会想起矛盾先生在《林家铺子》中所描写的生活场景，产生对人生的无限感慨……可以说，中国古镇民居的每一处景观都能让你产生无数的想像，让审美者犹如身在山水田园作品所描写的诗情画意般的美丽梦境中。

"结庐在人境,而无车马喧,问君何能尔,心远地自偏。"现代人厌倦了忙忙碌碌的都市生活,希望能找到像陶渊明的《饮酒》诗中描写的地方来休憩和陶醉,而古镇、民居便是极佳的选择。走过一方方土地,穿过一条条小巷,游人会找到属于自己的理想家园和快乐老家。

3. 浓浓的民俗乡情

中国传统的自给自足的小农经济形态和儒家传统文化的长期影响,在社会生活中表现出了对家庭、家族和睦的重视,俗话说"家和万事兴","一家之计在于和"。所以中国古镇民居建筑中其家庭、家族观念是十分强烈的,而这种观念的扩大便是浓浓的民俗乡情。其表现主要有三方面:

(1) 家族的群居性。仔细分析,一个古镇的民居往往是几家甚至一家的住处。如山西的常家庄园,4000余间屋舍都是原来常家人住过的。在群居的大家庭中,大家以孝为先,尊重长辈和祖宗,极力营造一种和睦的家庭氛围。

(2) 邻里形成的亲情。在同一个村落或集市,人们不管是同姓或不同姓的,都有共同的语言、风俗习惯、宗教信仰、道德观念等,互相之间有强烈的自我认同和归属感,"远亲不如近邻","老乡见老乡,两眼泪汪汪"等说的就是这样的亲情。

(3) 民俗性的集体活动。聚居在一起的人们,每逢过节,便会自发组织娱乐性的集体活动,诸如闹社火、跳秧歌、舞龙灯、耍狮子、看台戏等等,增强了人们之间的群体意识和乡亲观念。所以,当人们看到古镇的祠堂、戏台等时总会感觉到一种浓浓的、温馨的乡土情意。

七、古镇村落的游览审美程序

(一) 古镇村落的整体审美——古镇村落的营建

1. 看山

审视大的自然环境,通过相天法地,综合安全防御、环境优美、生活方便等因素,确定村落的位置和轮廓,设立寨门和防御用的寨墙、高碉等位置。保存至今的古镇村落,往往有山环抱,而且植被保存较好。鉴赏一些特殊建筑,古人在对好的建筑环境进行强化处理同时,对不理想的建筑环境要进行一定的改造,因此需要营建具有调整环境及趋吉意义的建筑或构筑物,如寺庙、风水林、风水树、塔和桥等，其作用各不相同。浙江武义郭洞的何氏先祖，充分调动和利用了自然资源，塔、桥、亭、阁、牌坊和寺宇等建筑都经过精心设计。当年，何氏先祖何元启略晓阴阳风水，他在察看了整个村庄的地理形态后，认为村的东、西、南三面环山，且山势都较高，唯北面山势略低，不利于聚气藏风。因此，他在鳌形山体上建造了鳌峰塔，以镇风水，达到聚气藏风的目的。从客观上讲，这实际为郭洞平添了一处人文景观，宝塔小巧玲珑，高高矗立在鳌峰山巅，远远望去如天外来客，充满灵气，登塔俯瞰，则群峦叠嶂、阡陌交错、竹幽树苍、烟云缭绕，一派人间仙界。

2. 看水

水系是农业社会的第一命脉，水口是一个村庄水系的总出入口，也是一村一族盛衰荣辱的象征。古人重视一个村落的水口选择和经营，认为水口聚集着整个村庄的风水，一般都要在水口建桥梁、立寺庙，种植大量的树木，并由水口确定水系的流向，道路沿水渠而建，从而划分了村落的基本骨架。在游览古镇村落时，可以参照水系而行。最典型的为云南丽江的大研镇，对大研镇来说，水是脉络，是血液，水使古镇充满活力，水给古城平添秀色。可以说，没有水，古城将失去一半的妩媚。据统计，在古城3.8平方千米的范围内就有石拱桥、石板桥、栎木桥三百多座。丽江古城既是一座水城，也是一座桥城。

3. 明确重要建筑的位置

以其为参照物逐步建造各家宅院，历代添建，深入形成村落的肌理。宗祠就有所谓"自古立于大宗子之处，族人阳宇四面围立"的概括。古村落中的大宗祠均位于村口显著位置，四周是年代久远、形质大气的居住建筑。大夫第、进士第、书院、各房宗祠也是比较重要的建筑，在村落中均形成了标志性的记载符号。如山西丁村民宅群，呈东北、西南向分布，分北院、中院、南院和西院4大组。由于宗族支系的繁衍发展反映在院群坐落上的时代差异特别明显。这4大群组以村中心明代建筑观音堂为领首，以丁字小街为经纬，分落于北、南、西三方。北京近郊爨底下村由于全村系一个大家族，家族中位尊的一支占据南北中轴线。其中主事的一户建筑由3个独立的院子构成一个大四合院，正房在全村地势最高，居中轴线最北端，可以俯视全村，成为

权势的象征。其余民居在其两侧依山而建，呈扇面状向下延伸，长幼分明、井然有序。

(二) 品味古镇村落的布局与建筑功能

1. 重在生活

古村落的布局不悖逆自然，但也不是消极受自然山水摆布的仆从，因地制宜，灵活布局是其特点。明代计成在《园冶》中说："高方欲此亭台，低凹可开池沼。"古村落对自然环境的利用恰对应了这种做法。如通常的挖池塘不是立足于地势的平坦，而是强调高低不平。较高的地方筑屋，空出水面来养鱼、鸭。至于引水完全是自然界中的溪、泉、瀑、湖。开凿的目的既是生活和灌溉用水及排洪泄涝、防火之用。无论是安徽宏村的月塘，还是浙江兰溪的诸葛村及楠溪江永嘉的丽水湖，莫不如此。而水口山上遍植风水林，既美化环境又阻挡风沙，改善村内的小气候，防御北风对人畜的伤害。

2. 便于防御

除了修筑寨墙、增设眺望之用的构筑物和高墙深院加强防卫外，在纷争的年代，古镇村落建设必须以进可攻、退可守、洪涝不受淹的战略眼光，进行同心协力的防御建设。水口对古村落来讲就是生存的命脉，保护水口就是保护了族人生存的生命线。例如，浙江武义郭洞水口有一个特殊的地方，那就是它利用独特的地形，沿回龙桥向西延伸修筑了一段城墙，并设有东西两个城门。城墙高约5米，全用鹅卵石砌筑而成，巍峨高大，横贯东西，成为抵御外敌的重要屏障。

3. 寓意寄托

人们对自己居住的环境在满足生产、生活之余还要发展，这就促成了人们对环境寄托某种希望，追求某种目标的心理。形胜思想通过对山川大势的论述和阐发，投射出村落在选址中追求崇高精神境界的重要特色，将山川形貌与人的功利性和审美性相结合，也就是说人不仅可以选择宜于居住的环境，而且还善于将自然环境中的各种要素——石头、树木、水体等加以提炼，转化为钟灵毓秀的比喻物。从居家到村落、集镇，进而更广阔的自然环境，使居住地具有精神上的象征功能，无论是公共建筑宗祠、书院、奎楼的兴建，还是私人住宅的建设均显示了人化自然的特点。村民易于认同具有象征化的环境。潜在的地形和原有的自然环境往往人为地附以寓意，它包含了道德教化、信仰追求的文化特征，带给人们希冀、安全和满足感，这从许多村镇的形象足窥一斑。浙江永嘉苍坡村的文房四宝喻意"文笔蘸墨"；芙蓉村的七星八斗则表示"魁星点斗，人才辈出"；安徽黟县宏村的卧牛包含了"水系蓝图"的概念；江西婺源延村的木排形街道涵义"一帆风顺"；浙江兰武义俞源村的太极星象图，显然是"阴阳五行"的外化形式等。

4. 游览审美的时间和有效游览线路

古镇的美和自身布局、建筑形制等的不同与周边的自然环境有着密切的关系，同时不同地域又有不同的民风民俗和地方性节日等。因此，不同地区的古镇有不同的最佳游览时间。古镇又是一个综合性旅游目的地，因此游览审美应设计出最佳游览路线。在游览行进中，要重点参观"特色民居"，以此为依托，通过故事和典故了解当地的特殊文化现象。根据古镇的历史文化和自然背景特点，有机选取参观重点建筑，例如祠堂、寺庙、戏台、古桥、"名人"故居、特色商铺和作坊等。

5. 古镇村落游览中的建筑细部审美

通过布局、分布、重点单体建筑、建筑构件、各种装饰、结构特色等等要素，了解古建筑民居的建造历史及价值、建筑特征、在当地的地位、实际功能、精神价值以及古建筑的保存情况等。

6. 品位建筑与民风

在古镇村落的游览审美过程中，除通过视觉赏析固态的建筑外，还应与当地居民友好交往，感受浓浓"乡情"、"亲情"。参与民俗活动，体味地域特色民族文化的多样性、传承性、娱乐性，从中增长见识。

第二节 中国传统民居审美与游览

一、中国民居概述

（一）在传统古建筑中的地位

中国各地的居住建筑，又称为民居。居住建筑是最基本的建筑类型，出

现最早，分布最广，数量最多。它是为满足居住的需要，相对于宫殿、寺庙等建筑类型而言，精神性的功能不太突出，但居住建筑在总体布局、建筑体形、空间构图及其他方面，仍有一定的艺术处理，由于各地区的自然环境和人文情况的不同，显现出多样化的面貌，在建筑艺术中占有一定的地位。从分布范围看，汉族民居分布最广、数量最多。汉族以外的其他少数民族的住宅形式各具特色，呈现繁复多样的面貌。民居坐落于旧时的城市、村镇之中，其形制是与当时的生活、生产方式、民间习俗紧密联系的。在中国游览离不开中国的古城、老镇和特色村寨，当然也就离不开中国民居。观赏中国民居就像品味久酿的陈醪，越品越香。

（二）发展沿革

中国民居的内涵不是通过简单的直观观看就可以将其完全捕捉到的。与宫殿和官式建筑相比，民居的结构十分简单；与西方国家的建筑相比，中国民居又显出其古朴的特色，但这些并不影响中国民居的文化价值。中国几千年的文化积累所综合形成的复杂的民风、民俗，正是构成民居文化的深厚基础。

住宅是人类基本生存条件之一，也是人类文化的重要组成部分。民居建筑是人民生活的物质载体，是满足遮风避雨、防寒祛暑、饮食起居、奉亲会客、读书学习、生产操作等项活动的构筑物体。中国民居的木构架形式，远在原始社会末期就已经开始萌芽。在以后的几千年里，经过各民族的不断努力，创造出了各式各样的住宅建筑形式。各地的民居建筑由于受各种自然条件和不同时期建筑技术的影响，其形式存在一定的历史局限性，但无论是哪一种民居，都是历代先民智慧的结晶；是建筑技术和文化艺术的结晶；是中国传统文化，也是人类住宅文化宝库中的珍贵遗产。民居建筑之间，民居建筑与其他建筑之间是相互依存、相互影响、相互作用的。

从历史发展的进程来看，自远古至秦汉时期，中国民居初显形制，古镇形态开始萌芽。远古时期，我们祖先的居住形式为巢居或穴居、半穴居，经过长期摸索，逐步学会了在地面上盖房子，并达到了可以采光、通风的应有要求。

远古时的住宅建筑虽然其实物早已消逝，但考古挖掘出来的丰富的遗址

遗物给我们提供了很多有关古代民居的实物资料，而且很多文献也与实物相符的记载，它们都表明了我国民居住宅早在先秦已初显形制了。可以说，至先秦时院落式的民居建筑形态已基本形成，建筑技术自鲁班以后也渐趋规范，到了汉代则渐渐定型。自魏晋南北朝至宋元时期，众多民居基本定型。到明清时期，中国民居的发展到成熟辉煌的高潮。

二、传统民居形式美的特征

（一）历史性

建筑是一项最古老的产品，人们从穴居巢居开始一直不断地努力营造改善自己的家园，也产生了许多美好的民居建筑，大家竞相仿效建造，表现了自己的美学爱好。但什么是最好最美的民居呢？这点很难说清楚。关键在于时代不同，环境条件不同，美学价值观不同。在历史建筑中始终没有最好的，只有更好的。说它最好，也不过当时它最好。用今天的观点评价历史建筑及其美观问题往往得不到恰当的结论。例如，清代中期以后，建筑装饰大为盛行，门窗棂格花样百出，门楼的砖雕饰件布满全部，硬木家具还要满镶蚌片，从今日观点来看，这种"全装饰"未免粗俗、繁琐，还不如明代建筑舒朗大方。但从历史角度来看，明代流行的简略之风流行了数百年以后，至清中叶，社会积累了不少财富，希望在建筑上求新变异，将建筑装饰再提高一步，而当时的建筑材料及建筑技术没有大的突破，自然把这种欲望发泄在精雕细刻上，形成以华贵为美的时代风尚。上至帝王，下至平民，皆为同一心态；大至建筑，小至器物，皆为同一风格。这种华丽风格为传统建筑装饰开辟了新的途径，应该视为一种进步。这就同西欧建筑在经历了古典主义以后，发展成为"巴洛克"建筑的时代风格变化是一样的道理。目前对"巴洛克"建筑的历史评价，也已经有了新的认识。所以历史的事情应该历史地去认识、评价。

（二）地域性

建筑是有地域性的用品，而不是碗、盆、桌、凳那样的全国通用物品。它的形式美处理也带有地域特点，炎热的南方的居住建筑屋盖轻薄、墙体空透、栅窗灵活，与部分实体墙身相结合显得虚实得宜。这种虚的处理手法带给居民的是通风、凉爽的感受。而在寒冷的北方，若同样使用过多虚的手法，则会给居者带来萧索冷漠的不愉快感，而厚实的墙体、封闭的装修，反而给居者带来温暖和舒适。所以，虚实对比虽为构图之常理，但以虚为主，还是以实为主，尚需视地域而有差别。再例如民居建筑用色，在气候温湿的南方，一年四季绿草如茵，繁花似锦，颜色丰富，因此民居用色多以黑、白、灰、褐的深沉雅致之色为主体。而北方在冬季冰封大地，万木俱枯，所以民居多用红、绿、黑、金等热烈刺激之色。黑亮的大门、朱红的门对、贴金填蓝的门簪、金铜的门环、油绿的屏门、大红的门窗，这些鲜丽的色彩，给人们的居住环境带来了生机。所以民居用色是雅致美，还是刺激美，也要视地域而定。山区的石墙由大小相似的毛石乱砌，在规整中显出粗犷之美，而城中大宅的磨砖对缝墙体，在精巧中显现了规整之美。如何才算形式美，妙在与环境相匹配。做无定法，精在宜体。

（三）社会性

民居建筑的美感是因人而异的，而人又是处在社会群体之中，各人的权力、地位、经济实力、文化层次皆不相同，所以情趣也不相同，所建筑的房屋自然就会产生差异。平民农户之家的梁架往往用原木造作，随弯就势，不加砍凿，墙体以原石垒就，院墙以竹篱或编笆成造，处处显现出一种朴素之美，人们欣赏的是它们形式中的自然与巧妙和无意中流露的匠心。而豪门大户的府邸的构架精雕细做，墙地光洁平滑，装修材料贵重，随处装饰加工繁多，显现出一种豪华之美。人们欣赏的是它们的工程量的巨大，加工技术的难度，刻意表现的匠心。前者表现的是平和内向的心态，而后者追求的是振奋外向的宣扬。素美、华美，孰优孰劣，难以断言，只能说因人而异。

（四）个性表现

在美学研究中，许多学者提出了"新鲜性"的观点。即在美的创作中一成不变的美感是不存在的，即便是一种很成熟的、符合美学规律的、具有很强表现力的形式创作，也不能长久不衰、一直被人们喜爱。只有那些更新的、另辟蹊径的形式创作才会引起大家的注意，产生新的美感，这便是"新鲜性"，也就是今日大家很熟悉的"时尚"观念。这一点在许多艺术品创作及实用品形式设计中都能反映出来。

民居建筑形式的新鲜性就是"个性"。在类似的建筑技术手段、类似的建筑材料、近似的生活方式的制约下产生的民居建筑，每家有所不同，有自己的个性特点，一眼便能认出自己的家。民居建筑不同于公用产品，它属于一个私有的家庭，它必须有个性。民居个性在有钱人家的豪宅巨院中很容易表现，因为它们的空间变化显著，而一般平民百姓的民居则主要表现在入口及内院装修装饰方面。北方城镇的胡同及南方的里弄的民居建筑之间相互紧靠，真正对外观赏到的是院墙及入口，院墙的区别性较弱，外门却可大作文章，外门的形式变化在前节中已作叙述，传统民居的外门确实做到千姿百态，花样翻新。院内的门窗装修、挂落、栏杆、匾额、饰件，几乎家家不同，花这么大气力去经营装修与装饰，实质上就是为强调每家的个性，从个性中获得美感。

（五）附加装饰艺术的制约性

民居建筑中的装饰艺术如彩绘、雕刻、塑造、贴络等，都是依附在建筑上而存在的，而不是独立的艺术品创作，其创作条件必然受到制约，主要的制约有两方面，即"固本"与"适形"。

1. 固本

即是艺术加工，一定不能削弱或破坏原有建筑结构及构造的力学性能，不能妨碍建筑的使用功能，不能降低建筑的稳定性等，即对建筑根本的使用不能造成危害。例如撑木可以雕刻，但不能透雕遍体，完全失去支撑作用；门窗棂格图案可以变化，但不能太密而影响采光，也不能疏朗得难糊窗纸；栏杆可以艺术加工，但不能影响倚靠；梁架可以美化，但不能伤及断面及榫卯。假如做不到这些，就是本末倒置，就不是一项成功的建筑装饰艺术。因此在清代后期装饰之风大盛的时期，往往采用悬挂、贴络的办法去处理装饰件，如苏州梁架上的山雾云、抱梁云花板、纱帽翅式的椁木以及斗栱上的枫栱、闽南梁架的通随、束随等构件，都是独立存在，并未伤及结构。有些装饰手法尚有保护作用，如大理的山墙、后檐墙的图案形的贴砖，不但美观，而且保护了夯土墙身。

2. 适形

即是这项艺术加工的图案、形体，与建筑物上被加工的部位外形相适应，量体裁衣，不能削足适履。通过艺术加工要强化突出原建筑部件、部位的形体的形式特征，而不能将它改变成另一种形式。例如，撑木为短柱形杆件，多雕成细长植物形；撑头木为三角形实木，多雕成前倾的仙人、倒悬的狮子滚绣球或S形纹饰；木栏杆为横长形构件，其图案组织多将其划分为等长的花板或采用两方连续的万字纹；圆饼形大抱鼓石的侧面多雕中心放射纹、六瓣荷叶纹或三狮围中心绣球旋转图案；南方民居的柱础石为墩形，多加工成鼓形、瓜形、瓶形、八角墩形等适形图案；影壁心为长方形平整壁面，其雕饰多为满铺图案或中心四岔图案；最典型的就是苏州民居石库门门头砖雕，其垂柱多雕锦纹图案，上下枋为横长条形，多雕缠枝花叶，连绵不断，或流云百幅，九狮嬉耍等横长展开图案，中心字碑题字，两侧兜肚为方形，多雕人物、独枝花卉或戏出图案，各种图形与构件结合妥帖，整体构图统一而富于变化。

在民居建筑装饰题材选用上尚存在着数目画题，这也是一个适形问题。因为每间隔扇数目多为偶数，即四、六、八扇，每栋三间，即为十二、十八、二十四扇，所以题材要配套设置，图案大同而小异，既统一又有变化。例如四季花（芍药、踯躅、寒菊、山茶）、四君子（梅、兰、竹、菊）、文房四宝（笔、墨、纸、砚）、四雅（琴、棋、书、画）、六妍（六种名花）、暗八仙（道教八仙手中所持器物）、十二月历花等图案，都可配合装修隔扇裙板雕刻，形成有规律的组合。固本与适形不仅是建筑装饰的遵循准则，一般实用品的美化亦是如此。日用陶瓷用品、家具、衣服、鞋帽、炉具、轿子、马鞍等项的美化附加艺术也要考虑加工对象的条件，选择适当手法与图案。

（六）"趋吉"的艺术意匠

装饰艺术在上述制约条件下进行创作，同样可以表达自己的思想主题。主题有多方面的，根据业主的爱好而有不同的选择。例如岁寒三友、琴棋书画、博古文玩等图样，表现了一定的文化气息，多为文人墨客或附庸风雅人士所选用；又如山水林木、花鸟虫鱼、奇岩怪石等具有隐逸之风的图样，多为愤世嫉俗、失意政客所用；至于神仙怪异、文武戏出、出将入相等题材，多为文化层次不高的富商、地主阶层人士所选用；但对于大部分人家在民居建筑中所选用的装饰主题多为希望家宅平安、健康长寿、人丁兴旺、财源茂

盛等"趋吉避凶"的题材，即传统民间人士所企望的人生美妙的吉祥前景"三多"，三多是指多福、多寿、多子之意。故这类题材又称之为吉祥图案或吉祥图样。表现方法可分为四种情况，即直观、隐喻、谐音和组配。

1. 直观

如福禄寿三星（三个具有明显的约定俗成特征的老人）、百子图（一百个或较众多的小孩在戏耍）、百寿图（一百个不同字体的寿字）、天官赐福（一个官员手捧福字展示众人）、老寿星等，直接表露出福禄寿的主题。

2. 隐喻

即借用具有吉祥含义的动物、植物、器物作为装饰主题，暗示吉意。如龟（长寿）、鹤（长寿）、桃（仙人所食，长寿）、松（长生）、鸳鸯（相爱、偕老）、牡丹（富贵）、佛手（握财富之手，有福禄之意）、石榴（多子）、葡萄（多子）、灵芝（如意、吉祥）、云朵（祥瑞）、金钱元宝（财富）、荷花（高洁）、竹（君子）、萱草（忘忧）、蝉纹（居高饮清，高洁之意）、梅花（冰清玉洁）、回文（不断延续）、水纹（不断）、龟背（长寿）、爬蔓植物（万代）等。隐喻与民族文化及历史积淀有关，每个国家皆有不同的隐喻图案与符号及不同的隐喻理解，所以特殊性较大。

3. 谐音

即借用动植物、器物的音韵与文字音韵相谐和，以表吉意。这也是汉字的同音异字现象在装饰图案中的应用。例如羊（吉祥、吉羊音通）、喜鹊（喜）、鲤（利）、蝠（福）、葫芦（福禄）、绥带（寿、代）、盘肠（长）、鹿（禄）、金鱼（金、玉）、芙蓉（富）、水仙（仙）、大桔（大吉）、寿石（寿）、桂花（贵）、屏（平安）、磬（庆）、竹（祝福）、盘肠八结（八吉）等。谐音的应用是中国装饰的特有手法。

4. 组配

即是将上述三种手法综合应用在一个装饰主题中，音、意、形并用，组合搭配成一幅图案，表示出准确的吉祥用语。如三多（佛手、桃、石榴代表多福、多寿、多子）、五福祥集（中间为祥字，周围五蝠）、五福捧寿（中间寿字，五蝠围之）、福寿绵长（蝠、桃、飘带）、松鹤遐龄（松、鹤、灵芝）、金玉富贵（金鱼、牡丹）、百事如意（百合、柿子、如意）、万事如意（万字、

柿、如意)、富贵白头（牡丹、白头翁）、灵仙祝寿（灵芝、水仙、竹、寿桃)、太平有象（大象、宝瓶）、四季平安（花瓶、四枝月季花）、安居乐业（鹌鹑、菊花、枫叶)、富贵满堂（牡丹、海棠）、喜上眉梢（喜鹊、梅花）、连中三元桂圆、荔枝、核桃)、福寿眼前（蝠、寿桃、方眼金钱）、岁寒三友（松、竹、梅)、荣贵万年（芙蓉、桂花、万年青）、平安如意（宝瓶上加如意头）等。这种装饰手法也是中国独特的手法，因约定俗成的原因，文化不高的中国老百姓也很熟悉这些图案，因而在民居中广泛使用。

由于上述诸项民居建筑美学特色的影响，所以形成千宅千面的民居造型。民居建筑与其他类型的建筑相比较，虽不能以体形、体量的变化取胜，但其形式美及装饰美的丰富变幻，却为它赢得了美的赞誉。当然，由于地区文化的差异，特别是民俗的差异，在民居装饰及其含义上会存在一定的差异。

三、中国传统民居的文化意蕴

中国传统民居的产生和发展，与人们的社会生活密切相关，它既反映人们的生产状况、风俗习惯、民族差异、宗教信仰，同时又积淀着人们的审美取向和社会意识。尤其是宗法伦理思想与阴阳五行学说对中国传统民居的平面分布、空间构成与场景处理都产生了深远的影响。

（一）民居与家族伦理

在古代中国人的意识中，家族概念自古便是与"房"、"屋"、"室"等居室建筑术语密不可分的。从家的字面构成可以看出，古人概念中的家，是指人们用于居住和祭祖的房屋。实际上，人类构筑居室的一个直接原因便是为了适应家族生活的需要。大量的文献和考古资料证明，中国传统居室建筑的产生是在以血缘为纽带的氏族公社出现之后。居室的布局完全根据家族的生活需要而定。母系氏族时期一般皆在居住区中排列若干组结构雷同的小房屋，作为对偶家庭居住。在这些小房子的中心部分，还有一所规模较大的大房子，作为氏族成员集会之处。父系氏族时期，以父系血缘为纽带的一夫一妻个体家庭取代了母系大家族，这种一夫一妻的个体家庭不再需要母系大家族那样的生活空间，于是居室的面积缩小，母系氏族繁荣时期的对偶婚式住房被一个个单元式的个体家庭居室取代。

随着人类社会的发展，中国传统居室建筑也在不断改进中变化，逐渐由单纯的自然功能发展为社会功能与自然功能兼而有之。尤其是作为中国传统文化主流的儒家宗法伦理，成为居室建筑表现的主题。

1. 同姓聚居，家和为贵

中国传统民居的分布多为聚族而居，从同族村落、坞寨、同祖的府第到同宗的庭院，皆以血缘为纽带。就平面布局而言，中国传统民居多为平面展开的组群布局，绝少高高耸立的楼房。向平面序列展开的平房，由若干个单体建筑构成庭院，再由一个个庭院组成村落或坞寨。这种以组群的对称、和谐创造"和睦"之美的布局形式，实际上便是宗法伦理中"家和万事兴"观念的反映。为了家族成员的和睦相处，因而在建筑布局上淡化个体而强调组群，而且用墙围合成一个个向心力极强的家庭院落，以增强家庭的凝聚力。墙内为一姓之家，墙外为异姓之地。院墙，成为家与家之间在地域与心理上的分界线。

2. 尊卑有礼，男女有别

中国传统民居的布局讲究正室居中，左右两厢对称在旁，这实际上是宗法伦理中"礼"的体现。家族中的礼主要表现为父尊子卑，长幼有序，男女有别。因而在居室建筑的安排上父母之居称正屋，一般安排在整个组群的中轴线上，居中在上，以显示其在家庭中的至尊。在正屋的两边，对称排列东西两房，归子辈居住，称为"厢"。"房，旁也，室之两旁也"。很显然，房对正屋而言，属于从属地位，这与其居住者在家庭中的地位是吻合的。父与子的居室除了在坐落方位上有别外，往往在建筑规模、室内装饰与陈设上也有尊卑之分。父辈所在的正屋建筑面积较大，其基座高低、台阶级数都在一院之中居首，屋顶式样也是一院中最高级的，至于室内装潢，更是主次分明。出于室为正房为偏的观念，古代人称结发妻子亦为"正室"，称妾为"偏房"。在重视父子尊卑的同时，传统居室的布局也注意长幼有别的原则。随着私有制的产生，妇女的地位逐渐下降，沦为男性的附属品。宗法伦理对男女之别的要求重在限制和规范妇女的行为自由与人身自由。反映在居室的布局上，首先表现为男居外庭，女居内室。墨子曰："宫墙之高足以别男女之礼"。高高的院墙，将妇女幽禁在深深的庭院之内锁住了她们对院外世界的向往。一般情况下,妇女不能擅自步出院外,外人亦不能轻易入内院。古代将女性所居之处称为"闺房"。《说文解字》曰:"闺,特立之户"。据《尔雅·释宫》曰:"宫中之门谓之闱,其小者谓之闺"。屈原在楚辞中亦叹"念灵闺兮澳重深"。由此可见,闺房,必定是处在院内幽僻之处,并有层层门户隔断,避免与外界交往。人们习惯上将妻子称为"内人"、"内室",实际上便是妇女在居室布局中身份的反映。甚至有的地区在住宅内专修狭长的弄堂,供妇女和仆役行走,以避免他们经过,干扰仪礼性极强的厅堂。

3. 以堂为尊,崇祖敬宗

"堂,殿也,正寝曰堂"。唐以前,堂、殿通称;唐以后,殿才成为帝王所居的专用名词。正寝,当然指家长所寝,与正屋实为同一概念。值得注意的是,堂不仅是活着的家长之居所,同时也是祭祀祖宗的场所。传统的宗法观念认为,一族一家之祖虽已离开人世,但他们的在天之灵仍会关照在世的子孙,视他们"孝"的程度赐福降灾。于是"媚祖以邀福"便成为家族中的大事。因此,人们选择家庭居室中最尊的"堂屋"为祖宗立牌位,举行祭祖活动,以显示对祖宗的尊重和孝敬。同时,也证明目前与之同处一堂的家长受祖宗认可和庇护,其在家庭中的地位不可动摇。由于"堂屋"既为在世家长之居,又为在天祖宗灵位之所在,因而家庭中最重要的活动一般也在堂屋举行,成为家庭成员集汇的场所,颇有氏族公社时的"大房子"遗风。"堂屋"在家族居室中的位置是如此重要,因而整个居室建筑的安排自然以它为核心,在布局安排上皆位于中轴,居中在上,周围的建筑皆以其为轴心,通过封闭的院落,形成强烈的向心力。正是由于"堂屋"为同祖同宗聚集之地,故人们在习惯上以"堂"称父系亲属,如同祖的父辈称"堂叔"、"堂伯",同祖异父的兄弟称"堂兄"、"堂弟",以示皆为同一堂所供祖先之后代。而母系的亲属由于不是同祖同宗,不能算为"同堂"之后代,因而皆在称呼上加"表",谓表叔、表兄、表弟。至于为这个家庭操劳终身的妻子,虽然已嫁入夫家同室共处,但对于代表同祖同宗的"堂"而言,她始终是"客",故一些地区称妻子为"堂客"。

(二)民居环境

古人建房,要选择一个理想的环境,即所谓"相宅"。"相宅"要求在居

室基址的选择、平面布局和空间构成等方面遵循阴阳五行之说，以达到趋吉避凶的心理和生理需求。

早在西周时期，"相宅"之术即已经出现。《周礼》曰："辨十有二土之名物，以相民宅，而知其利害。以阜人民，以蕃鸟兽，以毓草木，以任土事"。将相宅视为晓知利害、民殷财阜和繁衍鸟兽草木等自然界生命的重要前提。

按照古人的理论，居室基址的选择应讲求山水聚合，藏风得水。一般情况下，平原地区的宅基重于水的瀛畅，高原地区以得水为美，而山地丘陵则重于气脉，其基址以宽广平整为上。因为山是地气的外在表现，气的往来取决于水的引导，气的终始取决于水的限制，气的聚散则取决于风的缓疾。故《宅经》强调"人之居处宜以大地山河为主，其来龙气势最大，关系人们祸福最为紧要。"《诗经·大雅·公刘》中描述居室选址重在"相其阴阳，观其泉流"。阴阳指房屋向背寒暖；泉流即流水，既是人们生产、生活的生命之源，同时其流向亦可反映地势走向、风向等。除了基址的选择外，相宅术还重视住宅周围的环境布局与住宅内的空间构成。认为住宅四周应有"四灵"，即宅左有流水、谓青龙；右有长道谓白虎；前有水池、谓朱雀；后靠丘陵谓玄武，此为最佳宅地。如果在住宅的周围有寺庙、路口、官衙等，皆为不吉。至于室内空间，"相宅"术认为明堂应宽敞，厅堂门庑应先定位，东厢西塾要对称协调。

四、中国古代建筑艺术的地方风格

中国地域辽阔，自然条件差别大，地区间的封闭性很强，各地建筑都有一些特殊的风格。

（一）北方风格

集中在淮河以北至黑龙江以南的广大平原地区。组群方整规则，庭院较大，但尺度合宜；建筑造型起伏不大，屋身低平，屋顶曲线平缓；多用砖瓦，木结构用料较大，装修比较简单——总的风格是开朗大度。

（二）西北风格

集中在黄河以西至甘肃、宁夏的黄土高原地区。院落的封闭性很强，屋

身低矮，屋顶坡度低缓，还有相当多的建筑使用平顶；很少使用砖瓦，多用土坯或夯土墙，木装修更简单；这个地区还常有窑洞建筑，除靠崖凿窑外，还有地坑窑，平地发券窑——总的风格是质朴敦厚。

（三）江南风格

集中在长江中下游的河网地区。组群比较密集，庭院比较狭窄；城镇中大型组群（大住宅、会馆、店铺、寺庙、祠堂等）很多，而且带有楼房，小型建筑（一般住宅、店铺）自由灵活；屋顶坡度陡峻，翼角高翘，装修精致富丽，雕刻彩绘很多——总的风格是秀丽灵巧。

（四）岭南风格

集中在珠江流域山岳丘陵地区。建筑平面比较规整，庭院很小；房屋高大，门窗狭窄，多有封火山墙，屋顶坡度陡峻，翼角起翘更大；城镇村落中建筑密集，封闭性很强；装修、雕刻、彩绘富丽繁复，手法精细——总的风格是轻盈细腻。

（五）西南风格

集中在西南山区，有相当一部分是壮、傣、瑶、苗等民族聚居的地区。多利用山坡建房，为下层架空的干栏式建筑；平面和外形相当自由，很少成组群出现；梁柱等结构构件外露，只用板壁或编席作为维护屏障；屋面曲线柔和，拖出很长，出檐深远，上铺木瓦或草秸，不太讲究装饰——总的风格是自由灵活。其中云南南部傣族佛寺空间巨大，装饰富丽，佛塔造型与缅甸类似，民族风格非常鲜明。

五、中国传统民居的基本类型及特征

我国地大物博，民族众多，不同的地理环境与民族风俗，使得分布在各地的民居在遵循中国传统建筑基本规律的前提下，又有其浓郁的地域特色和民族风情。

（一）根据各地居室建筑的基本结构，大致分为下列几种类型

1. 院落式

主要指围合而成庭院的住宅形式。除黄河中游少数地点外，我国大部分地区的汉族居室皆采用这种形式。建筑序列从平面铺开，左右对称、前后呼

应,围合成封闭的院落。但由于自然条件与社会环境的影响,这种院落式住宅大约以秦岭和淮河流域为界,在建筑结构、艺术处理方面又呈现出南北两种不同的风格。

(1) 北方的院落式住宅一般采用"一正两厢"的组合形式,按南北纵轴线对称构筑房屋和院落。所谓一正,指正房,为家内长者、尊者所居之处,坐北朝南,位于中轴线上。"两厢"指沿南北轴线相向对称布置的东西厢房,为家内晚辈的住处,建筑规模与装饰皆在正房之下。在正房的左右,又另筑耳房和小院,作为厨房和杂屋使用。北方四合院的大门一般不正对厅堂,而是开在东南角,门内置影壁,使外人不能窥其院内的情况,以增强居室的封闭性。进大门转向西至前院,南侧为倒座南房,作为客厅、书斋与男仆的住处。在前院靠北的纵轴线上建筑通过后院的二门,有时装饰为华丽的垂花门。过二门则至后院,这里面积宽阔,院内四周有围廊,连接各室。整个院落由各房屋的后墙和围墙围合,一般不对外开窗。一些豪门富家往往在内院之后再建第三层后院,作为家内女眷的闺房,规模更大者也有的按二条纵轴线向进深对称发展,形成多重院落。整个空间序列的展开主次分明,有明确的流线层次,分区明确。

在结构与装饰方面,北方四合院以简洁朴素适用为主。一般房屋在梁柱式木构架的外围砌砖墙,屋顶式样以硬山顶居多,亦有少数平顶。为了保暖,墙与屋顶皆比较厚实,并在屋内砌炕取暖,内外地面铺方砖。在结构上不使用斗栱,屋顶与屋脊亦为圆缓的弧形或素砌的平脊上加少量砖雕与低小的起翘。屋顶与墙面呈青灰色和灰白色,除贵族府宅外,不使用琉璃瓦、朱红门墙与金色装饰,仅在门桓、走廊等处施以彩色以突出院落的层次。室内用罩、博古架、隔扇等巧妙区割空间,顶部用纸棚修饰,绘以美丽的图案。室外装饰以砖雕、石雕为主,一般在大门、影壁、屋脊等砖面上雕刻人物故事、花鸟山水、祥禽瑞兽、福禄寿喜等方面的题材。

(2) 长江下游江南地区的院落式住宅与北方的四合院有所不同。这里气候湿润闷热,雨季较长,因而其院落的布局虽然仍沿纵轴线排列,但房屋的朝向多朝东南或南以便通风排热。大中型住宅一般在中央轴线上建门厅、轿厅、大厅及住房,再在左右纵轴线上布置客厅、书房、厨房、杂屋等,形成

左中右三组纵列的院落组群。后院住房一般为二层建筑，楼上宛转相通。在各院之间有狭长的"备弄"以通行，同时也可巡行和防火。为了减少太阳的辐射，避暑通风，庭院多呈东西横长的平面，东西两面筑高墙围合，并在墙上开漏窗以便通风纳凉。为了增加院内幽静、凉爽的气氛，多数人家在客厅或书房前凿池蓄水，叠石成山，种植花木，有的则在住宅后建造花园。

在结构与装饰设计方面，南方的院落多用穿斗式构架，墙体与屋顶结构都较薄，室内用罩、桶扇、屏风自由分隔，天花装饰成各种形式的"轩"，形体美观而富于变化。整个院落不施彩绘，素雅而明净，白墙灰瓦，自然而朴素。

2. 窑洞式

指以窑洞形式组成的住宅。主要分布在我国山西、陕西、河南、甘肃等黄土地区。这里土质丰厚坚硬，不易松塌，地下水位低，气候干燥，适宜掘窟为室。主要形式有两种：一种为靠窑室，即在天然土壁面开凿横洞，或在洞内加砌砖券或石券防止泥土崩坍，或在外壁加砌砖石护壁，建成窑洞式的居室。这种靠窑室一般皆是数洞相连，或上下数层。入口一窑为堂室，侧连一室为卧室。较豪华者则在窑外建房修院，形成靠崖式扁院。另外一种是在平坦的岗地上凿掘方形或长方形平面的深坑，沿着坑面开凿窑洞，称为地坑窑或开井窑。这种地坑式窑洞以各种形式的阶段通至地面，或掘隧道与附近天然崖面相通。地坑内可单门独户，亦可数家同院，还可以地坑相连，供20~30户人家居住。此外，也有在地面上用土坯或砖石建造拱券式房屋，称锢窑，数层锢窑组合成锢窑窑院。这种并非挖掘出来的锢窑亦有二层，下层为拱券，上层以木构平顶，两层都起拱的称为窑上窑。窑洞式住宅的结构以拱券为主，由于内部空间的封闭，故主要装饰集中在门窗与墙面，以门画、窗花、门帘、炕围等贴花和绣花的形式出现。

3. 干栏式

指以下部架空的干栏构筑而成的住宅。主要是分布在我国广西、贵州、云南、海南等地的壮、傣、布依等族的住宅，由原始的巢居发展而来。这些地区处于亚热带，气候炎热，潮湿多雨森林茂密，蛇兽较多。为了通风、采光、防虫和防兽，其住宅采用二层楼房式，下层用木、竹等材料作桩柱，架成四面开敞的楼底,用以圈养牲畜和放置农具等杂用;上层为居室,平面多为横长方形,前部为晒台及阔廊,后部为堂屋与卧室,堂内设火塘、神位、祖宗牌位等物,在室内或室外置楼梯。

干栏式建筑的整体布局十分灵活,无轴线限制,多依地势自然错落,建筑材料也取当地特产的竹、木、树皮等,甚至墙体与屋顶也用竹、木、茅草构成,屋顶一般为歇山顶、攒尖顶。干栏式建筑的装饰以自然纯朴为特色,竹编的各种墙体花纹巧妙而精美。由于自然条件与民俗的不同,各民族的干栏式居室也有各自的特色,尤以云南傣族的竹楼、哈尼族的"蘑菇房"、布依族的半边楼、纳西族的"垛木房"以及海南黎族的"船形房"等最具个性。

4. 三坊一照壁与"一颗印"式

三坊一照壁是指由正房加两厢房和照壁围合成的封闭院落,主要分布在我国云南的大理、下关等白族居住区。这种住宅的布局与院落式相似,正房居中在上,左右两厢房对称,大门入口处为照壁。但房屋的朝向却坐西向东,一则为适"正房靠山才坐得起人家"观念的反映。另外这种以"坊"为单元的住宅皆为二层楼房,底层三开间,明间为堂屋,是聚会待客之处,暗间为卧室。楼上明间供佛祖,其余两间作杂用。为避免暴雨大水,楼的上下两层皆有出檐深广的厦廊,阳光充溢,空气清新,往往是家人小憩与做家务的场所,也是举行家宴的地方。

大门与照壁是这种住宅的装饰重点,富贵者以门楼的华丽光耀其门庭,多飞檐翘脊,精雕细刻。照壁或为独角式,或为三叠水式,壁面多砖雕或石雕装饰。整个院子视野开阔,屋面轻盈而舒展,结构坚实而牢固,独具风韵。

"一颗印"指建筑平面和外观均方正如印的住宅。主要分布在我国云南昆明地区。其布局十分紧凑,由正房、厢房、倒座组成四合院,瓦顶、土墙,平面和外观呈方形,方方正正好似一颗印章,故名"一颗印"。"一颗印"民居为一楼一底楼房,正房三间,底层一明间两次间,前有单层廊(称抱厦),构成重檐屋顶。左右两侧为一楼一底吊厦式厢房,厢房的底层一般各有两间,称为"四耳"。

"一颗印"民居的大门开在正房对面的中轴线上,设倒座或门廊,一般进深为八尺,有楼,无侧门或后门,有的在大门入口处设木屏风一道,由四扇活动的格扇组合而成，平时关闭，人从两侧绕行。每逢喜庆节日便打开屏风，迎客入门，使倒座、天井、堂屋融为一个宽敞的大空间。"一颗印"民居主房屋顶稍高，双坡硬山式。厢房屋顶为不对称的硬山式，分长短坡，长坡向内院，在外墙外作一个小转折成短坡向墙外。院内各层屋面均不互相交接，正房屋面高，厢房上层屋面正好插入正房的上下两层屋面间隙中，厢房下层屋面在正房下层屋面之下，无斜沟，减少了漏雨的麻烦。外墙封闭，仅在二楼开有一两个小窗，前围墙较高，常达厢房上层檐口。农村的"一颗印"民居，为了适应居民的生活习惯和方便农民在堂屋和游春上干杂活，堂屋一般不安装格子门，这样堂屋便和游春浑然一体了。而城里的"一颗印"民居，堂屋一般都安装有格子门。"一颗印"住宅的空间象凹斗，利于通风，适合南方的湿热气候，尤其是内院既起通风、采光、排水的作用，又是交通的核心，同时还可以扩展厅堂的空间。在装饰上最重视屋顶、窗户、门楼的处理，雕镂精美富有变化，色泽轻松明快。

5. 土楼式

指以生土、石灰、泥沙等为原料夯筑而成的高大楼群，是分布在福建西部及广东、广西北部的客家住宅。由于客家人为外来移民，常与当地土著发生争斗，加上山高林荒，土匪出没，为了防御外来侵袭，客家人视住宅的安全为第一要务，创造了这种隐秘而坚固的群体建筑。每个小家庭或个人的房间皆独立，用一圈圈的公用走廊将各个房间联系起来。在木结构的圆楼外圈，筑高大的夯土厚墙，下部不开墙，坚实而雄壮，恰似一座堡垒，具有良好的防御性。

方楼平面呈方形，外圈为正方形或接近正方形的高大围墙，然后沿墙修筑房间，或1层，或多层，层层相叠。在方楼的中央或为空旷的天井，或设厅堂供各户活动、办理婚丧大事和聚会宴宾。整个土楼除土夯外墙承重外，仍保持木架承重结构，并在每段建"封火墙"作间隔。屋顶多为歇山顶，出檐较深，以内部木构门窗梁柱为装饰重点。

三堂屋是在中心轴线上沿纵深布置上、中、下三堂，东西设两厢，形成院落，并以此为中心，前筑门楼，两侧加横屋。一般情况下，大部分三堂屋后部皆不加围屋，仅设凉院或花台，前有方形或半圆形鱼塘。门楼为整个院落装饰的重点，标志楼主的身份等级，百姓之家门楼屋顶为悬山顶，不得飞檐起翘。有功名者则可视其身份将门楼装修得精巧华丽，以炫耀其门庭。

客家土楼建筑规模宏大，构造艺术精巧，并能就地取材，用简便的施工构造牢固的建筑，达到通风、采光、防震、防盗、御敌的良好效果。

6. 蒙古包

指圆筒形带尖顶的帐篷，是分布在我国北方地区的蒙古族、哈萨克族、鄂伦春族的住宅。由于这些民族皆以游牧为生，并且所居地区气候干燥、寒冷，因而创造了这种既有良好防寒保暖功能，又可灵活撤迁的活动型居室。

蒙古包是满语"蒙古博"的俗称，又称毡包。毡包的造型恰似穹庐，平面、屋顶皆呈圆形，一般圆径约5米左右，四周由1米多高的柱子纵横搭接成网状壁体的骨架，上面覆盖毡子，然后用绳扎紧。屋顶为伞状的木骨架，中间是一个圆形的天窗，以便空气流通和采光。天窗上覆毡子一块，可灵活开闭，天热则开，天冷则闭。毡包南面开门，包内正中置火炉，地面铺毛毡或牛皮，四周按长幼尊卑设座。这种居室的御寒功能极好，内部空间封闭，四壁覆盖的毛毡视气温变化而增减，即使室外寒风习习，室内仍然温暖宜人。

毡包的装饰手法极具民族特色。顶部正中的伞状骨架雕刻美丽的花纹图案，室内的地毯与壁毡上也常绣成各色美丽的图案，颜色大胆热烈。蒙古包的构造精巧，一般为一家一包，拆装容易，迁移方便，非常适合居无常处的游牧生活。

7. 碉房

指外型酷似碉堡的石构建筑，是分布在西藏、青海、甘肃、宁夏、四川北部高原地区和云南滇西北的藏族、羌族、土族、撒拉族的住宅。这些地区气候干燥、雨量稀少植被稀疏，故当地建筑采用石头为主要建筑材料，同时由于部族争斗的频繁，出于对防御的需要，特别强调房屋的坚固易守。

碉房一般皆依地势布局，背山面水（或路）平面呈长方形，外部用石墙，内部为密梁构成，屋顶为平顶，楼层高低不一，少为3楼，多者达5、6楼。其空间安排一般底层用于饲养牲畜，堆放草料，通常不设窗户，只设通气孔；2层为厨房、储藏室和卧室，3层为经堂，附以阳台、厕所。由于2、3层空间性质的变化，在结构上亦有所改变，各层皆有地板，向阳面开窗，墙体厚

实坚固，上窄下宽，有明显的收分。为了改变墙体的单调感，各层皆有木构的挑楼伸出墙外，打破单一的垂直线，形成虚实互映的结构形式。碉房的装饰也极具民族特色，各民族对大门式样、门窗等细部的用料，色彩方面非常讲究，各具特色。

（二）从空间组合上来分

空间组合是指民居按照社会制度、家庭子女信仰观念和生活方式等社会人文因素安排出的民居建筑空间形制，它具有鲜明的社会特征及时代特征。中国古代民居从空间角度可以分为：

1. 庭院类民居

此类民居最大的特点是除了有居住的特点外，尚有一个或几个家庭的私有院落，由于封建宗法思想的影响，这类院落皆为内向院落，即由建筑物或院墙包围的院落，与西方府邸的开放式庭院不同。在中国庭院类民居是传统民居的主流，由于历代宫廷建筑也是从这类民居演化而成，因此也有人称此类民居为宫室式民居。

这种庭院民居一般为正方形，根据四周回环布置的建筑物多少，可以形成四合院、三合院、两合院、甚至是一合院。此类民居是一种室内、室外共同使用未居住空间的民居形式，它正适合于中国大部分地区所属的地形和气候条件，也是封建经济发展到一定阶段后，私有制及私密生活性加强的一种反映。这种形制具有极大的灵活性，它可以形成从单间、单幢到复杂的多进院落及多条轴线的各种规模的组合群体，它可以适应各种家庭的需要。个别地区还可以建造部分二层、三层，进一步增加这种形制的建筑空间的变通性。

由于各地气候条件及生活习惯的差异，庭院式民居在具体形制上可分为三种格式：

——合院式，它的形制特征是组成方形或矩形院落的各幢房屋是分离的。住房之间以走廊相连或不相连，各栋住屋皆有坚实的外墙装修。典型的为北京的四合院。

——厅井式，它的性质特征是组成方形院落的各幢住房相互联属，屋面搭接，紧紧包围着中间的小院落。因院落小与房屋檐高相对比类似井口，故称天井。

——融合式,其形制融合了合院式与厅井式,呈现出过渡状态。

2. 单幢类民居

单幢类民居即是将生活起居的各类房屋集合在一起,建成单幢建筑物的民居类型,其中除厅堂、居室外,还包括厨房、仓库、佛堂甚至畜圈在内。这类民居不强调室外院落的利用,没有或没有明显界定范围的私用院落。由于是单体建筑,所以村落布局比较灵活,朝向随意。这类民居又可分为:干栏式、窑洞式、碉房式、井干式、木拱架式和下沉式六种类型。

3. 集居类民居

这是一种大型民居。即由于某种客观原因,如防备盗贼或外人的侵扰或宗族血缘的基尼联系,而全族人居住在一起的居住组群,也可以说是古代的集合住宅。每幢住宅内居住着少则十余家,多则百余家,内部配备有水井、畜圈、祖堂、厅屋等建筑,并有族长统一指导管理的生活集体,把居住、族祭、贮藏、饲养、用水、防御等各种社会的、物质的生活内容全部包括在内。民居本身就是一个封闭的小社会。

集居类民居皆有自己特有的构图模式与雄浑博大的建筑外观,打破了一般院落式民居的习惯构图,是一种极具艺术魅力的民居类型,也是如今旅游赏析的主要目的地。属于此类的民居可分为土楼式、围屋式及行列式三种,典型为福建土楼。

4. 移居类民居

是指某些以游猎、渔业为生的居民的居住形式。因其生产的特点决定了其必须随时移动迁建,而不固定于一地。规模小、重量轻、便于移动运输和搭建是此类民居的特点。属于此类民居的主要有毡房(蒙古包)、账房、撮罗子(仙人柱)、舟等。

5. 密集类民居

在某些人口密集、用地紧张的地区,人们采用了扩大进深、联排接建,无任何场院的高密度形式,甚至有的地区牺牲了底层的采光条件建成楼房形式,以最大限度地节约用地。属于此类民居的有浙江东部的纤堂屋、闽粤沿海的竹竿厝等。

6. 特殊类民居

由于某些特殊条件的影响而形成的民居形制,虽然不是大规模的分布,但是表现了民居对客观环境的依存关系。如番禺的水棚,湖南、贵州一带的吊脚楼,福建惠安的石头房、云南石林的石板房等。

六、中国民居鉴赏

(一) 民居鉴赏

民居的色彩、造型、图案、装饰艺术诸要素当中,建筑材料、各种饰物的色彩、光影处理是首先进入人们眼帘的审美客体形式,它将通过各种民居建筑要素的色彩光线和明暗度的不同处理,给人们以视觉美的直接感受,还能启发很多没有受过审美训练的人的想像力,把建筑物中实际不存在的东西也加到建筑空间中去。显然,人站在一座民居面前,往往首先能感觉到的是色彩,其次才意识到它的形状。色彩不但能吸引人,加强形体的效果。更好地表现空间,而且还具有其特有的表现力,给人们以形形色色的色彩感受和移情联想。

中国民居的鉴赏价值,主要在其"意",而不仅在于形。中国民居结构虽然简单,但意蕴却十分丰富。民居与人们的生活息息相关,它以真实的情感与实用功能,不断创新,传达出复杂、细致、深厚、具体的氛围意境。参观游览中国民居,是游客了解民俗、民情的主要途径,从中人们可以探求不同的地域文化——从表象到意境。具体的鉴赏内容包括:

1. 外形的鉴赏

如前所述,中国民居由于所在地区的自然地理环境条件的差异,形成自然环境的各要素如气候、地形、地貌、水文等因素的组合差异,从而导致了各地人文因素如民族、社会、经济等因素的差异。这些差异明显直观地表现在各地的民居建筑的外观上,使各地的民居建筑显现出异彩纷呈、独具特色的外观。如前所述的合院式、干栏式、碉房、毡房、阿以旺等。

2. 内景鉴赏

同样由于自然和人文等因素的影响,为了适应不同地域的生活,不同的民居内部的分割、隔断方式和特色不同。

3. 细部及地方特色的装饰鉴赏

民居不同于宫殿和古代的官式建筑，其细部和装饰往往不拘一格。其特点是：因地制宜、变化丰富，装饰题材和造型呈现地方性和多样性。总体色彩虽然不华丽，但石雕、木雕、砖雕等却十分精美，有的可与宫殿相媲美，堪称中国古建筑一绝。在民居游览中，各种民居装饰艺术是游客观赏的重点。

（二）民居游览审美提示

1. 观赏总体外形

审视不同民居建筑外形特点和形成机理，实际游览中，远观与近看相结合。

2. 注意建筑材料的差异

不同地区由于自然条件的差异，人们在建筑民居的过程中往往因地制宜，选用当地的特色材料。在中国民居建筑的材料中，最主要的是木材，其次是砖瓦，再有就是石头、竹子等。但同样的材料，由于加工的不同，其外在形象也有差异，例如同样是木头，不同的木质其加工方式和外在直观质感不同；同样是砖，大部分地方用的是青砖，而福建的部分地方则用红砖；同样是石头，有的用毛石加工再建房，有的直接用鹅卵石砌墙，有的用石片垒砌……

3. 注意细节

根据具体情况，具体注意观察民居建筑的不同建筑构件和部件，如门、窗、屋顶、柱子、房架等。

4. 细部装饰与传统文化

民居细部装饰复杂多变，审美者要从大量的雕刻艺术、中国传统文化、古典文学、民俗等方面的综合去审视，调动自己的审美想像，发掘其内涵及引申意义，了解中国传统文化。

5. 室内家具审美

民居是供人居住的场所，因此民居中的室内装饰与家具表现出明显的生活气息，与当地人们的生产、生活息息相关。而由于各地民俗的差异，室内装饰和家具具有明显的地方性特点。审美者应该从当地的气候、地理环境及人们的生活意识等方面去综合审视，同时注意观察各类家具的艺术装饰。

6. 具体房屋功能的介绍

中国民居中的房屋功能分工明确，结合各地文化传统综合品评。

(三) 游览审美实例

1. 江南天井院民居

江南地区也有许多组合院式住宅，它们的形式是四周的房屋被联结在一起，中间围成一个小天井，所以称为"天井院"住宅。江苏、浙江、安徽、江西一带属暖温带到亚热带气候，四季分明，春季多梅雨、夏季炎热、冬季阴寒，人口密度大，因而这里的四合院，三面或者四面的房屋都是两层，从平面到结构都相互联成一体，中央围出一个小天井，这样既保持了四合院住宅内部环境私密与安静的优点，又节约用地，还加强了结构的整体性。

（1）基本形式。天井住宅的基本形式有两种：一种是由三面房屋一面墙组成，正屋3开间居中，两边各为1开间的厢房，前面为高墙，墙上开门。在浙江将这种形式称为"三间两搭厢"。也有正房不止3开间，厢房不止1间的，那么按它们的间数分别称为五间两厢、五间四厢、七间四厢等。中央的天井也随着间数的增多而加大。另一种是四面都是房围合而成的天井院，在浙江称为"对合"。这里的正房称上房，隔天井靠街的称下房，大门多开在下房的中央开间。

（2）规模与形制。无论是"三间两搭厢"，还是"对合的天井院"，主要部分就是正房。正房多为3开间，一层的中央开间称作堂屋，这是一家人聚会、待客、祭神拜祖的场所，因而是全宅的中心。堂屋的开间大，前面空敞，不安门窗与墙，使堂屋空间与天井直接连通，利于采光与空气流通。堂屋的后板壁称为太师壁，壁两边有门可通至后堂。太师壁前面置放一长条几案，案前放一张八仙桌和两把太师椅，在堂屋的两侧沿墙也各放一对太师椅和茶几。有资望的家庭，他的住屋往往还取名为某某堂、某某屋，并将书刻堂名的横匾悬挂在堂屋正中的梁下。整座堂屋家具的布置均取对称规整的形式。太师壁前的长条几案是堂屋中最主要的家具，做工讲究，多附有雕饰。几案正中供奉祖先牌位及香炉、烛台，两侧常摆设花瓶及镜子，以取阖家"平平静静"的寓意。太师壁的正中悬挂书画，内容多为青松、翠竹、桃、梅等具有象征意义的植物山水题材，讲究的人家在堂屋两边侧墙上也有挂书画的。逢年过节，将中央的八仙桌移至堂屋中央，摆上各式供品，一家人面对几案

上的祖宗牌位行祭祀之礼，或者把供桌移到前檐下，在堂屋内面朝天井拜祭天地神仙。遇到家中老辈寿辰，儿孙辈结婚娶媳，都在堂屋里行拜寿和新婚之礼，并设寿、喜之席宴请亲朋好友。遇老辈去世，除了在家族祠堂行丧礼之外，还要将棺木停放堂屋，按习俗做道场。所以堂屋也是一个家庭举办红白喜事的地方。

堂屋两边，正房的次间为主人的卧室。卧室的门不得直通堂屋，前面只有一扇小窗。在小型天井院，窗户正对着厢房，卧室光线昏暗，空气不流通；在较大的天井院，卧室的窗虽然可以面朝天井，但为了内外有别、男女有别，将窗台设得很高，窗棂做得很复杂，有的还里外两层，使卧室内外相互不能看见，窗户成了正屋、廊下两件装饰品，起不到真正窗户的作用。卧室的门也设在夹道内，妇女与小孩只能通过夹道走到后堂，不能穿行堂屋见到外人。天井两侧的厢房可作卧室，也可做他用。

二楼由于层高较矮，夏日炎热、冬日寒冷，因此多用作贮物。家庭人口多时也可作卧室。只有少数地区将正房的二层加高，楼上作为接待宾客之用。

天井自然是天井院很重要的部分，它的面积不大，宽度相当于正房中央开间，而长只有厢房之开间大小，所以有的小天井只有 4 米×1.5 米，加上四面房屋挑出的屋檐，天井真正露天部分有时只剩下一条缝儿。但是尽管这样，它还起着住宅内部采光、通风、聚集和排泄雨水以及吸除尘烟的作用。由于天井四面房屋门窗都开向天井，在外墙上只有很小的窗户，因此房间的采光主要来自天井。四面皆为二层房屋围合成的天井高而窄，具有近似烟囱一样的作用，能够清除住宅内的尘埃与污气，促进内外空气的对流。天井四周房屋屋顶皆向内坡，雨水顺屋面流向天井，经过屋檐上的雨落管排至地面，经天井四周的地沟泄出宅外。屋主人每当下雨之际，待雨水将屋顶瓦面上的脏物与尘土冲刷干净后，即将落入天井之水用导管灌入水缸，这是被认为比一般井水更纯净的天落水，专门留作饮用。这种四面屋顶皆坡向天井，将雨水集中于住宅之内的做法，被称为是"四水归一"，"肥水不外流"，对于将水当作财富的百姓来说，这自然是大吉大利的事。狭小的天井能防止夏日的暴晒，使住宅保持阴凉，有心的主人还在天井里设石台，置放几盆花木石景，使这一小天地更富有情趣了。奇怪的是，住宅不可缺少的厨房却不在天井院内。这是因为，在自给自足的小农经济制度下，厨房的功能比较多样，除做一日三餐之外，还要堆放柴草、舂米、腌菜、磨黄豆、压豆腐、喂猪食，逢年过节还要做年糕、酿米酒。可以说这里是一个家庭的饮食作坊，是厨房，也是雇工的餐室，有炉灶、餐桌，也有猪圈。这样的厨房显然若包含在天井院里既不方便也不卫生，所以住宅的厨房多利用规整宅地旁边的零星地段，建造单层的房屋紧贴在天井院的一侧，除有门与天井院内相通外，有的还专设直接通向街道的后门。

以上说的"三间搭两厢"和"对合"当然是指天井院住宅最基本的形式，实际上，凡稍有财力的人家，住宅便不止一个简单的三间正房加两厢，更不必说那些地主、富商、官吏在农村兴建的住房了。所以我们见到的许多住宅都是这种天井院的组合形式。有几个"三间两搭厢"或者"对合"前后相连的，也有两种形式结合的，前后组成几个天井几重院，甚至还有左右并列相互连通的。但是不论怎样组合，其内部仍保持着一个个天井院，其外貌仍保持着方整规则的形态。房屋的外墙都用砖筑，很少开窗，两个天井院之间为了防止一院着火，殃及邻院，都将山墙造得高出屋顶，随着房屋两面坡屋顶的形式，山墙也作成阶梯形状，称为封火山墙。这样的天井院一座紧挨着一座，组成条条街巷。由于南方人口密集，地皮紧张，这些街巷也很狭窄，宽者三四米，窄的不足两米，于是高墙窄巷成了这个地区住宅群体的典型形态。

白墙、灰砖、黑瓦，窄巷子上闪出的座座门头，加上高墙顶上高低起伏的墙头与四周的田野绿丛，成了这个地区住宅特有的风貌。多少江南才子出外做官衣锦还乡，多少徽商云游四方，腰缠万贯荣归故里，他们置田地、盖新宅，在天井院里雕梁画栋，以显示自己的权势与财富，但却不去改变这天井院规整的整体形制，最多只是在大门门头上增添雕饰，书刻上醒目的"中完第"与"大夫第"。因为这形如堡垒的天井院也正是他们所需要的，其家产财富需要保护，其家人，尤其是妇女需要禁锢，只要看看江南农村有多少座贞节石牌坊，查一查族谱中记载了多少位妇女的贞节事迹，就可以认识禁锢在这些高墙深院中的妇女的命运。高大连片的天井院不仅是江南地区自然地理与经济条件下的产物，同时也映示出中国封建社会陈腐的家族礼制与伦理道德。

2. 北京四合院民居

北京四合院作为老北京人世代居住的主要建筑形式，驰名中外，世人皆知。北京四合院所以有名，首先在于它的历史悠久。

自元代正式建都北京，大规模规划建设都城时起，四合院就与北京的宫殿、衙署、街区、坊巷和胡同同时出现了。北京的四合院所以有名，在于它的构成有独特之处，在中国传统住宅建筑中具有典型性和代表性。中国住宅建筑大部分是内院式住宅，南方地区的住宅院落很小，四周房屋连成一体，称作"一颗印"。这种住宅适合于南方的气候条件，通风采光均欠理想。北京的四合院，院落宽绰疏朗，四面房屋各自独立，彼此之间有游廊连接，起居十分方便。四合院是封闭式的住宅，对外只有一个街门，关起门来自成天地，具有很强的私密性，非常适合独家居住。院内，四面房子都向院落方向开门，一家人在里面和亲和美，其乐融融。由于院落宽敞，可在院内植树栽花，饲鸟养鱼，叠石造景。居住者不仅享有舒适的住房，还可分享大自然赐予的一片美好天地。

北京四合院虽为居住建筑，却蕴含着深刻的文化内涵，是中华传统文化的载体。四合院的营建是极讲究风水的，从择地、定位到确定每幢建筑的具体尺度，都要按风水理论来进行。风水学说，实际是中国古代的建筑环境学，是中国传统建筑理论的重要组成部分，这种风水理论，千百年来一直指导着中国古代的营造活动。除去风水学说外，四合院的装修、雕饰、彩绘也处处体现着民俗民风和传统文化，表现一定历史条件下人们对幸福、美好、富裕、吉祥的追求。如以蝙蝠、寿字组成的图案，寓意"福寿双全"，以花瓶内安插月季花的图案寓意"四季平安"，而嵌于门管、门头上的吉辞祥语，附在檐柱上的抱柱楹联，以及悬挂在室内的书画佳作，更是集贤哲之古训，采古今之名句，或颂山川之美，或铭处世之学，或咏鸿鹄之志，风雅备至，充满浓郁的文化气息，登斯庭院，有如步入一座中国传统文化的殿堂。旧时的北京，除了紫禁城、皇家苑囿，寺观庙坛及王府衙署外，大量的建筑，便是那数不清的百姓住宅。

为什么叫"四合院"呢？因为这种民居有正房（北房）、倒座（南座）、东厢房和西厢房四座房屋在四面围合，形成一个口字形，里面是一个中心庭院，所以这种院落式民居被称为四合院。

  北京四合院的中心庭院从平面上看基本为一个正方形，东、西、南、北四个方向的房屋各自独立，东西厢房与正房、倒座的建筑本身并不连接，而且正房、厢房、倒座等所有房屋都为一层，没有楼房，连接这些房屋的只是转角处的游廊。这样，北京四合院从空中鸟瞰，就像是四座小盒子围合一个院落。而南方许多地区的四合院，四面的房屋多为楼房，而且在庭院的四个拐角处，房屋相连，东西、南北四面房屋并不独立存在了。所以南方人将庭院称为"天井"，可见江南庭院之小，有如一"井"，难免使人顾名思义，联想到"井底之蛙"、"坐井观天"的成语。北京四合院是名副其实的院，宽敞开阔，阳光充足，视野广大。四合院文化内涵丰富，全面体现了中国传统的居住观念。

第八章　中国古典园林游览与审美

中国古典园林是中国古建筑中的一支奇葩，是中国古建筑旅游资源的重要组成部分。中国古典园林既可独立成景，又可作为其他景区观赏点。中国古典园林中不仅包含了丰富的古建筑的精品，同时蕴含着极为丰盛的文化。

第一节　中国古典园林概述

一、中国古典园林发展的历史沿革

我国古典园林的建造到底开始于何时，至今尚无明确的定论。但从园林建筑的使用性质来分析，园林主要是供游憩、文化娱乐、起居的要求而兴建，而使用者则必须占有一定的物质财富和劳动力，才有可能建造供他们游憩享乐的园林。

原始社会时期，人类生产能力低下，改造自然、征服自然的能力有限，只有依靠群体的力量，才能获得较多生活资料，所以那个时期是谈不到造园活动的。据《礼记·札记》载："昔者先王未有宫室，冬则居营窟，夏则居橧巢。未有火化，食草木之实，鸟兽之肉，饮其血，茹其毛；未有麻丝，衣其羽皮。"

新石器时期，出现了典型的村落，如西安半坡村，锄耕农业和家畜饲养均已出现，出土的手制的形态和花纹都很精致的彩陶，表现出当时人类的工艺水平。但即使这样，人类也没有表现出对造园活动的追求。

夏朝，由于农业和手工业的发展，夏朝已出现了青铜器以及锛、凿、刀、锥、戈等工具，这些都为营造活动提供了技术上的条件。因此，在夏朝已经出现了宫殿建筑。

第八章 中国古典园林游览与审美

商代,历法、天文、雕刻艺术的发展,以及经济、文化等的进步为造园活动奠定了基础,从出土的甲骨文中,专家们识别出园、圃、囿等字,这些都足以引起人们商代造园活动的关注。在园、圃、囿三种形式中,囿具备了园林活动的内容,特别从商到了周代,就有周文王的"灵囿",据《孟子》记载:"文王之囿,方七十里"。其中养有兽、鱼、鸟等,不仅供游猎,同时也是周文王欣赏自然之美,满足他的审美享受的场所。因此,我国古典园林的最初形式是"囿"。

春秋战国时期的园林已有了组成的风景,既有土山又有池沼或台。自然山水园林已经萌芽,而且在园林中构亭营桥,种植花木,园林的组成要素都已具备,不再是简单的"囿"了。

秦汉时期,园林由囿发展到苑。秦始皇在渭水南营造的上林苑,规模十分宏伟,并且在终南山顶上建阙,这种可供远眺近览的阙,在当时来说,已算是一种高大的建筑物。山本静,水流则动。当时人们已经懂得了这其中的道理,把樊川的水引来作池,苑中还有涌泉、瀑布,以及种类繁多的动植物,规模相当壮观。

汉代,汉武帝在秦上林苑的基础上,相继扩大,苑中有宫,宫中有苑,在苑中分区养动物,栽培各地的名果奇树,多达三千余种。汉武帝曾仿云南滇池建造太液池,池中堆蓬莱、方丈、瀛州诸山,象征东海神山。

值得一提的是,在《西京杂记》上记载了我国最早出现的富商大贾的私家园林:"茂陵富人袁广汉藏镪巨富,家童八九百人,于北山下筑园,东西四里,南北五里,激流水注入其内,构石为山,高十余丈,连延数里。养白鹦鹉、紫鹦鹉、牦牛、青兕,奇禽怪兽,委积其间。积沙为洲屿,激水尾波澜,其中置江鸥海鹤……奇树异草,靡不具植。屋皆徘徊连属,重阁修廊。"这座史书上第一次记载的不属于苑囿范畴的民间园林,虽然后来被汉武帝没收,但是它说明了我国历史上属于私人的府邸园林,早在两千多年以前,就已经作为一支独立的园林系统开始出现。

三国至隋朝,人们深受没落、无为、遁世和追求享乐的思想的影响,宫苑建筑之风盛行;而且,当时的建筑技术和材料加工已经相当发达,建筑装饰色彩丰富,优美的纹样图案等等都为造冈活动提供了技术与艺术的条件。

魏晋南北朝时期是中国园林发展的转折点,佛教的传入及老庄哲学的流行,使园林转向崇尚自然;文学艺术对自然山水美的探求,也促进了园林艺术的转变;私家园林逐渐增加,并已经走向提炼、概括自然山水的新阶段。

三国魏晋时期,产生了许多擅长山水画的名手。在山水画的出现和发展的基础上,由画家所提供的构图、色彩、层次和美好的意境,往往成为造园艺术的借鉴,这时文人士大夫更是以玄谈隐世,寄情山水,以隐逸为其高尚;更有的文人画家以风雅自居。因此,该时期的造园活动,将所谓"诗情画意",也运用到园林艺术之中来了,为隋唐的山水园林艺术的发展打下了基础。在以园林优美闻名于世的苏州,据记载,在春秋、秦汉和三国时代,统治者已开始利用这里名山秀水的自然条件,兴建苑囿,寻欢作乐。东晋顾辟疆在苏州所建辟疆园,应当是这个时期江南最早的私家园林了。

南朝,梁武帝的"芳林苑","植嘉树珍果,穷极雕丽"。他广建佛寺,自己三次舍身同泰寺,以麻痹人民。随着佛教的传播,佛教寺院大量兴起,特别是大量"舍宫为寺"、"舍家为寺"后,园林被带进了宗教建筑之中。

北朝,在盛乐(今蒙古和林格尔县)建"鹿苑",引附近武川之水注入苑内,广九十里,成为历史上结合蒙古自然条件所建的重要园林。

隋炀帝时更是大建宫苑,所建离宫别馆四十余所。杨广所建的宫苑,更以洛阳最宏伟的西苑而著称,苑内有周长十余里的人工湖,湖中还有百余尺高的三座海上神山造景,山水之胜和极多的殿堂楼馆、动植物等。这种极尽豪华的园林艺术,在开池筑山、模仿自然、聚石引水、植林开涧等有若自然的造园手法,为以后的自然式造园活动打下了厚实的基础。

唐代,是继秦汉以后我国历史上的极盛时期。此时期的造园活动和所建宫苑的壮丽,比以前更有过之而无不及。如在长安建有宫苑结合的"南内苑"、"东内苑"、"芙蓉苑"及骊山的"华清宫"等。著名的"华清宫"至今仍保留有唐代园林艺术的风格,是极为珍贵的园林遗产。唐宋时期园林达到成熟阶段,皇室造园兴盛,写意山水园体现在自然美的技巧上取得很大的成就,如叠山、堆石、理水等。

在宋代,有著名的汴京"寿山艮岳"(今开封),周围十余里,规模大,景点多,其造园手法也比过去大有提高。

唐代，还出现了一批在特定日期向公众开放的园林——公共园林，至宋代这样的园林几乎遍及各地的城镇乡村，甚至出现了公共绿地供人们平时游憩。至此，在我国就同时出现存在着苑囿、府宅园林、宗教祭祀园林和公共游豫园林四种形式。

明清时期，园林艺术进入精深发展阶段，无论是江南的私家园林，还是北方的帝王宫苑，在设计和建造上，都达到了高峰。现代保存下来的园林大多建于明清时代，这些园林充分表现了中国古代园林的独特风格和高超的造园艺术。明朝，在北京建有"西苑"等。清代更有占地8400多亩的热河"避暑山庄"，被时人称作万园之园的"圆明园"等。有了园林建造的专著《园冶》。《园冶》又名《夺天工》，是中国古代留存下来的唯一一部造园学专著，明末著名造园家计成撰。综上所述，如果把我国园林艺术三千年左右的历史划分阶段的话，大致可分为：

商朝——产生了园林的雏形"囿"；

秦汉——由囿发展到苑；

唐宋——由苑到园；

明清——是我国古典园林的极盛时期。

二、中国古典园林分类

（一）按占有者的身份划分，可分为：

1. 皇家园林

它是生产力发展到一定阶段并出现了阶级以后的产物，是由古代的"囿"、"苑囿"、"苑"发展起来的。其特点是规模宏大，真山真水较多，园中建筑富丽堂皇，建筑体形高大，其功能视帝王的需求而定。现存的皇家园林有：北京颐和园、河北承德避暑山庄等。

2. 府宅及私家园林

由于此类园林多建于城市，天然的造园环境受到了限制。其特点是，规模较小，所以常用假山假水，建筑小巧玲珑，表现淡雅肃静的色彩，现存的具有代表性的私家园林有：北京的恭王府，苏州的拙政园、留园、沧浪亭、狮子亭，扬州个园、何园，无锡的寄畅园，上海的豫园等。

3. 宗教园林

即宗教、祭祀园林。此类园林一般多选择在天然山林处，在布局上体现出庄严、肃穆、神秘的特点。

4. 公共游憩园林

此类园林往往坐落在景色优美的自然山水区，得天然之利，后经人工构筑，景色内容丰富，成为民众休闲娱乐的场所。

（二）按园林所处的地理位置划分，可分为：

1. 北方园林

北方园林主要以皇家园林为代表，总的表现出一种庄重、宁静之美。园林建筑稳重大方，色彩浓墨重彩，常与苍松翠柏为伍，构成一种壮美的和谐，展现出北国风光的博大崇高、磅礴气势，以及皇家园林的富丽与隆重。

2. 江南园林

因南方人口较密集，所以园林地域范围较小，又因河湖、园石、常绿树较多，所以园林景致较细腻精美，其特点是明媚秀丽、淡雅朴素、曲折幽深，但由于面积小，让人略感局促。

3. 岭南园林

其明显的特点是具有热带风光，建筑物都较高大而宽敞，融合了北方和南方园林的特点，同时吸收了国外造园艺术，典型的园林有广东顺德的清晖园、东莞的可园、番禺的余阴山房等。

三、中国古典园林的特点

园林是在一定空间，由山、水、动植物和建筑等共同组成的一个有机综合体。因此，园林是一种空间艺术，是自然美和人工美的高度统一。园林建筑风格及其艺术表现手法，受自然、历史、民族等因素的影响和制约。中国古代园林在取材、建筑布局、艺术创作等方面深受我国文学、艺术的影响。师法自然、融于自然、顺应自然、表现自然，体现"天人合一"是中国古典园林最具生命力的因素。中国古典园林的特色主要表现在以下几个方面：

（一）造园艺术，"师法自然"

中国园林的总体布局、组合合乎自然，每个山水景象要素的形象合乎自然规律。首先，中国古典园林的园景主要是模仿自然，即用人工的力量来建造自然的景色，达到"虽由人作，宛自天开"的艺术境界。所以，园林中除大量的建筑物外，还要凿池开山，栽花种树，用人工仿照自然山水风景，或利用古代山水画为蓝本，参以诗词的情调，构成许多如诗如画的景致。所以，中国古典园林是建筑、山池、园艺、绘画、雕刻以至诗文等多种艺术的综合体。中国古典园林的这一特点，主要是由中国园林的性质决定的。不论是封建帝王还是官僚地主，他们既贪图城市的优厚物质享受，又想不冒劳顿之苦寻求"山水林泉之乐"。因此，他们的造园，除了满足居住上的享乐需要外，更重要的是追求幽美的山林景色，以达到身居城市而仍可享受山林之趣的目的。

（二）分隔空间，融于自然

中国古典园林用种种办法来分隔空间，其中主要是用建筑来围蔽和分隔空间。分隔空间力求从视角上突破园林实体的有限空间的局限性，使之融于自然，表现自然。为此，必须处理好形与神、景与情、意与境、虚与实、动与静、因与借、真与假、有限与无限、有法与无法等种种关系。中国古典园林因受长期封建社会历史条件的限制，绝大部分是封闭的，即园林的四周都有围墙，景物藏于园内。而且，除少数皇家宫苑外，园林的面积一般都比较小。要在一个不大的范围内再现自然山水之美，最重要也是最困难的是突破空间的局限，使有限的空间表现出无限丰富的园景。在这方面，中国古典园林有很高的艺术成就，成为中国古典园林的精华所在。

一般来说，中国古典园林突破空间局限，创造丰富园景的最重要的手法，是采取曲折而自由的布局，用划分景区和空间以及"借景"的办法。所谓曲折而自由的布局，是同欧洲大陆一些国家的园林惯用的几何形图案的布局相对而言的。这种曲折而自由的布局，在面积较小的江南私家园林，表现得尤其突出。它们强调幽深曲折，所谓"景贵乎深，不曲不深"，讲的就是这种手法。例如，苏州多数园林的入口处，常用假山、小院、漏窗等作为屏障，适当阻隔游客的视线，使人们一进园门只是隐约地看到园景的一角，几经曲折才能见到园内山池亭阁的全貌。以布局紧凑、变化多端、有移步换景之妙为特点的苏州留园，在园门入口处就先用漏窗来强调园内的幽深曲折。至于园内的对景，也不像西方庭园的轴线对景方式，而是随着曲折的平面，移步换景，依次展开。有的则在走廊两侧墙上开若干个形状优美的窗孔和洞门，人们行经其间，它就像取景框一样，把园内的景物像一幅幅风景画那样映入优美的窗孔和洞门。至于划分景区和空间的手法，则是通过巧妙地利用山水、树木、花卉、建筑等，把全园划分为若干个景区，各个景区都有自己的特色，同时又着重突出能体现这一园林主要特色的重点景区。苏州最大的园林拙政园，全园包括中、西、东三个部分，其中中部是全园的精华所在。同时，水的面积约占全园五分之三，亭、榭、楼、阁，大半临水，造型轻盈活泼，并尽量四面透空，以便尽收江南水乡的自然景色。园内的空间处理，妙于利用山、池、树木、亭、榭，少用围墙。故园内空间处处沟通，互相穿插，形成丰富的层次。北京的颐和园，它的规模很大，全园面积约3.4平方公里，它可以分成许多个景区，其中有些景区还形成大园中包小园，如谐趣园。但在这许多景区中，昆明湖与万寿山则是它的精华所在。正是这些重点的景区构成了这些园林的主要特色。各个园林不论其大小，只要主要景区很有特色，即使其他方面略有欠缺，也仍可给人以深刻的印象。

（三）园林建筑，顺应自然

中国古典园林中的所有建筑，其形与神都与天空、地下自然环境吻合，同时又使园内各部分自然相接，体现天人合一的意境，并收到移步换景、渐入佳境、小中见大等观赏效果。中国古典园林特别善于利用具有浓厚的民族风格的各种建筑物，如亭、台、楼、阁、廊、榭、轩、舫、馆、桥等，配合自然的水、石、花、木等组成体现各种情趣的园景。以常见的亭、廊、桥为例，它们所构成的艺术形象和艺术境界都是独具匠心的。以亭为例，不仅造型非常丰富多彩，而且它在园林中间起着"点景"与"引景"的作用。如苏州西园的湖心亭、拙政园别有洞天的半亭、北京北海公园的五龙亭。园林中的廊，它在园林中既是引导游客游览的路线，又起着分割空间、组合景物的作用，典型的颐和园长廊，当人们漫步在北京颐和园的长廊之中，便可饱览昆明湖的美丽景色。苏州拙政园的水廊，则轻盈婉约，人行其上，宛如凌波漫步；苏州怡园的复廊，用花墙分隔，墙上的形式各异的漏窗（又称"花窗"或"花墙洞"），使园有界非界、似隔非隔、景中有景、小中见大，变化无穷，这种漏窗在江南古典园林中运用极广，这是古代建筑匠师们的一个杰出创造。本来比较单调枯燥的墙面，经过漏窗的装饰，不仅增添了丰富的变化，那一个个各不相同的漏窗图案在墙面上成为一幅幅精美的装饰纹样，而且通过巧妙地运用一个"漏"字，使园林景色更为生动、灵巧，增添了无穷的情趣。苏州的西园、狮子林的漏窗都充分地体现了这一特色。

至于中国园林中的桥，则更是以其丰富多彩的形式，在世界建筑艺术上大放异彩。最突出的例子是北京颐和园的十七孔桥、玉带桥。它们各以其生动别致的造型，把颐和园的景色装点得更加动人。此外，江苏扬州瘦西湖的五亭桥，苏州拙政园的廊桥则又是另一种风格，成为这些园林中最引人注目的园景之一。

（四）树木花卉，表现自然

中国古典园林对树木花卉的处理与安设，讲究表现自然。其形与神、意与境都重在表现自然。在花草、树木的选择过程中，造园者根据当地的地理环境条件、园主人的社会、经济地位、文化修养等因素综合考虑，再根据中国传统文化中对树木花卉寓意的理解及工匠们的技术水平等综合考虑，最后选择适宜的树木花卉。在中国的传统文化中，各种树木花草有各自不同的象征意义。

（五）创作自然，借景寓情

在中国古典园林中不时机械地模仿自然，被动地顺应自然，而是记录了自然美好的"形"、表现出自然气势的"神"、寄寓了园主人的"情"，做到浑然一体，宛如天开。

中国古典园林最终成为"模仿自然，高于自然"这样一种艺术形式，其形成和发展的根本原因，不能不提到三个最重要的意识形态方面的精神因素——崇拜自然思想、君子比德思想、神仙思想。中国人在漫长的历史过程中，很早就积累了种种与自然山水息息相关的精神财富，构成了"山水文化"的丰富内涵，在我国悠久的古代文化史中占有重要的地位。

我国古代把自然作为人生的思考对象（或称"哲学命题"），从理论上加以阐述和发展，是由春秋战国时期道家学派的创始人老子与集大成者庄子，在他们构建的哲学观念中提出来并完成的。老子从大地呈现在人们面前的鲜

明形象主要是山岳河川这个现实中,用自己对自然山水的认识去预测宇宙间的种种奥秘,去反观社会人生的纷繁现象,感悟出"人法地,地法天,天法道,道法自然"这一万物本源之理,认为"自然"是无所不在,永恒不灭的,提出了崇尚自然的哲学观。庄子进一步发挥了这一哲学观念,认为人只有顺应自然规律才能达到自己的目的,主张一切纯任自然,并得出"天地有大美而不言"的观念,即所谓"大巧若拙"、"大朴不雕",不露人工痕迹的天然美。老庄哲学的影响是非常深远的,几千年前就奠定了的自然山水观,后来成为中国人特有的观赏价值观和对美的追求目标。

君子比德思想是孔子哲学的重要内容。孔子进一步突破自然美学观念,提出"知者乐水,仁者乐山"这种"比德"的山水观,反映了儒家的道德感悟,实际上是引导人们通过对山水的真切体验,把山水比作一种精神,去反思"仁"、"智"这类社会品格的意蕴。孔子的哲学思想以"仁"为核心,注重内心的道德修养,不论对人还是对事都要恪守仁爱的美德。这种博爱思想几乎贯穿于孔子的哲学思想中。孔子又是一个对山水情有独钟的人,"登东山而小鲁,登泰山而小天下",高山巍巍培植了他博大的胸怀;"君子见大水必观焉",江河荡荡孕育了他高深的智慧。孔子由此把厚重不移的山当作他崇拜的"仁者"形象,用周流不滞的水引发他无限的哲理情思,触发他深沉的哲学感慨。有智慧的人通达事理,所以喜欢流动之水;有仁德的人安于义理,所以喜欢稳重之山。这种以山水来比喻人的仁德功绩的哲学思想对后世产生了无限深广的影响,深深浸透在中国传统文化之中。人们以山水来比喻君子德行,"高山流水"自然而然就成为品德高洁的象征和代名词。"人化自然"的哲理又导致了人们对山水的尊重,从而形成中国特有的山水文化。这种山水文化,不论是积极的还是消极的,都无不带有"道德比附"这类精神体验和品质表现,特别是在文学、诗词、绘画、园林等艺术中表现得尤为突出。在园林史的发展中,从一开始便重视筑山和理水,是中国园林发展中不可或缺的要素。

神仙思想由来已久,大约在仰韶文化时代(约公元前5000年至公元前3000年),先民从万物有灵观念中生发出山水崇拜,并引发出原始宗教意识和活动的重要内容。在古人的想象中,那些不受现实约束的"超人",飘忽于太空，栖息于高山，卧游于深潭，自由自在，神通广大。他们把自然界种种人力不能及的现象，归属于神灵的主宰，并创造出众多的山水之神，还虚构出种种神仙境界。随着神仙思想的产生和流传，人们从崇拜、敬畏到追求，神仙思想渗透到社会生活的方方面面。在我国的文献中，关于山川之神的记载，远比其他自然神要多，有关的活动也更早。在造园活动中，也时常出现以蓬莱、方丈、瀛洲东海三仙岛为蓝本的山水景观，或表现园主的避世心态，或表现园主的求仙思想，或表现园主的飘飘欲仙的人生理想。

四、中国古典园林审美的主要对象

中国古典园林通过一些基本的景物要素组成，表现"天人合一"，达到自然美与人工美的高度统一。中国古典园林的建造，从其综合功能上看，要达到三个境界：生活的场所、休闲娱乐的空间、体现文化思想意识的载体。

要达到上述三个功能，综合分析中国古典园林的组成要素，最主要的包括以下六个方面：

（一）筑山与叠石

在园林中，常常用简单的土堆或石峰作象征，以表达人们对山林的向往。为表现自然，筑山是造园的最主要的因素之一。西汉的上林苑，用太液池所挖土堆成岛，象征东海神山，开创了人为造山的先例。东汉梁冀模仿伊洛二峡，在园中累土构石为山，开拓了从对神仙世界向往，转向对自然山水的模仿，标志着造园艺术以现实生活作为创作起点。

魏晋南北朝的文人雅士们，采用概括、提炼手法，所造山的真实尺度大大缩小，力求体现自然山峦的形态和神韵。这种写意式的叠山，比自然主义模仿大大前进一步。唐宋以后，由于山水诗、山水画的发展，玩赏艺术的发展，对叠山艺术更为讲究。《园冶》的"掇山"一节中，列举了园山、厅山、楼山、阁山、书房山、池山、内室山、峭壁山、山石池、金鱼缸、峰、峦、岩、洞、涧、曲水、瀑布等17种形式，总结了明代的造山技术。清代造山技术更为发展和普及。清代造园家，创造了穹形洞壑的叠砌方法，用大小石钩带砌成拱形，顶壁一气，酷似天然峭壑，乃至于可比喀斯特溶洞，叠山倒垂

的钟乳石，比明代以条石封合收顶的叠法合理得多、高明得多。现存的苏州拙政园、常熟的燕园、上海的豫园，都是明清时代园林造山的佳作。

在筑山过程中，叠石是很有讲究的。石景即可独立成景，又可作为配景而存在，同时在构景中还能起到抑、隔、障、透、漏的作用，因此中国古代在叠石过程中，对叠石材料的选择是很有讲究的。江南园林叠石首选太湖石，选石的标准是"瘦、透、漏、皱、活"，石头要充满灵性，能代表造园者和园主人的情感寄寓。

总之，筑山是借山稳重的性格，创造出自然的美，叠石是以其自身的形态、纹理及石与周围环境的和谐统一，显示和谐美。

（二）理池

水是园林艺术中的灵魂，水能引起游园者的遐想。植物是造山理池不可缺少的因素，植物的生长离不开水。水是自然界的重要要素，因此表现自然，理池也是造园最主要因素之一。不论在哪一种类型的园林中，水都是最富有生气的因素，无水不活。

园林理水分为静水和动水。自然式园林以表现静态的水景为主，以表现水面平静如镜或烟波浩渺的寂静深远的境界取胜。人们或观赏山水景物在水中的倒影，或观赏水中怡然自得的游鱼，或观赏水中芙蓉睡莲，或观赏水中皎洁的明月……自然式园林也表现水的动态美，但不是喷泉和规则式的台阶瀑布，而是自然式的瀑布。池中有自然的矶头、矶口，以表现经人工美化的自然，因此，园林一定要理池引水。古代园林理水之法，一般有三种：

1. 掩

以建筑和绿化，将曲折的池岸加以掩映。临水建筑，除主要厅堂前的平台，为突出建筑的地位，不论亭、廊、阁、榭，皆前部架空挑出水上，水犹似自其下流出，用以打破岸边的视线局限；或临水布蒲苇岸、杂木迷离，造成池水无边的视角印象。

2. 隔

或筑堤横断于水面，或隔水净廊可渡，或架曲折的石板小桥，或涉水点以步石，正如计成在《园冶》中所说，"疏水若为无尽，断处通桥"。如此则可增加景深和空间层次，使水面有幽深之感。

3. 破

水面很小时，如曲溪绝涧、清泉小池，可用乱石为岸、怪石纵横、犬牙交错，并植配以细竹野藤、朱鱼翠藻，那么虽是一洼水池，也令人似有深邃山野风致的审美感觉。

（三）植物

植物是造山理池不可缺少的因素。花木犹如山峦之发，水景如果离开花木也没有美感。自然式园林着意表现自然美，对花木的选择标准：

一讲姿美，树冠的形态、树枝的疏密曲直、树皮的质感、树叶的形状，都追求自然优美；

二讲色美，树叶、树干、花都要求有各种自然的色彩美，如红色的枫叶、青翠的竹叶、白皮松、斑驳的粮榆、白色广玉兰、紫色的紫薇等；

三讲味香，要求自然淡雅和清幽。最好四季常有绿，月月有花香，其中尤以腊梅最为淡雅、兰花最为清幽。花木对园林山石景观起衬托作用，又往往和园主追求的精神境界有关。如竹子象征人品清逸和气节高尚，松柏象征坚强和长寿，莲花象征洁净无暇，兰花象征幽居隐士，玉兰、牡丹、桂花象征荣华富贵，石榴象征多子多孙，紫薇象征高官厚禄等。

古树名木对创造园林气氛非常重要。古木繁花，可形成古朴幽深的意境。所以如果建筑物与古树名木矛盾时，宁可挪动建筑以保住大树。构建房屋容易，百年成树艰难。除花木外，草皮也十分重要，平坦或起伏或曲折的草皮，也令人陶醉于向往中的自然。

运用乔灌木、藤木、花卉及草皮和地被植物等材料，通过设计、选材、配置，发挥其不同功能，形成多样景观，是我国古典园林的重要表现手法。

"有名同而无佳卉，犹金屋之鲜丽人。"（《花镜》）康熙和乾隆对承德避暑山庄72景的命名中，以树木花卉为风景主题的，就有万壑松风、松鹤清趣、梨花伴月、曲水荷香、清渚临境、莆田丛樾、松鹤斋、冷函亭、采菱渡、观莲所、万树同、嘉树轩和临芳墅等18处之多。这些题景，使有色、有香、有形的景色画面增添了有声、有名、有时的意义，能催人联想起更丰富的"情"和"意"。诗情画意与造园的直接结合，正反映了我国古代造园艺术的高超，大大提高了景色画面的表现力和感染力。在园林风景布局方面，有的

突出枫树，溢彩流丹；有的突出梨树，轻纱素裹；有的突出古松，峰峦滴翠；湖岸边植垂柳，婀娜多姿。利用花色、叶色的变化、花型、叶状各异，四时有景。

古典园林种植花木，常置于人们视线集中的地方，以创造多种环境气氛。古人造园植木，善寓意造景，选用花木常与比拟、寓意联系在一起，如松的苍劲、竹的潇洒、海棠的娇艳、杨柳的多姿、腊梅的傲雪、芍药的尊贵、牡丹的富华、莲荷的如意、兰草的典雅等。善于利用植物的形态和季相变化，表达人的一定的思想感情或形容某一意境，如"岁寒而知松柏之后凋"，表示坚贞不渝；"留得残荷听雨声"、"夜雨芭蕉"，表示宁静的气氛；海棠，为棠棣之华，象征兄弟和睦之意；枇杷是"树繁碧玉叶，柯叠黄金丸"；石榴花则使人联想"万绿丛中红一点，动人春色不宜多"。树木的选用也有其规律，"庭园中无松，是无意画龙而不点睛也。"南方杉木栽植房前屋后，"门前杉径深，屋后杉色奇"。利用树木本身特色槐荫当庭、院广梧桐，梧桐皮青如翠，叶缺如花，妍雅华净，赏心悦目。

（四）动物

园林中动物可以观赏娱乐，可以隐喻，也可借以扩大和涤化自然境界，令人通过视觉、听觉产生联想。古典园林中的"囿"，就是畜养了大量可供帝王狩猎用的动物。在早期的园林中，动物的类型多样，到了后期，特别是普通的私家园林，由于主要建筑于城市中，面积和环境的限制，不可能再圈养大量的动物，动物成为体现"生境"增加活力的一个因素。园林中主要以体量小、体型美、声音动听、色彩艳丽的动物为主，例如鹦鹉、金鱼、八哥、梅花鹿、仙鹤等。这些动物既能使园林焕发生机，增添活力，同时又可寄托园主人的情感。

（五）建筑

园林中建筑有十分重要的作用，它可以满足人们生活享受和观赏风景的愿望，是古典园林功能"生境"的主要承担者。

中国古典园林中的建筑形式多样，有堂、厅、楼、阁、馆、轩、斋、榭、舫、亭、廊、桥、墙等，配以匾额、楹联与石刻，不仅能够陶冶情操，抒发胸臆，也能够起到点景的作用，为园中景点增加诗意，提升品位。

第八章
中国古典园林游览与审美

古典园林都采用古典式建筑。古典建筑斗栱梭柱、飞檐起翘，具有庄严雄伟、舒展大方的特色。它不只以形体美为游人所欣赏，还与山水林木相配合，共同形成古典园林风格。

园林建筑物常作景点处理，既是景观，又可以用来观景。因此，除去使用功能，还有美学方面的要求。楼台亭阁轩馆斋榭，经过建筑师巧妙的构思，运用设计手法和技术处理，把功能、结构、艺术统一于一体，成为古朴典雅的建筑艺术品。它的魅力，来自体量、外型、色彩、质感等因素，加之室内布置陈设的古色古香，外部环境的和谐统一，更加强了建筑美的艺术效果，美的建筑，美的陈设，美的环境，彼此依托而构成佳景。正如明人文震亨所说："要须门庭雅洁，室庐清靓，亭台具旷士之怀，斋阁有幽人之致，又当种佳木怪箨，陈金石图书，令居之者忘老，寓之者忘归，游之者忘倦。"

园林建筑不像宫殿庙宇那般庄严肃穆，而是采用小体量分散布景。特别是私家庭园里的建筑，更是形式活泼，装饰性强，因地而置，因景而成。在总体布局上，皇家园林为了体现封建帝王的威严和美学上的对称、均衡艺术效果，都是采用中轴线布局，主次分明、高低错落、疏朗有致。私家园林往往是突破严格的中轴线格局，比较灵活，富有变化。通过对比、呼应、映衬、虚实等一系列艺术手法，造成充满节奏和韵律的园林空间，居中可观景，观之能入画。当然，所谓自由布局，并非不讲章法，只是与严谨的中轴线格局比较而言。主厅常是园主人宴聚宾客的地方，是全园的活动中心，也是全园的主要建筑，都是建在地位突出、景色秀丽、足以影响全园的紧要处所。厅前凿池，隔池堆山作为对观景，左右曲廊回环，大小院落穿插渗透，构成一个完整的艺术空间。苏州拙政园中园部分，就是这样一个格局，以"远香堂"为主体建筑，布置了一个明媚、幽雅的江南水乡景色。

古典园林里通常都是一个主体建筑，附以一个或几个副体建筑，中间用廊连接，形成一个建筑组合体。这种手法，能够突出主体建筑，强化主建筑的艺术感染力，还有助于形成景观，其使用功用和欣赏价值兼而有之。

常见的建筑物有殿、阁、楼、厅、堂、馆、轩、斋，它们都可以作为主体建筑布置。宫殿建在皇家园林里，供帝王园居时使用。它气势巍峨，金碧辉煌，在古典建筑中最具有代表性。为了适应园苑的宁静、幽雅气氛，园苑

里的建筑结构要比皇城宫廷简洁,平面布置也比较灵活。但是,仍不失其豪华气势。

园林中建筑有十分重要的作用。它可满足人们生活享受和观赏风景的愿望。中国自然式园林,其建筑一方面要可行、可观,另一方面起着点景、隔景的作用,使园林移步换景、渐入佳境,以小见大,又使园林显得自然、淡居、可游、一泊、恬静、含蓄。这是与西方园林建筑不同之处。

中国自然式园林中的建筑形式多样,有堂、厅、楼、阁、馆、轩、斋、榭、舫、亭、廊、桥、墙等。

厅:是满足会客、宴请、观赏花木或欣赏小型表演的建筑,它在古代园林宅第中发挥公共建筑的功能。它不仅要求较大的空间,以便容纳众多的宾客,还要求门窗装饰考究,建筑总体造型典雅、端庄,厅前广植花木,叠石为山。一般的厅都是前后开窗设门,但也有四面开门窗的四面厅。

堂:是居住建筑中对正房的称呼,一般是一家之长的居住地,也可作为家庭举行庆典的场所。堂多位于建筑群中的中轴线上,体型严整,装修瑰丽。室内常用隔扇、落地罩、博古架进行空间分割。

楼:是两重以上的屋,故有"重层曰楼"之说。楼的位置在明代大多位于厅堂之后,在园林中一般用作卧室、书房或用来观赏风景。由于楼高,也常常成为园中的一景,尤其在临水背山的情况下更是如此。

阁:与楼近似,但较小巧。平面为方形或多边形,多为两层的建筑,四面开窗。一般用来藏书、观景,也用来供奉巨型佛像。

榭:多借周围景色构成,一般都是在水边筑平台,平台周围有矮栏杆,屋顶通常用卷棚歇山式,檐角低平,显得十分简洁大方。榭的功用以观赏为主,又可作休息的场所。

舫:园林建筑中舫的概念,是从画舫那里来的。舫不能移,只供人游赏、饮宴及观景、点景。舫与船的构造相似,分头、中、尾三部分。船头有眺台,作赏景之用;中间是下沉式,两侧有长窗,供休息和宴客之用;尾部有楼梯,分作两层,下实上虚。

廊:是一种"虚"的建筑形式,由两排列柱顶着一个不太厚实的屋顶,其作用是把园内各单体建筑连在一起。廊一边通透,利用列柱、横楣构成一

个取景框架,形成一个过渡的空间,造型别致曲折、高低错落。廊的类型可分为双面空间、单面空间、复廊和双层廊等等,从平面来看,又可分为直廊、曲廊和回廊。

亭:体积小巧,造型别致,可建于园林的任何地方,其主要用途是供人休息、避雨。亭子的结构简单,其柱间通透开辟,柱身下设半墙。从亭的平面来看,可分为正多边形亭、长方形和近长方形亭、圆亭和近圆亭、组合式亭等等,从立体构形来说,又可分为单檐、重檐和三重檐等类型。

塔:是重要的佛教建筑。在园林中往往是构图中心和借景对象。

桥:在园林中不仅供交通运输之用,还有点饰环境和借景障景的作用。

墙:园林的围墙,用于围合及分隔空间,有外墙、内墙之分。墙的造型丰富多彩,常见的有粉墙和云墙。粉墙外饰白灰以砖瓦压顶。云墙呈波浪形,以瓦压饰。墙上常设漏窗,窗景多姿,墙头、墙壁也常有装饰。

(六)楹联、匾额及书画

楹联、匾额及书画是体现中国古典园林"意境"的主要手段,也是东西方园林的显著区别所在。中国古典园林的特点,是在幽静典雅当中显出物华文茂。"无文景不意,有景景不情",书画墨迹在造园中有润饰景色、揭示意境的作用。园中必须有书画墨迹并作出恰到好处的运用,才能"寸山多致,片石生情",从而把以山水、建筑、树木花草构成的景物形象,升华到更高的艺术境界。书画墨迹在园中的主要运用形式有题景、匾额、楹联、题刻、碑记、字画。

匾额是指悬置于门振之上的题字牌,楹联是指门两侧柱上的竖牌,刻石指山石上的题诗刻字。园林中的匾额、楹联及刻石的内容,多数是直接引用前人已有的现成诗句,或略作变通。如苏州拙政园的浮翠阁引自苏东坡诗中的"三峰已过天浮翠"。还有一些是即兴创作的。另外还有一些园景题名出自名家之手。不论是匾额楹联还是刻石,不仅能够陶冶情操,抒发胸臆,也能够起到点景的作用,为园中景点增加诗意,拓宽意境。

书画,主要是用在厅馆布置。厅堂里张挂几张书画,自有一股清逸高雅、书郁墨香的气氛。而且笔情墨趣与园中景色浑然交融,使造园艺术更加典雅完美。

五、造景方法赏析

（一）抑景

中国传统艺术历来讲究含蓄，所以园林造景也绝不会让人一走进门口就看到最好的景色，最好的景色往往藏在后面，这叫做"先藏后露"、"欲扬先抑"、"山重水复疑无路，柳暗花明又一村"，采取抑景的办法，才能使园林显得有艺术魅力。如园林入口处常迎门挡以假山，这种处理叫做山抑。"欲扬先抑"的创作方法同样是中国传统审美观念中"含蓄"之美的一种表现。

（二）添景

当风景点在远方，或自然的山，或人文的塔，如没有其他景物在中间，或近处作过渡，就显得虚空而没有层次。如果在中间或近处有乔木、花卉、或建筑小品等作中间、近处的过渡景，景色显得有层次美，这中间的乔木和近处的花卉等景物的造境功能，便叫做添景。如当人们站在北京颐和园昆明湖南岸的垂柳下观赏万寿山远景时，万寿山因为有倒挂的柳丝作为装饰而生动起来。

（三）对景

在园林中，或登上亭、台、楼、阁、榭，可观赏堂、山、桥、树木……或在堂、桥、廊等处可观赏亭、台、楼、阁、榭，这种从甲观赏点观赏乙观赏点，从乙观赏点观赏甲观赏点的方法（或构景方法），叫对景。造园家有时或把"景"置于视线的端点，以获得庄严、雄伟的效果；有时又把两"景"自由互对，使游者彼此成为画面景物。

（四）夹景

一个风景点在远方，或是自然的山、或是人文的建筑等，他们本身都具有审美价值，但如果实现两侧大而无挡，就显得单调乏味，而且会显得杂乱无章，降低了主景的审美效果。如果两侧用不醒目的建筑物或树木花卉遮蔽起来，就能把游人的视线引向远方的那个风景点，突出主景，这种构景手法即为夹景。夹景是运用透视、轴线突出对景的艺术手法。如在颐和园后山的苏州河中划船，远方的苏州桥主景，为两岸起伏的土山和美丽的林带所夹峙，构成了明媚动人的景色。

（五）框景

园林中建筑的门、窗、洞或乔木树枝抱合成的"框"，往往把远处的山水美景或人文景观包含其中，这便是框景。框景使散漫的景色集中。诗人杜甫的诗句"窗含西岭千秋雪，门泊东吴万里船"，讲的就是框景的效果。

（六）借景

"采菊东篱下，悠然见南山"，南山是借景。"巧于因借"，为中国造园家的"座右铭"。明代造园大师计成曰："夫借景，园林之最要者也"，说明了借景的重要性。中国园林中，大至皇家园林，小至私家园林，空间都是有限的。在横向或纵向上让游人扩展视角和联想，才可以小见大，最重要的办法便是借景。借景是中国古典园林突破空间局限、丰富园景的一种传统艺术手法。它是把园林以外或近或远的风景巧妙地引"借"到园林中来，成为园景的一部分。这种手法在我国古典园林中运用得非常普遍，而且具有很高的成就。

现存苏州古典园林中建园历史最早的沧浪亭，它的重要特色之一便是善于借景。因为园门外有一泓清水绕园而过，该园就在这一面不建界墙，而以有漏窗的复廊对外，巧妙地把河水之景"借"入园内。再如北京的颐和园，为了"借"附近玉泉山和较远的西山的景，除了在名为"湖山真意"处充分发挥借景手法的艺术效果外，在其他方面也作了精心的设计。如颐和园的西堤一带，除了用六座形式不同的桥点景外，没有高大的建筑屏挡视线。昆明湖的南北长度也正适合将园内看得见的西山群峰全部倒映湖中。同时，两堤的桃柳，恰到好处地遮挡了围墙，园内园外的界限无形之中消失了。西山的峰峦、两堤的烟柳、玉泉山的塔影，都自然地结合成一体，成为园中的景色，园的空间范围无形中扩大了，景物也更加丰富了。呈现在人们眼前的是一幅以万寿山佛香阁为近景、两堤和玉泉山为中景、西山群峰为远景的锦绣湖山诗境画卷。中国古典园林的这种借景手法，在《园冶》一书中，总结为五种方法，即"远借、邻借、仰借、俯借、应时而借"。上面提到的一些实例，主要属于借园外之景，是"远借"。所谓"邻借、仰借、俯借、应时而借"，主要是指园林之内的借景。所谓"邻借"是指园内距离不远的景物，彼此对景，互相衬托，互相呼应。如颐和园中"知春亭"附近的亭、桥、柳、石等互相

邻借，显得协调而优美。"仰借"一般是指园林中的碧空白云或明月繁星等天象。而仰望山峰、瀑布、苍松劲柏、宏伟壮丽的建筑也可称为仰借。如进入北京北海公园的正门，抬头即可仰望出类独秀的白塔；"俯借"则是指如凭栏望湖光倒影、临轩观池鱼游跃等；"应时而借"是指善于利用一年四季或一月之间不同的时辰景色的变化——如春天的花草、夏日的树阴、秋天的红叶、冬天的雪景、早晨的朝霞旭日、傍晚的夕阳余晖，都可应时而借。如苏州的以精巧幽深见长的网师园，园中的重要景区"殿春簃"就是根据宋人芍药诗里的两句"多谢化工怜寂寞，尚留芍药殿春风"，借春末的芍药花来造景的。

（七）漏景

园林的围墙上，或走廊（单廊或复廊）一侧或两侧的墙上，常常设以漏窗，或雕以带有民族特色的各种几何图形，或雕以民间喜闻乐见的葡萄、石榴、老梅、修竹等植物，或雕以鹿、鹤、兔等动物，透过漏窗的窗隙，可见园外或院外的美景，这叫做漏景。"春色满园关不住，一枝红杏出墙来"。一枝红杏即属"漏景"。

（八）移景

就是在条件适合的情况下，把其他园林中的景致，仿造到自己的园林中，称为移景。例如在很多的园林、公园中都建有仿西湖"三潭印月"的景致。

（九）分景

古代造园师们用花木的掩映、地形的起伏、廊垣水体的分隔，把咫尺园林"化整为零"，造成"园中有园"、"景中有景"的造景方法。分景的方法有隔有障，其主要目的就是分割空间，使游客游览一座小园林却有历尽万水千山般的感觉。

在具体的园林造景中，还有障景，即利用山石、树木或建筑等遮挡住一些不愿为外人看到的物件，使园林之美趋于完美；隔景即分割空间的一中造园方法，是有限的园林空间显示小中见大、大中见小，扩大了园林的空间范围……中国古典园林的造园方法多样，而且能根据具体的条件创新发展。

六、构景手段与章法审美

(一) 园林造园的基本原则

1. 天人同构

天,自然之道;人,目的所求。天人同构,成为创造园林的哲学思想及其造园的基本原则。具体说,即人类的造园活动,必须按照自然规律,使得造园作品中各物体比例恰当,均衡稳定,成为和谐的统一体,创造出生态平衡、赏心悦目的环境,满足人类的需要。在评价一个园林时,标准主要包括:和谐的统一性、比例的协调性、均衡的稳定性。自然界是不以人的意志为转移的客观存在,它有着自身发展的内在规律;人类进行园林美的创造活动,总带着有利于自身的生存和发展的目的。只有将这种自然界的内在规律与人类创造园林的目的有机地结合起来,才能达到和谐统一,使园林具有美的特性。

2. 因地制宜

造园活动,从本质上说,是一种社会实践。人类在长期的实践活动中,清醒地认识到,自然规律只能被认识、被掌握,而不能随意改变。在改造自然、美化环境时必须遵循自然法则。地球表面呈现不同的地形、地貌状态,造园离不开地表基础,造园作品的布局构筑,要充分利用天然的地势地形,应该随地势、地形取景、造景,顺其自然,因地制宜。具体要求和评价标准:对比的支配性、组合联系的完整性、韵律节奏的流动性。

(二) 基本章法

在中国古典园林中,在构景的创作章法中首先要求创造一个生境,满足古代人们居家生活的需要;第二,创作画境,创作山水再现自然;第三,创作意境。

生境,园林首先是供人居住的场所,因此在其建造过程中首先要通过不同的手段和方法创造一个生活的环境。

画境,园林又不同于普通的民居,它还要具有供人休憩、娱乐的功能,这就要求园林能仿造自然之山水,为居者提供一个如画的境界。

意境,这是中国古典园林独有的功能要求,要求园林能体现园主人的地位、品位，同时反映造园者的意识与技术，体现出园主人和造园者的思想境界。

在人与自然的关系上，中国早在步入春秋战国时代，就进入亲和协调的阶段，所以在造园构景中运用多种手段来表现自然，以求渐入佳境、小中见大、步移景异的理想境界，以取得自然、淡薄、恬静、含蓄的艺术效果。

（三）具体要求——创作上做到五要五避：

在地域有限的空间里，要能再现自然山水空间之美，寓意曲折含蓄，供人探求和回味；避免全盘托出，一览无余；

人工斧凿的山石水池，要做到"宛自天开"和"巧夺天工"，避免矫揉造作和牵强附会；

各类建筑物的设置，要同周围景色环境有机地结合，避免夸奇斗胜或画蛇添足；

画面的安排，要有构图层次，突出重点，避免独花无叶或喧宾夺主；

景色的组织，要有统一的联系性，避免杂乱无章、短径绝路。

七、中国古典园林的西传

中国的园林艺术，曾于17世纪左右在欧洲刮起"中国热"的旋风，当时在欧洲各国建造了不少中国风格的园林和建筑。1980年后，中国建筑的精华之一的造园艺术再次被介绍到西方世界。不同时期的两次"中国热"成为中西建筑文化交流史上的一段佳话。

17~18世纪在欧洲文化史上兴起了一股中国风。当时中国的瓷器、壁纸、刺绣、服装、家具、建筑等风靡了以英国和法国为代表的欧洲国家。其中特别重要的是中国的园林，它深刻影响了欧洲的造园艺术，使之发生了巨大的变化。中国园林艺术受到欧洲人的关注和喜爱，他们也开始了创作的实践。短短几十年间，欧洲大陆上兴建了不少中国式园林。这个时期可以看作是中国园林艺术对西方世界的第一轮冲击波。18世纪欧洲的中国园林，在很大程度上融合了中国园林和西方园林的特色。由于部分花园是从古典式改建而来，还在局部保留了古典主义的手法，东西合璧的做法比较多见。总的来说，这时的欧洲中国园林，多数是在局部模仿，手法比较简单。自然风致园相对中

国传统园林而言，处理过于粗糙，类似荒野的景色，缺乏中国园林的精心布置。图画式园林在此基础上增加了一些中国建筑，不过模仿得不太地道。

1980年，纽约大都会博物馆在介绍中国传统绘画的同时介绍中国园林，陈从周先生推荐具有明式典型的网狮园殿春簃移植到博物馆陈列，取名"明轩"，既作为陈列品介绍苏州园林的成就，又作为休息厅供观众驻足观赏。这样，第一次在海外由中国人建造了一座完整的中国传统园林。其后，随着国际交流的不断增多，中国园林频繁出现在世界舞台上。至2000年，我国已设计并在国外建成园林五十多处，分布在五大洲的二十多个国家，在欧美也有数十件作品。这可以算作是中国园林对西方世界的第二次冲击。

第二次西传的中国园林，一般都能抓住中国园林的某种特点很好地加以表达。比如以中国典型的江南苏州古典园林为蓝本的美国纽约市明轩、加拿大温哥华市的逸园、加拿大蒙特利尔梦湖园，模仿北方皇家园林的英国利物浦市燕秀园，以岭南园林为蓝本的澳大利亚悉尼市谊园，表现云南园林特色的瑞士苏黎世市中国园，以楚地风格为基调的德国杜伊斯堡市郢趣园等等。这些园林或以山水为主，或突出建筑物，风格上有的倾向朴素淡雅，有的明快开阔，变化丰富，基本上反映出中国园林多姿多彩的面貌。

第二节　中国古典园林审美游览

一、中国古典园林审美

文学是用语言创造艺术形象，写景状物的；舞蹈演员用形体动作表现内心的感受；古典园林则通过"景语"状物抒情，遵循形象性的共同规律，经过漫长的发展阶段，把山水、建筑、树木花卉糅合在一起，以大自然的山川地貌为蓝本，运用丰富的想像力和创造才能，把技术和艺术结合在一起，创造出古朴、典雅、自然、清幽、意境深邃的中国式写意山水园林。中国古典园林总的风格是秀丽、恬淡，富有自然韵味。中国园林的美，可从以下几个方面分析其园林美内涵：

（一）山容水态之美

山水对园林风景的构成起决定性作用。中国古典园林主要依靠假山来创造苍劲浓郁的山野气氛。江南园林中，园园有石峰，峰峰有个性。石峰是自然砍削出来的天然雕塑品，形神俱美。石峰的评赏标准，人们用瘦、皱、透、漏、清、丑、顽、拙八个字概括。

水是园林艺术中活的灵魂。水的形姿、气势、声音都给人极强的美感。水在园林中的作用有两个：一是象征自然河湖溪涧之美，引发游人清澈、自如、宁静、柔和等感受；二是组织景观，利用其流动、灵活的特点，山、石、建筑、花木甚至清风、明月等气象因素联系为一个浑然整体，使人造园林有如自然天成。

（二）生机盎然的植物美

植物给园林风景涂上了一层绿色，使园林富有生机。树木花草给园林增添绚丽的色彩和美丽的形姿，丰富了园林景观和游览价值。花木散发的香气和产生的影响为园林增添了无形的美，深化了意境。树木花卉还具有寓意美，不同的植物给人不同的联想，蕴涵着树语、花语。

（三）多姿多彩的建筑美

园林建筑是人类建筑中的艺术精品，对游人有特殊的吸引力。园林建筑的功能包括：组织景物，深化意境，引导游览；给游人提供看景、游憩的方便。

（四）匠心独具的技巧美

中国园林有着成熟的造园技巧，这些技巧对创造园林美起到了重要作用。同时，造园技巧体现在园林的各个环节和园林景观的各个方面，十分丰富和高明。

二、中国古典园林游览和审美的途径与方法

园林再美，如果没有发现它的眼睛，没有欣赏与品鉴它的对象，那么其审美价值也不能充分表现出来。园林是一类很特殊的建筑，并非一般的庭院或住宅。中国园林就是小中见大，把外界大自然的景色引到游赏者面前，使游客从小空间进到大空间，突破有限，通向无限，从而对整个人生、历史、

宇宙产生一种富有哲理性的感受和领悟，引导游赏者达到园林艺术所追求的最高境界。

（一）静观漫游，情景交融

欣赏园林艺术如同品茶，需要沉气静心，慢慢品咂才能尝到其中的真味，神游于园林景象中而达到"物我同一"的境地。而园林中各个景区相互间往往通过漏窗、风洞、竹林、假山等保持一种若断若续的关系，相互成为借景，使游人在行进中感到景色时隐时现、时远时近、时俯时仰，不断变化，层层展开，收到步移景异的动观效果，在有限的范围里扩大了空间，延长了观赏的时间与内容，这样慢慢品味方有所得。尽管园林中的山水草木、花鸟鱼禽大同小异，游观者却因各自的身份、处境和心情有别，"会心"和寄情的内容也就大不一样。园林艺术欣赏就是对园林艺术形象和它所要表达的艺术意境进行感受、体验、领悟和理解，从而获得由浅入深、情景交融的审美把握的过程。

（二）以路为导，选择角度

游赏好的园林，便会感到画境中的一股文心，园林景色中的一山一水、一草一木、一亭一榭，似乎都经过仔细地推敲，就像做诗时对字的锤炼一样，使它们均妥帖地各就各位，有曲有直，有露有藏，彼此呼应成为一首动人的风景诗篇。园林艺术欣赏是一项边走边看的审美实践活动，线路的选择十分重要，而园林道路的特点是很少直道贯通，常常是曲径蛇行。如古典园林里的长廊，具有实用和观赏的双重价值，犹如优美的线条，曲折多变地在小小的空间里勾勒出奇妙多姿的图画，就像是一位高明的"导游"引着你走上一条巧妙的观景线路，一景又一景，一"村"又一"村"，尽情领略不同的风光。关于角度的选择，苏东坡在《题西林壁》诗中说得好："横看成岭侧成峰，远近高低各不同"。视角不同，观赏感受就不同。山水的静观和登涉使人有"天然图画"和"身入画中"的不同感受，而移步换景又能品赏出山水"无尽藏"的种种意趣。郭熙在画论中曾提出过一个"三远"的见解，他说从山下仰望山巅，有高远突兀之势；从山前临观山后，有深远重叠之意；从近山纵目远山，又有平远冲融缥缈之感。因此，选择最佳观赏位置，是获得最佳美感的重要方法。园艺家在造园设计时已充分考虑到这一点，其所建亭、

台、楼、阁、轩、榭等基本上都是游人最佳的视角位置，但这远远不够，许多美景的观赏视角还要靠游人根据自己的审美情趣来选择。

(三) 观景赏物，品评领略

中国园林艺术由于具有诗画的综合性、三维空间的形象性，其意境内涵的显现比其他艺术更为明晰。观赏物景，重在从观开始，深品细赏。园林艺术欣赏不能只停留在浅层次的"观"上，一定要总览和领悟其美形、美质和美的神韵。观景可以平心静气，赏景则须拨动情弦。中国古典园林就是通过综合运用各类艺术语言（空间组合、比例、尺度、色彩、质感、体型）造成鲜明的艺术形象，引起人们的共鸣和联想，构成意境。要激发自己对于景观美的底蕴的探求欲望，只有通过用心、动情、人理的深品细赏，才能层层深入地领悟到园林艺术的意蕴美。正如一个园庭内的拳石勺水，竟然能让人领略群山的巍峨和三江的浩瀚，确实难以思议。但这道出了其中的道理和奥妙，就是"以小观大"，通过具体细微的景物，去想象、去意会无比阔大的自然境界，从中获得一种无拘无束的超时空的精神享受。宋代的理学家则从园林的一草一木、一鸟一鱼的自然生态中，悟出了天人合一、观物达理的永恒韵律。正如严羽在《沧浪诗话》中所说："如空中之音，相中之色，水中之月，镜中之相，言有尽而意无穷。"

(四) 把握时机

所谓"良辰美景相得益彰"，在园林中游有一些景物在赏析时需要与时令配合，因季节气候、时间不同而达到不同的审美效应。典型的如"西湖十景"中的"平湖秋月"、"曲院风荷"、"断桥残雪"、"苏堤春晓"等。只有在审美过程中注意选择好时机，才能在最佳时机之间获得这个景观的最高审美价值，达到预期的游览效果。

(五) 在观赏游览中要充分发挥想象力

从一定意义上说，审美活动的实质就是想象力的活动。在园林的游览审美活动中，仅凭人们的各种感官去感受，是很难领略到园林美的深层次价值的。游览赏析园林，要用心，用想象去观赏，才能真正体会到园林美的真谛。在游览过程的想象中，可按照对比、接近、相似等联想规律，产生新的艺术形象。园林艺术的审美，是自然空间（境）与历史空间（意）的巧妙融合。

（六）多样化的审美内容

在具体游览审美中，应注意发现园林的古朴典雅、自然天成的悠然意境；品味园林多样化的造园风格；了解其深邃隽永的象征意义。

1. 外观结构鉴赏

有人说园林是"凝固的音乐"、"有形的诗"、"有声的画"、"五维的空间"……园林虽然种类繁多，风格迥异，但有一点是共同的，即它们都能带给我们美的享受，都能带来欣喜。园林艺术首先是以其外在的形式美冲击游人的视觉感官，引起人们的审美愉悦。具体表现为：

（1）轮廓美。园林的轮廓美最能体现艺术个性，所以也最具艺术魅力。就造园来说，要求把最大的境界容入最小的空间；而就赏园来说，则应作反向运行，即要通过有限的空间去感受无限的境界。园林景观在轮廓造型上非常重视美观的要求，从而增加园林景观的画面美。建筑的体量、体态都应与园林景观协调统一，表现出园林的特色、环境的特色、地方的特色。游罢一座园林，给我们留下了总体印象的往往是一种轮廓。像大型皇家园林颐和园，它的轮廓美突出表现在以昆明湖作映衬的万寿山佛香阁上，这是颐和园的主题风景线，视野开阔，气势恢弘，清新明快，又富有曲折变化。而私家园林总体上则追求平和、宁静的气氛，建筑不求华丽，环境色彩清淡雅致，力求创造一种与喧哗的城市隔绝的世外桃源。

（2）形态美。园林形态是一种民族文化的体现，它是在一定的范围内，根据自然、艺术和技术规律，主要由地形地貌、山水泉石、动植物及建筑小品等要素组合并建造的环境优美、生态环境良好的空间境域。园林的形态美，一方面体现在园林要素的个体形态上，另一方面也体现在园林的总体布局上。南京的瞻园，我们就感到它是以山石的形态美取胜。园内北部的假山千姿百态，全用太湖石堆砌而成，是明代的遗物。假山石壁下石矶分为两层，有高有低，错落有致。西部假山蜿蜒如龙，起伏盘旋，另有一种美感。园内还藏有宋徽宗时花石纲的遗物——仙人峰和倚云峰。仙人峰石高丈余，有瘦、漏、皱、透、秀之奇；倚云峰酷似仙女抱婴斜依在云彩上，有婀娜娇妍之态。同样，苏州的拙政园，水面约占全园的3/5，根据小者聚之、大者散之的理水原理，池中以二岛将水一分为二，以见山楼、香洲、小沧浪等建筑间隔，使水

面分合有致,似断实连,虚实相间。中国园林的空间形态观与中国园林美一样,都是在自然空间形态基础上加以抽象化的产物。

(3) 色彩美。园林建筑使用的色彩,是根据园林的性质、规模以及地方特色而定。由于园艺家对园林要素色彩上的巧妙搭配,一座园林有一座园林的色彩的基调。色彩浓艳强烈是皇家园林的色彩风格。在皇家园林里多以黄、绿、蓝为主调,黄色是为帝王专用的尊贵之色,体现了皇权象征的特点;而蓝绿色调的彩绘加强了色调的冷暖对比,增加了色彩的立体感。如皇家园林颐和园以黄色琉璃瓦盖顶,配以雕梁画栋的长廊,色彩绚丽,雍容华贵,呈现出一片金碧辉煌的意境。而私家园林中就没有苑囿风景中那种艳丽夺目的色彩,建筑几乎都是清一色的灰瓦白墙,木装修也多深褐色,台基或用青砖,或用更为朴素大方的卵石、碎石、碎瓦等砌铺而成。此外,随着时序的变化、季节的更替、气候的不同,园林的色彩美又极富变化,让人尽情地欣赏,令人由衷地赞叹,使游人获得丰富的色彩美享受。

(4) 节奏美。园林中的节奏感使得园林空间充满了生机勃勃的动势,从而表现出园林艺术中生动的章法,表现出园林空间内在的自然秩序,反映了自然科学的内在合理性和自然美。园林艺术的节奏美主要是通过空间上的高低、远近、疏密、聚散,形质上的大小、粗细、软硬、轻重,色彩上的浓淡、深浅、明暗、冷暖等变化而表现出来的。而空间的生动的韵律与章法能赋予园林以生气与活跃感,同时又能吸引游赏者的注意力,表现出一定的情趣和速度感,并且可以创造出园林的远景、中景和近景,加深园林内涵的深度与广度。正因为造园家的精心设计、巧妙布局,综合运用借、聚、障、引、对、虚、实等多种手段,所以常常在非常有限的空间集中了众多各有特色的景观,令人目不暇接。扬州的寄啸山庄那精巧的楼廊磴道迂回曲折,层层叠叠,盘假山、抱池岸、连楼台、接亭阁,把东西两部分园景组织成一个整体,又划分成上下两个层次,转换成前后左右四个景面。循着楼廊磴道观赏园景,如同按五线谱演奏乐章。同一个园景,由于角度、层次的转换,总给人以步移景异、耳目一新的感觉,从而使我们深切地感受到园林多样化的空间艺术组织形式所造成的节奏美。

(5) 声景美。园林的山水景色除了有轮廓、形态、色彩、节奏可观赏外,

还有一种奇妙无比的天籁之音能助人雅兴。这就是必须用耳甚至用心去倾听才能体味其韵的"声景"。

历代园林中仿造自然而设的"声景",一般由泉流、松风、鸟啭、虫鸣等组成,它们或者借助水的流动,或者依赖木的繁茂,或者靠草的丛集,触机而发,自然天成,妙趣横生。如在园林中设立听泉的"声景"非常普遍。无锡惠山寄畅园有"八音涧",以涧流悦耳如八音齐奏而闻名。杭州南高峰附近有水乐洞,坐其中可以听到泉声琮琮如古琴悠扬;从烟霞岭西至龙井山南的九溪十八涧,也有"丁丁东东"与"重重叠叠山,曲曲环环路"及"高高下下树"相配。其次,听松风也是品赏园林"声景"的一个重要内容。古代园林多有松树,不少地方密集成林,蔚然壮观。风过处,枝叶攒动,此起彼伏,势如海涛,声似鸣弦,动人视听。以松涛出名的郊野园林,有西湖名胜"九里松涛";在以林木繁盛见称的苏州拙政园中也有"听松风处"一景,让人体会"生面别开处,清机忽满胸"的林泉高致。鸟啭虫鸣,更使园林充满了生机和情趣。春听鸟啭,秋闻虫鸣,因时序转换而各有韵味。

2. 内在意蕴鉴赏

园林艺术和其他艺术一样,都倾注着艺术家的思想情感,反映着艺术家的审美情趣和审美理想,同时还带有鲜明的民族风格和时代特色。这就使园林艺术不仅具有外在的形式美,而且具有内在的意蕴美。园林艺术内在的意蕴美主要体现在:

(1) 画意美。风景式园林都或多或少地具有"画意",都在一定程度上体现绘画的原则。中国画重在写意。可以说中国园林把对大自然的概括和对山水画的升华,以三维空间的形式复现到人们的现实生活中来。中国古典园林早在晋代就接受了中国画的写意特点。山水园林和山水画几乎是相伴而生,相伴而进,在构园技法上吸取中国绘画艺术的许多重要法度。中国画讲究"气韵生动",园林艺术也运用绘画的大写意手法,努力创造这种生动的气韵,以假山传真山的气势,以池水造湖海的神韵,以顽石显生命的灵气,以山水抒主人的性情。例如承德避暑山庄的万树园,康熙时期只是一片树林,没有安排建筑物,不免有些单调、呆板,缺乏灵动之气。乾隆时期在万树丛中造起一座13层的舍利塔,北倚蓝天,南控湖区,突破了万树园的横野平空,不仅使万树园的画面活跃起来，而且西与南山积雪亭、东与磬锤峰相辉映，使整个山状的天际风景线也变得更加生动。

由此可见，中国绘画与造园之间关系的密切程度。这种关系历经长久的发展而形成"以画如园，因画成景"的传统。画家画石，园艺人叠石，分别以透、瘦、皱、漏、清、丑、顽、拙为美，这就是追求蕴含其中的意味。透，有玲珑之态；瘦，有倔强风骨；皱，有绰约风姿；漏，有通达活力；而清者阴柔，顽者阳壮，丑者奇突，拙者浑朴，无不表现出独特的审美意蕴。园林艺术学习中国画的写意手法，叠石成像，不求形似，但求神似。乍看什么也不像，只是一堆乱石，但展开想像，慢慢细看，眼前的石头就会"活"起来，如虎踞，似鹤立，像马奔，若仙游。欣赏这种含蓄美、抽象美，有时会比欣赏形态逼真的雕塑制品更觉得有趣。所以，好的作品确实能够予人以置身画境、如游画中的感受。

（2）诗情美。诗情，不仅是把前人诗文的某些境界、场景在园林中以具体的形象复现出来，或者运用景名、匾额、楹联等文学手段对园景作直接的点题，而且还在于借鉴文学艺术的章法、手段规划设计类似文学艺术的结构。古人说："感物曰兴，兴者，情也。"由此看来，诗情也可以称作诗兴。就园林艺术的创作和欣赏来说，诗兴大发导致两种情况。其一：诗情化园林。诗人们歌咏山水，创作山水诗；人们歌咏山水诗，又创造了山水园林。陶渊明的山水诗描绘的那种恬静闲适、自然和谐的山林生活感染了历代的士大夫，于是以陶渊明的诗意造园几乎成为一种时尚。邹忠在系统考察苏州园林后就发现，陶渊明的山水诗对苏州园林的发展的影响就十分巨大和深远："其流风漾波，直至明、清时代。"诗情化的园林例子不限于苏州。广东番禺的馀荫山房是清代举人邹燕天于同治五年（公元1866年）所建，这座园林的主题就是体现园主人所题的"余地三弓红雨足，荫天一角绿云深"的诗联意境。其二：留诗园林，这又是古代文人的风流雅事。诗人因园林而开怀，园林因佳作而增色。现在一些园林中还有不少古人题诗的石刻或拓片陈列，如果留意诵读，一定获益匪浅。我们在谈到艺术欣赏时常常提到"迁想妙得"这个词，迁想，就是在观赏时发挥想象、联想、幻想；妙得，就是园林的诗情美撼动了你的心灵，激发了你的诗兴，使你在审美中有所领悟，有所收获，这就是园林诗情美的魅力。

（3）景名美。题写景名，在我国古代叫做"点景"，是园林艺术意蕴美的点睛之笔。每个园林建成后，园主总要邀集一些文人，根据园主的立意和园林的景象，给园林和建筑物命名，并配以匾额题词、楹联诗文及刻石。

园林中的匾额、楹联及刻石的内容多数是直接引用前人已有的现成诗句，或略作变通。如苏州拙政园的"浮翠阁"引自苏东坡诗中的"三峰已过天浮翠"。有一些是即兴创作的，还有一些园景题名则出自名家之手。不论是匾额、楹联还是刻石，不仅能够陶冶情操，抒发胸臆，也能够起到点景的作用，为园中景点增加诗意，拓宽意境。正如《红楼梦》中所说，"偌大景致，若干亭榭，无字标题，任是花柳山水，也断不能生色"。儒家学者向来讲究"微言大义"，好的景名要抓住园林整体景观的主题或某一个单元景观的特点，调动题名者的审美情思和才气，进行高度概括，以达到"状难写之景如在目前，含不尽之意见于言外"的艺术效果，令人品味不尽。所以，欣赏景名我们可以得到丰富的意蕴美享受。如苏州城南的沧浪亭，诗人苏舜钦丢官流寓苏州，买下这块地，傍水筑亭，作为自己的别墅。他给此园起名为沧浪亭，是有感于《孟子》中"沧浪之水清兮，可以濯吾缨；沧浪之水浊兮，可以濯吾足"的寓意。水清，比喻政治清明；水浊，比喻政治腐败；缨是为官的标志，足是下野的象征。这首沧浪歌表达了儒生"在朝则经世济用，在野则洁身自好"的处世哲学，恰与苏舜钦当时的处境和情绪合拍。所以他题园为"沧浪亭"，自号为"沧浪翁"，闲居园内纵情山水，饮酒赋诗以抒不平。又如网师园，所谓的"网师"是渔父的别称，而渔父在中国古代文化中既有隐居山林的含义，又有高明政治家的含义，恰当地表现了园主造园的审美情趣和审美思想，并寄托了自己的人生观和宇宙观

3. 中国园林建筑艺术美体验

（1）飞动之美。中国古代工匠喜欢把生气勃勃的动物形象用到艺术上去。这比起希腊来，就很不同。希腊建筑上的雕刻，多半用植物叶子构成花纹图案。中国古代雕刻却用龙、虎、鸟、蛇这一类生动的动物形象，至于植物花纹，要到唐代以后才逐渐兴盛起来。在汉代，不但舞蹈、杂技等艺术十分发达，就是绘画、雕刻，也无一不呈现一种飞舞的状态。图案画常常用云彩、

雷纹和翻腾的龙构成,雕刻也常常是雄壮的动物,还要加上两个能飞的翅膀。充分反映了汉民族在当时的前进的活力。这种飞动之美,也成为中国古代建筑艺术的一个重要特点。

不但建筑内部的装饰,就是整个建筑形象,也着重表现一种动态,中国建筑特有的"飞檐",就是起这种作用。

(2)空间美。建筑和园林的艺术处理,是处理空间的艺术。老子就曾说:"凿户牖以为室,当其无,有室之用。"室之用是由于室中之空间。而"无"在老子看来是"道",即是生命的节奏。

中国的园林是很发达的。北京故宫三大殿的旁边,就有三海,郊外还有圆明园、颐和园等等,这是皇帝的园林。民间的老式房子,也总有天井、院子,这也可以算作一种小小的园林。例如,郑板桥这样描写一个院落:"十笏茅斋,一方天井,修竹数竿,石笋数尺,其地无多,其费亦无多也。而风中雨中有声,日中月中有影,诗中酒中有情,闲中闷中有伴,非唯我爱竹石,即竹石亦爱我也。彼千金万金造园亭,或游宦四方,终其身不能归享。而吾辈欲游名山大川,又一时不得即往,何如一室小景,有情有味,历久弥新乎?对此画,构此境,何难敛之则退藏于密,亦复放之可弥六合也"(《板桥题画竹石》)。空间随着心中意境可敛可放,是流动变化的,是虚灵的。

宋代的郭熙论山水画,"山水有可行者,有可望者,有可游者,有可居者"(《林泉高致》)。可行、可望、可游、可居,这也是园林艺术的基本思想。园林中也有建筑,要能够居人,使人获得休息,但它不只是为了居人,它还必须可游,可行,可望。"望"最重要。一切美术都是"望",都是欣赏。不但"游"可以发生"望"的作用(颐和园的长廊不但引导我们"游",而且引导我们"望"),就是"住",也同样要"望"。窗子并不单为了透空气,也是为了能够望出去,望到一个新的境界,使我们获得美的感受。

窗子在园林建筑艺术中起着很重要的作用。有了窗子,内外就发生交流。窗外的竹子或青山,经过窗子的框框望去,就是一幅画。颐和园乐寿堂差不多四边都是窗子,周围粉墙列着许多小窗,面向湖景,每个窗子都等于一幅小画(李渔所谓"尺幅窗,无心画")。而且同一个窗子,从不同的角度看出去,景色都不相同。这样,画的境界就无限地增多了。明代人有一小诗,可

以帮助我们了解窗子的美感作用：一琴几上闲，数竹窗外碧。帘户寂无人，春风自吹入。

为了丰富对于空间的美感，在园林建筑中就要采用种种手法来布置空间，组织空间，创造空间，例如借景、分景、隔景等等。其中，借景又有远借、邻借、仰借、俯借、镜借等。总之，为了丰富对景。

三、游览审美程序

（一）入"门"、赏门

中国的园门，如文章的开头，是构成一座园林的重要组成部分，造园家在构思园门时，常常是搜神夺巧，匠心独运。苏州沧浪亭的门，门外流水一弯，隔水以曲桥与园门沟通。其门东边是一道复廊，廊内粉垣漏窗，皆隐于花影横斜之中；门西边是一面木格花窗墙，墙下又以黄石叠成假山驳岸，形成水波窗影。这种利用水面使园内外之景欲断不连的方法，妙在"未入园，先得园景"。苏州拙政园园门设在住宅界墙间窄巷的一端，游人涉足无不感到入绝境。而一入腰门，空间则由"收"而"放"，丽景顿置眼前，使人"绝处逢生"，此谓"景愈藏境界愈大"，把景物的魅力蕴含在强烈的对比之中。苏州留园园门类似库门，形式十分简单，入门后是一小厅，过厅东行，先进一过道，空间为之一"收"，游人只好摸索前进。过道尽头是一横向长方厅，光线透过漏窗，厅内亮度较前厅稍明。过厅西行，仍是一过道，过道内交错布置了两个开敞小院，院中光线再度增强，直至门厅廊下亮度才恢复正常。这种随着游人的移动而光线由暗渐明，空间时收时放的布置，带给游人扑朔迷离的游兴。等到过门厅继续西行，便见题额"长留天地人间"的古木交柯门洞，门洞东侧开一月洞空窗，细竹摇翠，显示出眼前即到佳境。

（二）看墙

墙原本属于防护性建筑，意在围与屏和标明界线，封闭视野。而园林中的墙，还兼有造景的意义。"桃花嫣然出篱笑"、"短墙半露石榴红"等诗句写的就是因墙构成的景色。用墙造景妙在"透"，似隔还连，欲藏还露。一个"透"字，把一园景物均融会贯通，墙上开门设窗就是这个道理。

墙也是景的一种，在中国园林中，墙景对游客同样具有极大的吸引力。

上海豫园的龙墙,墙顶以瓦为鳞,模拟腾飞的巨龙。常见的"云"墙,墙如行云,是运用曲线的流动感、不定感,增加墙的"活力"。

墙能独立成景,因此又称墙景,如颐和园的"灯窗墙"、上海豫园的水墙等。

园林式空间艺术,墙能盘山、能越水、穿插隔透,使一座园林化整为零,构成"园复一园,景复一景"的格局。

(三) 品窗

游赏中国园林,人们会看到各式各样的窗。窗在园林中不只是通风、采光,尚有"纳景"之妙。人们透过它,可以看到一个新美的世界。园林是时空艺术,通过四时景致的变换,空间的连续、流动,所谓"山重水复疑无路,柳暗花明又一村",来调节游人的心理活动。实物总有一种触觉的限度,而空间感受却是无穷的。园林中的窗十分讲究,有空窗、漏窗之分。所谓空窗,是指不装窗扇的窗,又有月窗式、蕉叶式、莲瓣式、海棠式、梅花式,样式极为丰富。所谓漏窗,是指窗洞内镶嵌各式窗格、窗花,花纹图案类型繁多,寓意丰富。园林中的窗多应用在轩、馆、亭、榭、席壁、墙垣之上。著名的有苏州"沧浪亭"复廊粉壁上的漏窗,颐和园粉垣上的灯窗等等。

空透的窗框把隔院楼台"纳入"窗洞,构成一幅幅天然的立体画图。游人站在窗前,即如面对画幅,走进门中,也仿佛步入画里。

中国园林还讲究"可赏、可游、可居",窗能使空间"小中见大"。人们透过一扇扇小窗与外界景物取得某种"联系",突破有限,通向无限,以获得丰盛的美感。

(四) 行路

路与人类历史一样悠久。鲁迅说,"地上本没有路,走的人多了,也便成了路。"说明路是人类活动的产物。人走出来的路往往曲曲折折,这大概又是园路创作的依据。

路用于造园,既是"交通线",又是"风景线"。古人说"园之路,犹眉目,如脉络,失之则面目全非,绝无精神;得之则神采飞扬,遍体通泰。"即指明园路的重要性。路既是分割各景区的景界,又是联系各个景点的"纽带"。其如绘画中的轮廓线,是构园要素,也是一种艺术"导游",能决定一座园林的艺术形式。西方园林追求形式美、建筑美，园路宽大笔直，交叉对称，名曰"规则式园林"，法国的"凡尔赛宫苑"便是一个杰出的范例；中国园林则讲究含蓄，崇尚自然，园路回环萦纡，以"自然式园林"著称于世。

园路美在"曲"。"曲径通幽处，禅房花木深"。明代造园大师计成说，"不妨偏径，顿置宛转"，就是"曲"的一个道理。一条曲曲弯弯的小路，因为"曲"而变得"遥远"，无形中延长了游赏距离。"曲"还可以改变游人的视线，以至每一转折，景物都为之一新。我国园林大都以山水为中心布置成环行路，或在环路中伸出若干登山越水的"幽径"，其间时而设游廊环山枕水，时而以桥梁穿插在山池之间，时而又有花径、林径、竹径、石径，形成各具特色的游赏路。

（五）游廊

廊如文章中的虚字，有连贯作用。"五步一楼，十步一阁"，是廊的"勾勒"与"穿插"，把散漫的园中景物，组成了一个丰美多变的艺术整体。

在亭、台、楼、阁中，"廊"似乎排不上队，它确是一种微妙的建筑：廊狭长而通畅，弯曲而空透，一排排亭亭玉立的柱，托着轻盈的廊顶，时拱时平，婉转多姿。有楔入池中，翼然凌波的"水廊"；有穿花度壑，蜿蜒无尽的"游廊"；有随势而弯，依势而曲的"爬山廊"，还有绕屋缠院的"回廊"。过去，人们还把廊中悬画的称谓"画廊"，廊外种植芭蕉的称为"蕉廊"——廊是一种既"引"且"观"的建筑，其特点妙在"曲"和"长"。

（六）观亭

造园家以亭点景、衬景、造景，或为山水增美，或成组景的主体，最能显示中国园林的艺术美。

赏亭要品味亭式，常见的有多角形亭，如梅花亭、海棠亭；多边形亭，如十字亭等。为表现亭体的轻盈、庄重，亭檐又分单檐、重檐、三重檐，亭顶分为尖顶、平顶、单坡顶等，若按建亭位置分，还可分为山亭、水亭、桥亭、路亭等。

（七）登"山"

用天然石块造园，是中国园林的特色之一。其渊源至少有两千多年的历史。假山是对真山的模拟，但要求"做假成真"，讲究"自然之理，自然之

趣"，"虽由人作，宛若天开"。假山的营造反映了中华民族对名山大岳自然美的追求。

小品山石主要点缀在门庭、小院、天井、廊间、角隅，以增加庭院的层次和景深。僵直的墙壁，常因山石数块，幽篁一丛，构成一幅石竹图；门边、拐角常因几株花木，数点峰石而造成"庭院深深深几许"的意境。在登临假山观赏时，还应注意细部的峰、峦、洞等的造型和功能。

（八）玩"石"赏景

石景由来甚久，在几千年的中国历代园林中，可谓"无园不石"。古代叠石家把各种天然石块用于造园，创造出千姿百态的山石景观，形成了我国独创的一门叠石艺术。中国古典园林中石的运用，小至盆景——只需几块小石组合，便给人以群山耸立之感；大至以石包山，模拟真实山林的峰峦洞壑。

鉴赏石景，因不同石类而相异其趣。南方太湖石以灵秀入画，北方大青石以粗犷取胜，都极力追求雄奇、峭拔、幽深、平远等意境。便是一块石头，也要"瘦漏生奇"，备具山形气势，名曰"峰石"。石景要"外师造化，中得心源"，凡自然界的名山秀色，如黄山、泰山无不提炼成景。同一石景，视点不同，其形象也千差万别，因而可造成近对远借，多方景胜。古人赏石，遵从"瘦、透、漏、绉、活"五字标准，窈窕俊秀、壁立当空，故峙无倚谓之瘦，显示棱角分明，不屈不阿的风骨；此通于彼、彼通于此，若有路可行，所谓透，显出耳聪目明之意；漏则是指石上有眼，四面玲珑，透露关窍相连，血脉畅通有活力；石面对曲，谓绉，呈现起伏多变，风姿绰约的情韵；山之上花草零星，生意盎然，是谓活。苏州留园的冠、瑞、岫云三峰，便是著称江南的三名石，细细鉴赏，可与抽象雕塑相媲美。

传统古典园林叠石的主要创作原则有：巧于对比，以小见大；巧于因借，作假成真；主次分明，相辅相成；三远（高远、平远、深远）变化，移步换景；远观山势，近看山脉；寄情于石，寓意于峰。最终的目标是——片山有致，寸石生情。

（九）戏水

中国造园离不开水。水是最活跃的构景因素。一水萦回，蜿蜒于亭馆山林之间，或分泉溪，或聚为池，变化多姿；水如纽带，把园中景物融会串通，使沉静、凝固的空间蕴含着流动美。园林理水讲究"虽由人作，宛若天开"。水面再小，亦必石矶参错，曲折有致。造园讲"园必隔，水必曲"，利用桥、廊、堤、岛划分水面，以增加水景深度与层次。

（十）赏植物

中国园林不注重树形的整齐划一，欣赏的是色、香、形、韵。尤其讲究疏密有致，高下有情。或孤植成独立的风景树，或三、五株栽植成丛，或浅草疏林。这与西方园林盛行的把树木修剪成各种几何图形的作法相反，形成了我国园林特有的自然美。中国园林讲究"疏影横斜"，追求诗情画意。最常见的是以粉墙为"纸"，栽一、二花木，衬托前后，再点缀数块山石，组成一幅立体小景。园林种花讲究"景因境异"，即因不同的环境创作不同的景色。植物在园林中的功能，即隐蔽园墙，拓展空间；笼罩景象，成阴投影；分隔联系，含蓄景深；装点山水，衬托建筑；陈列鉴赏，景象点题；渲染色彩，突出季相；表现风雨，借听天籁；散布芬芳，招蜂引蝶；根叶花果，四时清供。

（十一）为体会中国古典园林的造景手段

中国古典园林造园手段及方法极为丰富，它使得园林呈现大中见小、小中见大、虚中有实、实中有虚，扩大空间，增强观赏性等作用。

（十二）近看、细看内部装修

园林的内部装修在建筑内部起着分隔、装饰的作用。常见的内装修有屏门、纱隔、博古架、飞罩、落地罩等。这些内装修的构件体现了建筑艺术的精美典雅和中国园林中丰富的文化蕴涵。在典型古典园林中，内装修的用材一般较为高档，常用银杏木甚至红木作为原材料。在制作上精雕细刻，因此内装修可以近看、细观的室内装饰木构件。

（十三）园林中其他装饰物件的品赏

在游览中国古典园林对园林景物审美时，还有一些相应的装饰物件值得一品，其中主要包括：家具、韵物、各式摆件（例如古书画、瓷器、雅石、小盆景等）、屏刻、挂屏、书画等。

（十四）体味"文人园"意境

中国园林，名之为"文人园"，是饶有书卷气的园林艺术。谈中国园林离不了中国诗文。而所谓"诗中有画,画中有诗",归根到底脱不开诗文一事。这就是中国造园的主导思想。造园看主人,即园林水平高低,反映了园主之文化水平。自来文人画家颇多名园,因立意构思出于诗文。除了园主本身之外,造园必有清客。所谓清客,其类不一,有文人、画家、笛师、曲师、山师等等。他们相互讨论,相机献谋,为主人共商造园。不但如此,在建成以后,文酒之会,畅聚名流,赋诗品园,还有所拆改。

汤显祖所为《牡丹亭》而"游园"、"拾画"诸折,不仅是戏曲,而且是园林文学,又是教人怎样领会中国园林的精神实质。"遍青山啼红了杜鹃,那荼䕷外烟丝醉软","朝日暮卷,云霞翠轩,雨丝风片,烟波画船"。其兴游移情之处真曲尽其妙。是情钟于园,而园必写情也,文以情生,园固相同也。

清代钱泳在《覆园丛话》中说:"造园如作诗文,必使曲折有法,前后呼应。最忌堆砌,最忌错杂,方称佳构。"一言道破造园与作诗文无异,从诗文中可悟造园法,而园林又能兴游以成诗文。诗文与造园同样要通过构思,所以造园一名构园,这其中还是要能表达意境。

中国美学,首重意境,同一意境可以不同形式之艺术手法出之。诗有诗境,词有词境,曲有曲境,画有画境,音乐有音乐境,而造园之高明者,运文学绘画音乐诸境。能以山水花木,池馆亭台组合出之。人临其境,有诗有画,各臻其妙。故"虽由人作,宛自天开"。中国园林,能在世界上独树一帜者,实以诗文造园也。

诗文言空灵,造园忌堆砌。故"叶上初阳干宿雨,水面清圆风荷举"。言园景虚胜实,论文学亦极尽空灵。中国园林能于有形之景兴无限之情,反过来又生不尽之景,觥筹交错,迷离难分,情景交融。《文心雕龙》所谓"为情而造文",为情而造景。情能生文,亦能生景,其源一也。

诗文兴情以造园。园成则必有书斋、吟馆,名为园林,实作读书吟赏挥毫之所。故苏州网师园有看松读画轩,留园有汲古得绠处,绍兴有青藤书屋等。此有名可证者。还有额虽未名,但实际功能与有额者相同。所以园林雅集文酒之会,成为中国游园的一种特殊方式。历史上的清代北京怡园与南京随园的雅集盛况后人传为佳话,留下了不少名篇。

从明中叶后直到清初,在这段时间中,文人园可说是最发达,水平也高,名家辈出。

造园言"得体",此二字得假借于文学。文贵有体,园亦如是。"得体"二字,行文与构园消息相通。因此以宋词喻苏州诸园:网师园如晏小山词,清新不落套;留园如吴梦窗词,七层楼台,拆下不成片段;而拙政园中部,空灵处如闲云野鹤去来无踪,则姜白石之流了;沧浪亭有若宋诗;怡园仿佛清词,皆能从其境界中揣摩得之。设造园者无诗文基础,则人之灵感又自何来。文体不能混杂,诗词歌赋各据不同情感而成之,决不能以小令引慢为长歌。何种感情,何种内容,成何种文体,皆有其独立性。故郊园、市园、平地园、小麓园,各有其体。亭台楼阁,安排布局,皆须恰如其分。能做到这一点,起码如做文章一样,不讥为"不成体统"了。

总之,中国园林与中国文学,盘根错节,难分难离。研究中国园林,应先从中国诗文入手。则必求其本,先究其源,然后有许多问题可迎刃而解,如果就园论园,则所解不深。

四、游览审美的延伸——世界造园艺术的三大体系

关于世界造园体系,国际园景建筑家联合会1954年在维也纳召开的第四次大会上,英国造园家杰利克在致辞时把世界造园体系分为:中国体系、西亚体系、欧洲体系。

(一)中国体系

中国传统古典园林的特点是典雅且精致,在世界园林发展史中占有非常重要的地位,被人们誉为"世界园林之母"。

(二)西亚体系

西亚体系,主要是指巴比伦、埃及、古波斯的园林,它们采取方直的规划、齐正的栽植和规则的水渠,园林风貌较为严整,后来这一手法为阿拉伯人所继承,成为伊斯兰园林的主要传统。典型特点是植物和水法。

西亚造园历史,据童寯教授考证,可推溯到公元前,基督圣经所指"天国乐园"(伊甸园)就在叙利亚首都大马士革。伊拉克幼发拉底河岸,远在公元前3500年就有花园。传说中的巴比伦空中花园,始建于公元前七世纪,

是历史上第一名园,被列为世界七大奇迹之一。

相传,国王尼布甲尼撒二世为博得爱妃的欢心,比照宠妃故乡景物,命人在宫中矗立无数高大巨型圆柱,在圆柱之上修建花园,不仅栽植了各种花卉,奇花常开,四季飘香,还栽种了很多大树,远望恰如花园悬挂空中。支撑花园的圆柱,高达 75 英尺,所需浇灌花木之水,潜行于柱中,水系奴隶分班以人工抽水机械自幼发拉底河中抽来。空中花园高踞天空,绿荫浓郁,名花处处。在空中花园不远处,还有一座耸入云霄的高塔,以巨石砌成,共 7 级,计高 650 英尺,上面也种有奇花异草,猛然看去,比埃及金字塔还高。据考证,这就是《圣经》中的"通天塔"。空中花园和通天塔,虽然早已荡然无存,但至今仍令人着迷。

作为西方文化最早策源地的埃及,早在公元前 3700 年就有金字塔墓园。那时,尼罗河谷的园艺已很发达,原本有实用意义的树木园、葡萄园、蔬菜园,到公元前十六世纪演变成埃及重臣们享乐的私家花园。比较有钱的人家,住宅内也均有私家花园,有些私家花园,有山有水,设计颇为精美。穷人家虽无花园,但也在住宅附近用花木点缀。

古波斯的造园活动,是由猎兽的囿逐渐演进为游乐园的。波斯是世界上名花异草发育最早的地方,以后再传播到世界各地。公元前五世纪,波斯就有了把自然与人为相隔离的园林——天堂园,四面有墙,园内种植花木。在西亚这块干旱地区,水一向是庭园的生命。因此,在所有阿拉伯地区,对水的爱惜、敬仰,到了神化的地步,它也被应用到造园中。公元八世纪,西亚被回教徒征服后的阿拉伯帝国时代,他们继承波斯造园艺术,并使波斯庭园艺术又有新的发展,在平面布置上把园林建成"田"字,用纵横轴线分作四区,十字林荫路交叉处设置中心水池,把水当作园林的灵魂,使水在园林中尽量发挥作用。具体用法是点点滴滴,蓄聚盆池,再穿地道或明沟,延伸到每条植物根系。这种造园水法后来传到意大利,更演变到神奇鬼工的地步,每处庭园都有水法的充分表演,成为欧洲园林必不可少的点缀。

(三)欧洲体系

欧洲体系,在发展演变中较多地吸收了西亚风格,互相借鉴,互相渗透,最后形成自己"规整和有序"的园林艺术特色。

公元前 7 世纪的意大利庞贝，每家都有庭园，园在居室围绕的中心，而不在居室一边，即所谓"廊柱园"，有些家庭后院还有果蔬园。公元前 3 世纪，希腊哲学家伊比鸠鲁筑园于雅典，是历史上最早的文人园。公元 5 世纪，希腊人通过波斯学到了西亚的造园艺术，发展成为宅院内布局规整的柱廊形式，把欧洲与西亚两种造园系统联系起来。

公元 6 世纪，西班牙的希腊移民把造园艺术带到那里，西班牙人吸取回教园林传统，承袭巴格达、大马士革风格，以后又效法荷兰、英国、法国造园艺术，又与文艺复兴风格结成一体，转化到巴洛克式。西班牙园林艺术影响墨西哥以及美国。古罗马继承了希腊规整的庭院艺术，并使之和西亚游乐型的林园相结合，发展成为大规模的山庄园林。公元 2 世纪，哈德良大帝在罗马东郊始建的山庄，广袤 18 平方公里，由一系列馆阁庭院组成，园庭极盛，号称"小罗马"。庄园这一形式成为文艺复兴运动之后欧洲规则式园林效法的典范。其最显著的特点是，花园最重要的位置上一般均耸立着主体建筑，建筑的轴线也同样是园林景物的轴线；园中的道路、水渠、花草树木均按照人的意图有序地布置，显现出强烈的理性色彩。

欧洲其他几个重要国家的园林基本上承袭了意大利的风格，但均有自己的特色。

法国在 15 世纪末由查理八世侵入意大利后，带回园丁，成功地把文艺复兴文化包括造园艺术引入法国，先后在巴黎南郊建枫丹白露宫园、巴黎市内卢森堡宫园。路易十四世于 1661 年开始在巴黎西南经营凡尔赛宫，到路易十五世王朝才全部告成，历时百年，面积达 1500 公顷，成为闻名世界的最大宫园。

英国在公元五世纪以前，作为罗马帝国属地，萌芽的园林脱离不了罗马方式。首见载籍的是 12 世纪英国修道院寺园，到 13 世纪演变为装饰性园林，以后才出现贵族私家园林。文艺复兴时期，英国园林仍然模仿意大利风格，但其雕像喷泉的华丽、严谨的布局，不久就被本土古拙纯朴风格所冲淡。16 世纪的汉普敦宫，是意大利的中古情调，17 世纪又增添了文艺复兴布置，18 世纪再改成荷兰风格的绿化。18 世纪中叶以后，中国造园艺术被英国引进，趋向自然风格，由规则过渡到自然风格的园林应运而生，被西方造园界称作

"英华庭园"。之后,这种"英华庭园"通过德国传到匈牙利、沙俄和瑞典,一直延续到19世纪30年代。

美国独立后逐步发展成为具有本土特色的造园体系:"园景建筑",造园作为一项职业,在美国影响深远,并使美国今日"园景建筑"专业处于世界领先地位。

主要参考资料

[1] 梁思成著.《中国建筑史》、《中国雕塑史》. 百花文艺出版社，2003.

[2] 侯幼彬著.《中国建筑美学》，黑龙江科学技术出版社，2004.

[3] 楼庆西著.《中国古建筑二十讲》，生活·读书·新知三联书店，2001.

[4] 于希贤主编.《中国传统地理学》，云南教育出版社，2002.

[5] 荆其敏，张丽安著.《中外传统民居》，百花文艺出版社，2004.

[6] 汝信主编.《全彩中国建筑艺术史》，宁夏人民出版社，2002.

[7] 徐伦虎编著.《人文旅游景观观赏指南》，西安地图出版社，1999.

[8] 陈从周著.《中国园林》，广东旅游出版社，1996.

[9] 刘策等编著.《中国古典名园》，上海文化出版社，1984.

[10] 易风编著.《中国少数民族建筑》，中国画报出版社，2004.

[11] 蔡铁鹰，梁晓虹编著.《中国寺庙宫观导游》，旅游教育出版社，1993.

[12] 《中国建筑史》编写组编.《中国建筑史》，中国建筑工业出版社，1979.

[13] 王鲁民著.《中国古典建筑文化探源》，同济大学出版社，1998.

[14] 王世仁著.《中国古建筑探微》，天津古籍出版社，2004.

[15] 程建军，孔尚朴著.《风水与建筑》，江西科学技术出版社，2005.

后　　记

　　建筑物是以一定的科学技术与美学规律建构起来的，它是物质的、技术的、适用的。建筑又与大地环境紧密结合在一起，它是人的文化态度、哲学思虑、宗教情感、伦理规范、艺术情趣与审美理想之综合的一种物化形式。建筑是物质的存在，又是精神高蹈于物质之上的一种大地的"文本"。

　　三十年前，大学教学实习，我开始了"游山玩水"经历。在感慨中国俊山秀水的同时，我更被承载了古老文化的中国古建筑所打动。中国古建筑上的雕梁画栋，高挑的大屋顶及上面的装饰小兽牢牢地吸引住了我的视线，同时也开始深究其来历。苏州、扬州的园林，奇妙的分割空间的方法及构景手段引人入胜。在安徽、福建、江西及云南那古老的村镇中神奇的布局、多姿的建筑形制、传统的习俗融于其间。我在寻觅、在发现，古老的建筑与地理环境的关系。

　　多年来在游览考察古建筑的过程中，我发现在对各种类型的古建筑包括民居的开发中存在一些值得研究的问题——古建筑的精髓是什么，开发与保护如何结合？当地居民生活与建筑的关系？人们参观古建筑，想看什么？能看什么？怎么看？如何发挥古建筑地吸引功能和旅游经济效益……

　　人们在游览古建筑景区时，往往只在看第一眼时发出一声惊叹，接踵而至的则是对中国古建筑中蕴含的丰富文化寻觅的一种无奈。游客不可能都是文化学者和古建研究者，亦或是民俗专家。要想在有限游览时间内真正领略中国古建筑的精髓，不是一件容易的事。在有导游员或解说员的地方，导游员平淡而又空洞的"背书"，没有深度地讲解，没有把中国古建筑和特色民居的"光辉"发散出来，使得游客只能走马观花。中国古建筑、古典园林、特色寺观和典型古镇、村落是凝固的音乐、是古老的诗篇、是古老文化艺术的

后记

有形承载体，它和人们的生活息息相关。为此，我萌发了一个念头，也感到了一种责任，把自己多年的探究所得与研究成果结合起来，把建筑学、地理学、民族学、旅游学、导游学、美学、行为学等学科融合在一起，与中国传统文化相结合，寻觅中国古老建筑文化精神及其审美特质，为中国古建筑和民居的开发利用提供一点思路，也为人们游览参观中国古建筑提供一点素材和信息，使中国古建筑、古典园林、民居村落发挥出其应有的旅游、文化等综合功能。

中国古建筑所承载的文化太过精深、博大，其建筑方式又自成体系，五千年来一直贯彻着一种精神——"天人合一"，山水如画，人文建筑亦如画，这就是中国传统建筑所追求的最高境界。在旅游活动中，人们所要追求的就是通过表现看文化。如何帮助人们更好地了解中国文化，如何通过对中国传统古建筑的赏析对游客进行中古传统文化常识的传播，如何让游客在旅游活动中达到其真正的旅游目的，这成了我多年的一个愿望。如今这个愿望在各方面的关心、支持下得以实现了。